职业技能鉴定石油石化行业题库试题选编

热工自动化设备检修工

中国石油化工集团公司职业技能鉴定指导中心　编

中国石化出版社

内 容 提 要

《热工自动化设备检修工》为《职业技能鉴定石油石化行业题库试题选编》丛书之一，由中国石油化工集团公司职业技能鉴定指导中心按照石油石化行业《热工自动化设备检修工职业资格等级标准》及《职业技能鉴定国家题库开发技术规程》组织编写。内容包括：热工自动化设备检修工初级工、中级工、高级工、技师及高级技师的《职业资格等级标准》、鉴定要素细目表、理论知识试题和技能操作试题，是热工自动化设备检修工进行职业技能鉴定的必备学习资料。

图书在版编目（CIP）数据

热工自动化设备检修工/中国石油化工集团公司职业技能鉴定指导中心编.
—北京：中国石化出版社，2008
（职业技能鉴定石油石化行业题库试题选编）
ISBN 978-7-80229-665-7

Ⅰ.热… Ⅱ.中… Ⅲ.热力系统-自动化设备-职业技能鉴定-习题
Ⅳ.TK17-44

中国版本图书馆 CIP 数据核字（2008）第 106473 号

中国石化出版社出版发行
地址:北京市东城区安定门外大街 58 号
邮编:100011 电话:(010)84271850
读者服务部电话:(010)84289974
http://www.sinopec-press.com
E-mail:press@sinopec.com.cn
北京密云红光制版公司排版
北京宏伟双华印刷有限公司印刷
全国各地新华书店经销

*

787×1092 毫米 16 开本 21.75 印张 526 千字
2008 年 11 月第 1 版 2008 年 11 月第 1 次印刷
定价：65.00 元

《职业技能鉴定石油石化行业题库试题选编》
编委会名单

前　言

为进一步加强石油石化行业技能操作队伍建设的基础工作，满足培训、鉴定工作需要，根据有关职业技能鉴定工作协议，中国石油化工集团公司职业技能鉴定指导中心和中国石油天然气集团公司职业技能鉴定指导中心共同组织，开发(修订)了167个工种的石油石化行业题库。其中，中国石油化工集团公司职业技能鉴定指导中心牵头组织了44个工种题库的开发(修订)，并于2008年6月正式启用。

为满足员工学习专业知识、提高操作技能的需要，我们选编了题库的部分试题，按职业(工种)出版《职业技能鉴定石油石化行业题库试题选编》丛书。该丛书内容包括石油石化行业职业资格等级标准、鉴定要素细目表、理论知识试题和技能操作试题等，其中，理论知识试题和技能操作试题各占总题量的70%左右。

《热工自动化设备检修工》分册由大庆油田主编，上海石化、辽河油田等单位参编。主要执笔人：刘占涛、范洪雷、管望、代明荣、张学庆，参审人员：从新泽、刘嫔、王树平等。

由于水平有限，书中难免有遗漏或欠妥之处，敬请谅解并提宝贵意见。

中国石油化工集团公司职业技能鉴定指导中心

目录

第一部分　初级工

第二部分　中级工

第三部分　高级工

第四部分　技师/高级技师

第一部分

初 级 工

一、石油石化职业资格等级标准(初级工工作要求)

职业功能	工作内容	技能要求	相关知识
一、测量与绘识	(一)测量	能测量多面体工件	量具的基本使用方法
	(二)绘图	1. 能绘制零件加工简图 2. 能绘制热力系统简图	1. 三视图的基本原则 2. 热力系统图例标准
	(三)识图	1. 能读识设备安装接线图 2. 能读识热工仪表接线图 3. 能读识热工信号工作原理图、安装接线图	1. 电气原理图绘制方法 2. 热工仪表基本结构 3. 热工信号的基本原理与特点
二、校验调整	(一)校验仪表	1. 能校验弹簧管压力表 2. 能校验变送器 3. 能校验热工保护联锁电气元件 4. 能校验动圈表 5. 能判断仪表的校验结果 6. 能填写仪表的校验报告 7. 能使用标准压力校验设备	1. 弹簧管压力表的校验方法与标准 2. 变送器的校验方法与标准 3. 继电器、接触器的性能指标 4. 继电器、接触器的校验方法 5. 动圈表的校验方法与检定项目 6. 校验报告的填写注意事项 7. 压力校验仪的使用方法 8. 检定人员的工作要求
	(二)调整设备	1. 能调整弹簧管压力表的线性误差 2. 能调整压力变送器的零点及量程 3. 能调整动圈表的机械零点和电气零点	1. 弹簧管压力表的结构及原理 2. 弹簧管压力表的线性误差的调整方法 3. 压力变送器的工作原理与结构特性 4. 压力变送器的调整方法 5. 动圈表的工作原理和结构特点 6. 动圈表的调整方法
三、维护更换安装	(一)维护设备	1. 能测量直流和交流电压 2. 能判断晶体二极管的极性 3. 能检查测温元件 4. 能启动、停用计算机 5. 能选择和使用备品备件 6. 能保养气动、电动执行机构 7. 能维护热工信号系统、顺控和保护装置 8. 能检查自动控制系统外部回路 9. 能检查电导率仪	1. 万用表的使用方法 2. 晶体二极管的特性 3. 测温元件的原理和性能 4. 计算机的基本操作方法 5. 热工仪表设备的基本特点 6. 热工自动控制设备的基本特点 7. 热工程控保护的基本原理 8. 热工自动控制系统的基本原理 9. 电导式分析仪表的原理
	(二)更换设备	1. 能更换压力变送器垫片 2. 能更换计算机显示器 3. 能更换压力表	1. 垫片的选择方法和更换注意事项 2. 计算机显示器的更换方法 3. 压力表的更换方法和注意事项
	(三)安装设备	1. 能安装动圈表 2. 能进行台、盘电气回路接线 3. 能安装低压开关 4. 能安装电导率仪	1. 热工仪表安装的基本特点 2. 台盘配线基本特点 3. 电气元件基本特性 4. 电导式分析仪表的特性

二、理论知识鉴定要素细目表

鉴定范围						鉴定点		
一级		二级		三级		代码	名称	重要程度
代码	名称	代码	名称	代码	名称			
A	基本要求	B	基础知识	A	法律法规知识	001	《劳动法》关于劳动者权益规定的内容	X
						002	劳动合同包含的条款	X
						003	劳动争议解决的途径	X
						004	《劳动法》关于生产劳动的规定	X
						005	《安全生产法》对从业人员的规定	X
				B	电力生产知识	001	锅炉的组成系统	X
						002	发电厂的生产过程	X
						003	发电厂的生产设备	X
						004	锅炉工作过程	X
						005	锅炉的分类	X
						006	锅炉的作用	X
						007	锅炉整体的布置	Y
						008	锅炉设备的组成	X
						009	锅炉的经济指标	X
						010	锅炉热损失的种类	Z
						011	锅炉汽水系统的作用	X
						012	锅炉烟风系统的作用	X
						013	汽轮机发展概述	X
						014	汽轮机的分类	X
						015	汽轮机的型号	X
						016	汽轮机的基本构成	X
						017	汽轮机的性能	X
						018	汽轮机的特点	X
						019	汽轮机的本体组成	X
						020	汽轮机本体设备特点	Y
				C	安全质量环保知识	001	国家安全生产的方针	X
						002	三级安全教育的内涵	X
						003	头部的防护	X
						004	厂内车辆的安全事项	X
						005	高处作业的防护措施	X

续表

鉴定范围						鉴定点		
一级		二级		三级		代码	名称	重要程度
代码	名称	代码	名称	代码	名称			
						006	清洁生产的概念	Y
						007	干粉灭火器的适用范围	X
						008	泡沫灭火器的适用范围	X
						009	1211 灭火器的适用范围	X
						010	HSE 管理体系的概念	X
						011	建立 HSE 管理体系的意义	X
						012	安全操作规程的基本内容	X
						013	安全用电要求	X
						014	安全生产要求	X
						015	安全带的使用要求	X
						016	设备三级验收制度	X
						017	设备维护的注意事项	Z
						018	热力机械工作票制度的有关规定	X
						019	灭火的基本要求	X
						020	灭火器的应用	Y
				D	热工基础知识	001	工质的状态参数	X
						002	平衡状态的特点	X
						003	压力的分类	X
						004	压力的相互关系	X
						005	热力过程	X
						006	可逆过程与不可逆过程的关系	Z
						007	功的含义	X
						008	容积功的概念	X
						009	热量的概念	X
						010	熵的概念	X
						011	热容的概念	X
						012	内能的概念	X
						013	热力学第一定律	X
						014	换热的基本形式	X
						015	对流换热的特点	X
						016	对流换热的种类	X

续表

鉴定范围						鉴定点		
一级		二级		三级		代码	名称	重要程度
代码	名称	代码	名称	代码	名称			
						017	传热的特征	X
						018	传热过程传热量计算	Y
						019	液体动力学概念	X
						020	流体的含义	X
						021	流体的流动特点	Y
				E	电工电子学知识	001	电荷的特点	X
						002	电路的组成特点	X
						003	电阻的特性	X
						004	电感的特性	X
						005	电容的特性	X
						006	电势的特性	X
						007	电压的特性	X
						008	电流的特性	X
						009	电功率的基本特性	Y
						010	直流电的特性	X
						011	交流电的特性	X
						012	交流电三要素的基本特性	X
						013	交流电路的基本特性	X
						014	交流电的瞬时值表达式	X
						015	交流电的最大值表达式	X
						016	交流电有效值的基本特性	X
						017	直流串联电路的计算方法	X
						018	直流并联电路的计算方法	X
						019	纯电阻交流电路的计算	X
						020	纯电感交流电路的计算	Y
						021	部分电路欧姆定律的特性	Y
						022	半导体的基本结构	X
						023	二极管的基本结构	X
						024	二极管的特性	X
						025	二极管的型号	X
						026	二极管性能的判别方法	X

续表

鉴定范围						鉴定点		
一级		二级		三级		代码	名称	重要程度
代码	名称	代码	名称	代码	名称			
				F	工器具的使用与维护方法	001	电动工具的使用注意事项	X
						002	游标卡尺的用途	X
						003	验电笔的使用方法	X
						004	万用表的使用方法	X
						005	电压表的使用方法	X
						006	电流表的使用方法	X
						007	兆欧表的使用方法	X
						008	量具的使用特点	X
B	相关知识	A	测量与绘识	A	测量	001	测量的含义	X
						002	测量的分类	X
						003	计量的含义	X
						004	热工测量的特点	X
						005	热工测量仪表的组成	X
						006	国际单位制的基本单位	X
						007	国际单位制的导出单位	X
						008	法定计量单位	Y
						009	误差的性质	X
						010	允许误差概念	X
				B	绘图	001	机械制图对图纸的要求	X
						002	机械制图对比例的规定	X
						003	机械制图对线条的规定	X
						004	机械制图对字体的要求	X
						005	尺寸标注的基本规定	X
						006	尺寸标注的方法	X
						007	徒手画图的方法	X
						008	图纸装订的基本要求	X
						009	图纸复制的基本要求	X
						010	投影的基本规律	X
						011	三视图的形成	X
						012	标题栏的基本要求	X
						013	表面粗糙度的概念	Y

续表

鉴定范围						鉴定点		
一级		二级		三级		代码	名称	重要程度
代码	名称	代码	名称	代码	名称			
				C	识图	001	电气设备基本文字符号	X
						002	电气设备辅助文字符号	X
						003	常用仪表控制字母代号	X
						004	常用仪表位号表示方法	X
		B	校验调整	A	校验仪表	001	计量检定人员	X
						002	温度测量的特点	X
						003	热电阻的类型	X
						004	热电阻的原理	X
						005	热电阻的校验内容	X
						006	热电偶的分类	X
						007	热电偶的原理	X
						008	热电偶的校验内容	X
						009	压力式温度计的分类	X
						010	压力式温度计的原理	X
						011	压力测量仪表的分类	X
						012	U 形管压力计工作原理	X
						013	单管压力计的工作原理	X
						014	斜管式微压计原理	Y
						015	弹簧管压力表的分类	X
						016	弹簧管压力表工作原理	X
						017	弹簧管压力表的检定条件	X
						018	弹簧管压力表的检定项目	X
						019	弹簧管压力表的计量检定规定	X
						020	压力表的选用方法	X
						021	特种压力表的特性	Z
						022	膜盒风压表的检定内容	Y
						023	力平衡式压力变送器原理	X
						024	电容式压力变送器的原理	X
						025	弹簧管压力表的误差原因	X
						026	压力式温度计的结构	X
						027	压力变送器的校验方法	X

续表

鉴定范围						鉴定点		
一级		二级		三级		代码	名称	重要程度
代码	名称	代码	名称	代码	名称			
						028	流量测量仪表分类	Y
						029	标准节流装置的取压方式	Y
						030	液位仪表的分类	X
						031	液体膨胀式温度计的工作原理	Y
						032	应变式压力计的特点	X
						033	云母水位计的原理	X
						034	双色水位计的原理	X
						035	差压式水位计的原理	X
						036	电接点水位计的原理	X
						037	动圈式仪表的工作原理	X
						038	动圈表的检验内容	X
						039	动圈表的校验方法	X
						040	继电器的种类	X
						041	继电器的特点	X
						042	继电器的校验方法	X
						043	交流接触器的特性	X
						044	直流接触器的特性	X
						045	时间继电器的特性	X
						046	热继电器的特性	Z
						047	压力校验仪的使用方法	X
						048	压力校验台的使用方法	X
						049	校验报告填写的注意事项	X
						001	热电阻的结构	X
						002	热电偶的结构	X
						003	弹簧管压力表的结构	X
						004	弹簧管压力表的技术要求	X
				B	调整设备	005	压力表检定过程中的调整方法	X
						006	电容式压力变送器结构	X
						007	显示仪表的分类	X
						008	压力式温度的附加误差	X
						009	液位仪表的应用原则	X

续表

鉴定范围						鉴定点		
一级		二级		三级		代码	名称	重要程度
代码	名称	代码	名称	代码	名称			
						010	动圈式显示仪表的应用	X
						011	动圈式仪表的测量线路	X
						012	动圈式显示仪表的工作特性	X
						013	调节阀的试验	Y
		C	维护安装更换	A	维护设备	001	热电阻测温特点	X
						002	热电偶测温特点	X
						003	热电偶的基本定律	X
						004	热电偶极性的判断方法	X
						005	比例作用的控制规律	X
						006	积分作用的控制规律	X
						007	微分作用的控制规律	X
						008	调节阀的特性	Y
						009	自动调节的常用术语	X
						010	串级调节系统的特性	X
						011	前馈控制系统的特性	Z
						012	除氧器自动调节系统的特性	X
						013	燃烧调节系统的特性	X
						014	单冲量单回路给水调节系统的特性	X
						015	投入燃料调节系统时的注意事项	Y
						016	DCS 系统的结构	X
						017	TELEPERMME 系列 DCS 系统的模件功能	X
						018	TELEPERMME 系列 DCS 系统 MOTOR 功能块的特性	X
						019	TELEPERMME 系列 DCS 系统操作语言	X
						020	TELEPERMME 系列 DCS 系统操作指令	X
						021	上海新华系列 DEH 系统的功能	X
						022	上海新华系列 DEH 系统的卡件功能	X
						023	上海新华系列 DEH 系统的软件组成	X
						024	上海新华系列 DEH 系统的卡件类型	X
						025	上海新华系列 DEH 系统的日常维护	X
						026	SIPOS 系列电动执行器的特性	X
						027	ZJM 系列气动执行器的特性	X

续表

鉴定范围						鉴定点		
一级		二级		三级		代码	名称	重要程度
代码	名称	代码	名称	代码	名称			
						028	DKJ 系列电动执行器的特性	X
						029	P/P700 系列阀门定位器的特性	X
						030	继电器的检修内容	Y
						031	数据处理方法	X
						032	数据处理系统的组成内容	X
						033	计算机发展过程	X
						034	计算机分类	X
						035	计算机系统硬件构成	X
						036	计算机系统软件构成	X
						037	计算机的基本操作方法	X
						038	在线分析仪表的概念	X
						039	在线分析仪表的分类	X
						040	在线分析仪表的性能指标	Y
						041	在线分析中气体浓度的表示方法	X
						042	在线分析中液体浓度的表示方法	X
						043	溶液电导率与溶液浓度的关系	Y
						044	电极极化对溶液电导测量的影响	X
						045	溶液温度对溶液电导测量的影响	Z
				B	更换设备	001	压力表的安装方法	X
						002	垫片的使用方法	X
						003	低压电器的特性	X
						004	保护电器的选择方法	X
						005	低压电器产品铭牌数据符号的意义	X
						006	自动空气开关的特性	X
						007	控制按钮的特性	X
						008	低压熔断器的使用方法	X
						009	漏电保护器的特性	X
						010	保护系统的作用	Y
						011	报警系统信号的特点	X
						012	报警系统的特点	X
						013	XXS 系列信号报警装置的特点	X

续表

鉴定范围						鉴定点		
一级		二级		三级		代码	名称	重要程度
代码	名称	代码	名称	代码	名称			
						014	顺序控制的特点	Y
						015	计算机外围设备	X
						016	计算机硬件概念	X
						017	计算机软件概念	X
						018	计算机的主机设备	Z
				C	安装设备	001	导线的选择方法	X
						002	盘内配线方法	X
						003	导线保护管的敷设方法	X
						004	绝缘材料的性能	X
						005	绝缘材料的用途	X
						006	电缆的结构特点	X
						007	塑料绝缘控制电缆型号的编制方法	Y
						008	聚氯乙烯绝缘电缆的型号	X
						009	热工仪表安装的方法	X
						010	电导电极的类型	X
						011	工业电导率仪的组成	X
						012	工业电导率仪的原理	X
						013	工业电导率仪的特点	X

三、理论知识试题

判断题

1. 某公司职工王某为了完成生产定额，在下班后使用一台机器时被轧断了2根手指。王某因受伤而造成的财产损失应当由该公司承担赔偿责任。 (√)

2. 依据《劳动法》的规定，劳动争议发生后，当事人可以向本单位劳动争议仲裁委员会申请调解。 (×)

正确答案：依据《劳动法》的规定，劳动争议发生后，当事人可以向本单位劳动争议调解委员会申请调解。

3. 我国劳动法律规定的最低就业年龄是18周岁。 (×)

正确答案：我国劳动法律规定的最低就业年龄是16周岁。

4. 从业人员有权对本单位安全生产工作中存在的问题提出批评、检举、控告；有权拒绝违章指挥和强令冒险作业。 (√)

5. 循环流化床锅炉的给料系统包括输煤系统、石灰石输送系统、制备系统及储存系统。 (√)

6. 厂用电指发电厂辅助设备、附属车间的用电，包括生产照明用电。(√)

7. 锅内过程是指锅炉产生蒸汽的过程，包括有水循环，不包括汽水分离。(×)

正确答案：锅内过程是指锅炉产生蒸汽的过程，包括有水循环与汽水分离。

8. 按锅炉循环方式分类有自然循环、强制循环、复合循环。(√)

9. 锅炉炉膛内只存在对流传热方式。(×)

正确答案：锅炉内同时存在三种传热方式，是一个复杂的传热过程。

10. 倒U形锅炉的空气预热器布置在竖井烟道的最下部。(√)

11. 汽包是蒸发、过热、加热三个过程的枢纽。(√)

12. 对同一台锅炉而言，负荷高时散热损失较小，负荷低时散热损失较大。(√)

13. 从设计制造方面来讲，可以增大空气预热器的传热面积，以降低排烟热损失。(√)

14. 锅炉汽水系统的任务是吸收燃料燃烧放出的热量将水蒸发并最后成为规定压力和温度的过热蒸汽。(√)

15. 在锅炉烟风系统中，引风机产生的风压可以克服空气预热器的流动阻力。(×)

正确答案：在锅炉烟风系统中，送风机产生的风压可以克服空气预热器的流动阻力。

16. 1975年我国第一台300kW地热汽轮机组研制成功。(√)

17. 按照热力过程，汽轮机可以分为凝汽式、背压式、调节抽汽式、中间再热式汽轮机。(√)

18. 汽轮机型号为B3－3.43/0.49表示汽轮机为背压式，额定功率为3MW，背压为3.43MPa，初压为0.49MPa。(×)

正确答案：汽轮机型号为B3－3.43/0.49表示汽轮机为背压式，额定功率为3MW，初压为3.43MPa，背压为0.49MPa。

19. 纵销的作用是保证汽轮机的汽缸能横向膨胀。(×)

正确答案：纵销的作用是保证汽缸能纵向膨胀。

20. 凝汽式汽轮机的优点是发电汽耗率高，即每吨蒸汽发的电较多。(×)

正确答案：凝汽式汽轮机的优点是发电汽耗率低，即每吨蒸汽发的电较多。

21. 汽轮机凝汽器及冷油器中传热热阻较大的是管壁热阻。(×)

正确答案：汽轮机凝汽器及冷油器中传热热阻较大的是管内水垢热阻。

22. 汽轮机的汽缸、隔板、喷嘴、汽封、轴承都属汽轮机的静止部分。(√)

23. 汽轮机滑销系统的死点一般只有一个，多缸汽轮机可有两个。(√)

24. 电力生产坚决贯彻“安全第一”的方针。(√)

25. 对外厂来支援的工人、临时工、参加劳动的干部，在开始工作前必须向其介绍现场安全措施和注意事项。(√)

26. 女工在从事转动设备作业时必须将长发或发辫盘卷在工作帽内。(√)

27. 限于厂内行驶的机动车不得用于载人。(√)

28. 行人和骑车人可以进入检修、吊装作业现场。(×)

正确答案：行人和骑车人不可以进入检修、吊装作业现场。

29. 高处作业人员应系用与作业内容相适应的安全带，安全带应系挂在施工作业处上方的牢固挂件上，不得系挂在有尖锐的棱角部位。(√)

30. 清洁生产通过末端治理污染来实现。 (×)

正确答案：清洁生产通过预防和减少污染来实现。

31. 干粉灭火器不能用于扑灭电器着火。 (×)

正确答案：干粉灭火器适用于扑灭电器着火。

32. 电气设备着火时可用泡沫灭火器灭火。 (×)

正确答案：电气设备着火时不能用泡沫灭火器灭火。

33. 1211 灭火器仅适用于扑灭易燃、可燃气体或液体，不适用于扑灭一般易燃固体物质的火灾。 (×)

正确答案：1211 灭火器不仅适用于扑灭易燃、可燃气体或液体，也适用于扑灭一般易燃固体物质的火灾。

34. HSE 管理体系是指实施安全、环境与健康管理的组织机构、职责、做法、程序、过程和资源等而构成的整体。 (√)

35. 建立 HSE 管理体系不能控制 HSE 风险和环境影响。 (×)

正确答案：建立 HSE 管理体系能控制 HSE 风险和环境影响。

36. 工作票必须由施工负责人签发。 (×)

正确答案：工作票必须由分厂主任或副主任签发。

37. 工作电压为 220V 手电钻因采用双重绝缘，故操作时可不必采取绝缘措施。 (√)

38. 检查设备是否漏电，可直接用手检查。 (×)

正确答案：检查设备是否漏电，应先用试电笔检查后，才可用手检查。

39. 安全带可挂在移动的物件上。 (×)

正确答案：安全带禁止挂在移动的物件上。

40. 总验收是在检修过程中，由车间组织有关人员验收已修好的设备和部件。 (×)

正确答案：分段验收是在检修过程中，由车间组织有关人员验收已修好的设备和部件。

41. 设备异常运行可能危及人身安全时，应停止设备运行。 (√)

42. 检修工作开始前，工作许可人应到现场检查安全措施确已正确地执行，然后在工作票上签字，才允许开始工作。 (×)

正确答案：检修工作开始前，工作许可人和工作负责人应到现场检查安全措施确已正确地执行，然后在工作票上签字才允许开始工作。

43. 全国(除台湾、澳门和香港地区外)火警电话都是“119”。 (√)

44. 二氧化碳灭火机可以用来扑救精密仪器和图书资料室的火灾。 (√)

45. 状态参数的变化量取决于初、终状态的值，而与变化的途径无关。 (×)

正确答案：状态参数的变化量取决于状态的值，与变化的途径有关。

46. 热力系中，不平衡状态不具有自动达到平衡状态的趋势。 (×)

正确答案：热力系中，不平衡状态具有自动达到平衡状态的趋势。

47. 表压力以大气压力为起点计量，并高于大气压力。 (√)

48. 绝对压力是工质的真空压力，它以完全真空为起点进行计量。 (√)

49. 只有平衡过程才能在参数坐标轴图中用同一条曲线来表示。 (×)

正确答案：只有准平衡过程才能在参数坐标轴图中用同一条曲线来表示，线上的每一点代表过程进行中的平衡状态。

50. 可逆过程一定是准平衡过程。（√）

51. 工质膨胀对外界做负功。（×）

正确答案： 工质膨胀对外界做正功。

52. 工质的比体积减小时做正功。（×）

正确答案： 工质的比体积减小时做负功。

53. 热力学中规定，当工质放热时，热量为正值。（×）

正确答案： 热力学中规定，当工质放热时，热量为负值。

54. 熵是复合状态参数，无法用仪器仪表直接测量。（√）

55. 工质的内动能取决于它的温度，而内位能取决于它的比体积。（√）

56. 热可以变成功，功也可以变为热，一定量的热量消失时，必产生数量相当的功；消耗一定量的功，必然出现数量相当的热。（√）

57. 自由流动的热交换比强迫流动的热交换更强烈。（×）

正确答案： 强迫流动的热交换比自由流动的热交换更强烈。

58. 在同一壁面上对流换热和辐射换热同时存在的换热过程称为复合传热。（√）

59. 热流体的热量经固体壁面传递给冷源流体的过程称为辐射传热。（×）

正确答案： 热流体的热量经固体壁面传递给冷流体的过程称为传热过程。

60. 微观粒子的热运动产生的热量传递称为导热。（√）

61. 流体的能量实际上是其具有的势能、动能和压能的差。（×）

正确答案： 流体的能量实际上是其具有的势能、动能和压能的和。

62. 流体是液体和气体的总称。（√）

63. 层流的热交换比紊流的热交换更强烈。（×）

正确答案： 紊流的热交换比层流的热交换更强烈。

64. 电荷只是一种转换能量的媒介物，电荷本身并不产生和消耗能量。（√）

65. 电路中形成电流的必要条件是有电阻存在，而且电路必须是闭合。（×）

正确答案： 电路中形成电流的必要条件是有电源存在，而且电路必须是闭合。

66. 导体电阻的大小与导体的长度成正比，与导体的截面积成反比，与导体的材料性质无关。（×）

正确答案： 导体电阻的大小与导体的长度成正比，与导体的截面积成反比，此外还与导体的材料性质有关。

67. 电感线圈就是一个储能元件。（√）

68. 电容器能够储存电荷而产生电场，所以它是储能元件。（√）

69. 电势等于单位负电荷由该点移动到电势零点处所做的功。（×）

正确答案： 电势等于单位正电荷由该点移动到电势零点处所做的功。

70. 任何电路中只要有电压，就有电流流过。（×）

正确答案： 在闭合电路中，只要有电压，就有电流流过。

71. 电流是电路中电荷有规则的定向流动产生的。（√）

72. 电功率越大的电器，电流做的功越多。（×）

正确答案： 电功率越大的电器，单位时间内电流做的功越多。

73. 在相同的时间内电流做功越多，电功率越大。（√）

74. 直流电的大小与方向都恒定不变。 (×)

正确答案： 直流电的大小不定，但方向恒定不变。

75. 要得到交流电，必须要有电动势。 (×)

正确答案： 要得到交流电，必须要有交流电动势。

76. 交流电在1s内重复变化的次数叫频率。 (√)

77. 在R、L、C串联的交流电路中，如果总电压相位落后于电流相位时，则$X_L > X_C$。 (×)

正确答案： 在R、L、C串联的交流电路中，如果总电压相位落后于电流相位时，则$X_L < X_L$。

78. 交流电压或电流在任意时刻的数值叫做瞬时值。 (√)

79. 交流电的最大值反映正弦量变化的范围。 (√)

80. e表示电动势的最大值。 (×)

正确答案： e表示电动势的瞬时值。

81. 我们通常所说的380V或220V交流电压，是指交流电压的最大值。 (×)

正确答案： 我们通常所说的380V或220V交流电压，是指交流电压的有效值。

82. 如果一个交流电通过一个电阻，在一个周期时间内所产生热量和某一直流电流通过同一电阻在相同的时间内产生的热量相等，那么，这个直流电的量值就称为交流电的有效值。 (√)

83. 串联电路中，所有串联电阻两端的电压相等。 (×)

正确答案： 串联电路中，所有串联电阻流过的电流相等。

84. 并联电路中，电路总电阻大于各支路电阻值。 (×)

正确答案： 并联电路中，电路总电阻小于各支路电阻值。

85. 在纯电阻交流电路中，加在电阻两端的电压与通过电阻的电流不同相位。 (×)

正确答案： 在纯电阻交流电路中，加在电阻两端的电压与通过电阻的电流同相位。

86. 在照明线路中，串接一只纯电感线圈，则灯泡亮度变亮。 (×)

正确答案： 在照明线路中，串接一只纯电感线圈，则灯泡亮度变暗。

87. 欧姆定律中，电阻与电压成正比，与电流成反比。 (×)

正确答案： 电路中的电阻是导体固有的性质，不随电压或电流变化。

88. PN结稳定以后，扩散运动和漂移运动就完全停止了。 (×)

正确答案： PN结稳定以后，扩散运动和漂移运动未完全停止。

89. 把PN结加上相应的封装和电极引出线，就成为晶体二极管。 (√)

90. 二极管的反向电流与温度有关，在一定温度范围内，温度升高，反向电流增加。 (√)

91. 二极管2AK4属于小功率整流二极管。 (×)

正确答案： 二极管2AK4属于大功率整流二极管。

92. 根据二极管的单向导电性就可以判断它的好坏和极性。 (√)

93. 电气工具和用具的电线可以接触热体，但不准放在湿地上，避免载重车辆和重物压在电线上。 (×)

正确答案： 电气工具和用具的电线不准接触热体，不要放在湿地上，并避免载重车辆和重物压在电线上。

94. 使用游标量具测量外尺寸时，量爪张开得应比被测尺寸稍大。 (√)

95. 验电笔在使用前应在确认有电的电源处测试，证明验电笔确实良好，方可使用。(√)

96. 用万用表测量电阻时，被测电阻可以带电。(×)

正确答案：用万用表测量电阻时，被测电阻不能带电。

97. 交流电压表指示的数值是电压的最大值。(×)

正确答案：交流电压表指示的数值是电压的有效值。

98. 选择电流表量程时，要使仪表指示值的误差最小，最好使被测得指示值超过量程的1/4。(×)

正确答案：选择电流表量程时，要使仪表指示值的误差最小，最好使被测得指示值超过量程的1/2。

99. 兆欧表的屏蔽环或屏蔽端均直接与电源的正极相连。(×)

正确答案：兆欧表的屏蔽环或屏蔽端均直接与电源的负极相连。

100. 使用测深直尺测量零件深度时，卡尺可以歪斜。(×)

正确答案：使用测深直尺测量零件深度时，卡尺不可以歪斜。

101. 测量的要素是参照系和单位。(×)

正确答案：测量的基本要素是参照点和单位。

102. 选用不同的参照点和单位，对同一事物、行为的量化描述，一般是不同的，数字的意义也是不同的。(√)

103. 测量的目的是确定量值，测量对象是被测对象的量，测量本身是一个实验过程。(√)

104. 在技术管理和法制管理的要求上，计量低于一般的测量。(×)

正确答案：在技术管理和法制管理的要求上，计量高于一般的测量。

105. 计量的本质就是测量，但是其测量的对象不是一般产品，需要具有某一精度级别的测量手段。(√)

106. 热工测量的主要对象是对电量进行测量。(×)

正确答案：热工测量的主要对象是对非电量进行测量。

107. 电子平衡电桥常用的感温元件是热电偶。(×)

正确答案：电子平衡电桥常用的感温元件是热电阻。

108. 国际单位制的基本单位中，电流的单位符号是I。(×)

正确答案：国际单位制的基本单位中，电流的单位符号是A。

109. 在国际单位制的辅助单位中，平角的计量单位名称是平面度。(×)

正确答案：在国际单位制的辅助单位中，平角的计量单位名称是弧度。

110. 法定计量单位加速度的单位名称是米每二次方秒。(√)

111. 测量误差是客观存在的，永远也消除不了。(√)

112. 按照测量误差出现的规律不同，可以把测量误差分为两类，即绝对误差和相对误差。(×)

正确答案：按照测量误差出现的规律不同，可以把测量误差分为三类，即系统误差、粗大误差和随机误差。

113. 仪表精度等级数值越小，仪表的精确度越高。(√)

114. 在机械制图中，图纸幅面是594×814，则该纸幅面是A2。(×)

正确答案：在机械制图中，图纸幅面是594×814，则该纸幅面是A1。

115. 在绘制图样时，应灵活选用机械制图国家标准规定的5种类型比例。（×）

正确答案： 在绘制图样时，应灵活选用机械制图国家标准规定的3种类型比例。

116. 在绘制图样时，工件其断裂处的分界线，一般用细实线绘制。（×）

正确答案： 在绘制图样时，工件其断裂处的分界线，一般用波浪线绘制。

117. 国家标准规定汉字的字宽是字高的1/2。（×）

正确答案： 国家标准规定汉字的字宽是字高的2/3。

118. 图样上标注的尺寸，一般应由尺寸线，尺寸界限和尺寸数字组成。（√）

119. 标注线形尺寸时，尺寸线必须与所标注的线段垂直。（×）

正确答案： 标注线形尺寸时，尺寸线必须与所标注的线段平行。

120. 徒手画直线时，先定出直线的两个端点，眼睛看着直线的终点画线。（×）

正确答案： 徒手画直线时，先定出直线的两个端点，眼睛看着直线的两个端点画线。

121. 某一产品的图样，有一部分图纸图框是留装订边的，另一部分图纸的图框是不留装订边的，这种做法是正确的。（×）

正确答案： 某一产品的图样，有一部分图纸图框是留装订边的，另一部分图纸的图框是不留装订边的，这种做法是错误的。

122. 成套图纸必须绘制索引总目录。（√）

123. 平面垂直投影，投影积聚为线段。（√）

124. 俯视图与左视图之间的投影规律是宽相等。（√）

125. 在机械制图中，标题栏的方向就是看图的方向。（√）

126. 表面越粗糙，零件表面性能越好。（×）

正确答案： 表面越粗糙，零件表面性能越差。

127. 在电气技术的辅助文字符号中，PE表示保护接地与中性线共用。（×）

正确答案： 在电气技术的辅助文字符号中，PEN代表保护接地与中性线共用。

128. 在被测变量和仪表功能字母代号中，字母T在第一位和后继字母，则分别表示为温度和指示。（×）

正确答案： 在被测变量和功能字母代表中，字母T在第一位和后继字母，则分别为温度和传送。

129. 在仪表位号的表示方法中，流量累计指示控制器表示为FQRC。（×）

正确答案： 在仪表位号的表示方法中，流量累计指示控制器表示为FQIC。

130. 计量检定人员进行计量检定工作必须执行计量技术法规。（√）

131. 华氏温标是把标准大气压下冰的融点定为200 ℉。（×）

正确答案： 华氏温标是把标准大气压下冰的融点定为212 ℉。

132. 热敏电阻属于标准化热电阻。（×）

正确答案： 热敏电阻属于非标准化热电阻。

133. 电阻温度系数是指温度变化10℃时电阻值的相对变化量。（×）

正确答案： 电阻温度系数是指温度变化1℃时电阻值的相对变化量。

134. 热电阻校验时，先调整变阻器，使毫安表指示在2mA左右。（×）

正确答案： 热电阻校验时，先调整变阻器，使毫安表指示在1mA左右。

135. 镍铬－康铜热电偶属于标准化热电偶。（√）

136. 热电偶组成后，其两个闭合接点温差越大，产生的热电势越小。 (×)

正确答案：热电偶组成后，其两个闭合接点温差越大，产生的热电势越大。

137. 热电偶在安装前和经过一段时间使用后都要进行校验，以确定是否符合精度等级要求。 (√)

138. 我国压力式温度计按用途分有指示式、记录式。 (×)

正确答案：我国压力式温度计按用途分有指示式、记录式、报警式、调节式等。

139. 压力表式温度计是一种电子式测温仪表。 (×)

正确答案：压力表式温度计是一种机械式测温仪表。

140. 膜片压力计属于活塞式压力计。 (×)

正确答案：膜片压力计属于弹性式压力计。

141. U 形管内径一般为 5 ~ 20mm，为了减小毛细现象对测量准确度的影响，内径最好不小于 10mm。 (√)

142. 一般将单管压力计的f/A值定得很小，使$(1+f/A)$值近于 0.5。 (×)

正确答案：一般将单管压力计的f/A值定得很小，使$(1+f/A)$值近于 1。

143. 斜管式微压计测量差压时，要将较高的压力通入水准泡。 (×)

正确答案：斜管式微压计测量差压时，要将较高的压力通入大容器。

144. 用"YX150"表示的弹簧管压力表是测量范围为 0 ~ 150kPa 的电接点压力表。 (×)

正确答案：用"YX150"表示的弹簧管压力表是公称直径 150mm 的电接点压力表。

145. 弹簧管压力表的弹簧管通入压力后其自由端的位移可通过杠杆机构带动指针转动。 (√)

146. 待检定的压力表盘面上的准确度等级，出厂编号等标志应清晰。 (√)

147. 压力表的检定项目中，要求指针在测量范围内指针偏转应平稳，无跳动和卡住现象。 (√)

148. 计量检定规定作为主要仪表使用的压力表的检定周期不应超过一年。 (×)

正确答案：计量检定规定作为主要仪表使用的压力表的检定周期不应超过半年。

149. 在震动比较大的安装位置，可选用耐震压力表。 (√)

150. 检定氧气压力表不需用隔离器。 (×)

正确答案：检定氧气压力表需用隔离器

151. 膜盒压力表在正常情况下，仪表指示满刻度的1/2时，拉杆与指针轴拉杆调节板之间的夹角约为75°。 (×)

正确答案：膜盒压力表在正常情况下，仪表指示满刻度的1/2时，拉杆与指针轴拉杆调节板之间的夹角约为90°。

152. 在力平衡式压力变送器中，矢量机构主要是由放大器和 Y 形支撑板组成。 (×)

正确答案：在力平衡式压力变送器中，矢量机构主要是由放大器和 Π 形支撑板组成。

153. 电容式压力变送器中，以隔离膜片为电容器的可动极板。 (×)

正确答案：电容式压力变送器中，以测压弹性膜片为电容器的可动极板。

154. 弹簧管压力表适用于长期在高温环境下工作，温度对弹簧管压力表没有影响。 (×)

正确答案：弹簧管压力表适用于长期在高温环境下工作，温度对弹簧管压力表测量产生一定影响。

155. 压力式温度计中，毛细管是直接与被测介质相接触来感受温度变化的检测元件。（×）

正确答案：压力式温度计中，温包是直接与被测介质相接触来感受温度变化的检测元件。

156. 变送器的校验项目包括基本误差及变差的校验；再现性试验；恒流性能试验；电源电压波动试验；环境温度试验；环境振动试验；长期运行漂移试验。（√）

157. 我国国家标准规定，标准孔板的取压方式只有角接取压一种。（×）

正确答案：我国国家标准规定，标准孔板的取压方式有角接取压、法兰取压两种。

158. 浮球式液位计所测液位越高，则浮球所受浮力越大。（×）

正确答案：浮球式液位计所测液位越高，则浮球所受浮力不变。

159. 液体膨胀式温度计的毛细管是供液体膨胀前用的，所以要求它细而直。（×）

正确答案：液体膨胀式温度计的毛细管是供液体膨胀前后用的，所以要求它细而直。

160. 在应变式压力计中，应变片与筒体之间应不会发生相对滑动现象，并且保持电器绝缘。（√）

161. 当云母水位计中的水为汽包压力下的饱和水时，其中的水位即是汽包的重量水位。（√）

162. 双色水位计的原理是光从空气进入蒸汽或水产生不同的折射。（√）

163. 差压式水位计中的水位与差压之间准确转换是通过肘管实现的。（×）

正确答案：差压式水位计中的水位与差压之间准确转换是通过平衡容器实现的。

164. 电接点水位计传感器就是一个带有若干个接点的连通器。（√）

165. 动圈表测量机构的核心是一个磁电式表头。（√）

166. 在校验配接热电阻的动圈表时，校验设备为标准电阻箱。（√）

167. 在校验配接热电阻的动圈表时，校验点温度值应根据分度表转换为相应的电阻值进行误差计算。（√）

168. 继电器按用途可分为：电流继电器和电压继电器。（×）

正确答案：继电器按用途可分为：控制用继电器和保护用继电器。

169. 继电器返回电流与启动电流的比值称为返回系数。（√）

170. 瞬时动作的中间继电器在额定电压下常开触点闭合时间约为0.5~0.6s。（×）

正确答案：瞬时动作的中间继电器在额定电压下常开触点闭合时间约为0.05~0.06s。

171. 交流接触器线圈电压过高或过低都会造成线圈过热。（√）

172. CZ0-40/20表示直流接触器，其额定电流为40A。（√）

173. 断电延时与通电延时两种时间继电器的组成元件是不能通用的。（×）

正确答案：断电延时与通电延时两种时间继电器的组成元件是通用的。

174. 热继电器中的双金属片弯曲作用是由于电流的热效应产生的。（√）

175. 热继电器的双金属片加热方式有三种，其中直接加热式应用最普遍。（×）

正确答案：热继电器的双金属片加热方式有三种，其中间接加热式应用最普遍。

176. 可使用压力校验仪校验任何压力变送器。（×）

正确答案：使用压力校验仪校验压力变送器应符合该变送器标准器选择的要求。

177. 用压力试验台校验仪表，标准表应装在右侧，被校表应装在左侧。（×）

正确答案：用压力试验台校验仪表，标准表应装在左侧，被校表应装在右侧。

178. 检定记录如果书写错误，可以修改。（×）

正确答案：检定记录如果书写错误，不能随意修改。应在原字迹上划横线后在其上方或右方写上正确的文字或数字，并在更改处加盖检定员印章。

179. 制作热电阻的材料必须满足：电阻温度系数要大，材料的电阻率要大。（√）

180. 普通热电偶的热电极直径一般为0.35～0.65mm。（×）

正确答案：普通热电偶的热电极直径一般为0.5～3.2mm。

181. 弹簧管压力表中游丝属于传动放大机构。（√）

182. 弹簧管压力表的检定过程中，要求指针在标尺刻度范围内移动应平稳，无跳动和卡住现象。（√）

183. 弹簧管压力表出现指针迟滞和跳针现象说明齿牙有腐蚀，磨损或齿间有毛刺、污物存在，需要拆卸处理。（√）

184. 电容式压力变送器是由金属膜片、球面基座及高低压容室组成的。（√）

185. 模拟式仪表是显示仪表种类中的一种。（√）

186. 在液体压力式温度计中，如果充液和毛细管材料、弹簧管材料的膨胀系数不同，环境温度变化就会产生测量误差。为了减少这一误差，一种方法就是另外再加装补偿弹簧管和毛细管。（√）

187. 超声波液位计主要用于测量精度不高的场合。（×）

正确答案：超声波液位计主要用于测量精度较高的场合。

188. 动圈表在使用时要尽量远离强磁场，以防止外磁场对仪表指示产生影响。（√）

189. 动圈表作为电阻温度计显示仪表时，仪表必须附加一个电阻－电压转换电路。（√）

190. 配压力变送器动圈式仪表的输入信号是直流毫伏电流。（×）

正确答案：配压力变送器动圈式仪表的输入信号是直流毫伏电压。

191. 调节阀的试验可在任何工况下进行。（×）

正确答案：调节阀的试验要求在主设备的负荷及运行工况的稳定下才可进行。

192. 半导体电阻当温度上升1℃时，其电阻值约下降3%～6%。（√）

193. 热电偶组成之后，其两个闭合接点温差越大，产生的热电势也越大。（√）

194. 热电偶的中间导体定律为热电偶补偿导线的应用奠定了理论基础。（×）

正确答案：热电偶的中间温度定律为热电偶补偿导线的应用奠定了理论基础。

195. 镍铬－考铜热电偶的正极颜色是黑褐色。（√）

196. 由于比例环节的输出量和输入量成正比，无惯性无迟延，所以它也可以称为无惯性环节或者放大环节。（√）

197. 积分时间设置得越大，则积分作用越强。（×）

正确答案：积分时间设置得越小，则积分作用越强。

198. 微分环节的输出信号与输入信号的变化速度成比例。（√）

199. 调节阀门的静特性主要有直线特性、斜线特性、等百分比特性、快开特性和抛物线特性。（×）

正确答案：调节阀门的静特性主要有直线特性、等百分比特性、快开特性和抛物线特性。

200. 因阶跃变化而引起的被调量偏离给定值，则该扰动称为阶跃扰动。（√）

201. 串级控制系统具有很强的克服内扰的能力。（√）

202. 前馈控制系统是闭环控制系统，不存在系统的稳定性问题。（×）

正确答案：前馈控制系统是开环控制系统，不存在系统的稳定性问题。

203. 除氧器水位调节的过渡过程应该保证不超过 15min。（√）

204. 燃烧调节系统的任务之一是维持锅炉出口蒸汽压力的恒定。（√）

205. 单冲量单回路给水调节系统在实际运行中，调节阀开度变化与水位变化成正比关系。（×）

正确答案：单冲量单回路给水调节系统在实际运行中，调节阀开度变化与水位变化成反比关系。

206. 燃烧调节系统的投入中，应避免较大的炉负荷变化率。（√）

207. 监控级的设备主要有操作站、工程师站和计算站。（√）

208. TELEPERMME 系列 DCS 控制系统中 6DS1731 - 8RR 模件即可采集模拟量信号也可实现闭环控制。（×）

正确答案：TELEPERMME 系列 DCS 控制系统中 6DS1731 - 8RR 模件可采集模拟量信号但不可以实现闭环控制。

209. TELEPERMME 系列 DCS 系统 MOTOR 功能块的"AC"的状态为 1 时，则自动发出关指令。（√）

210. TELEPERMME DCS 控制系统中"MUL"语句的含义是"乘法"。（√）

211. TELEPERMME 系列 DCS 控制系统中"UN，NO"操作指令的含义是"与某一语句相与非"。（√）

212. DEH 系统具有自升速功能。（√）

213. 上海新华系列 DEH 系统的 VCC 卡上 CPU 部分完成阀门控制指令运算输出工作。（√）

214. 上海新华系列 DEH 系统中，GTW 软件必须在安装 MMI 软件之前安装。（×）

正确答案：上海新华系列 DEH 系统中，GTW 软件必须在安装好 MMI 软件后单独安装。

215. 上海新华系列 DEH 系统中的测速卡叫做 VCC 卡。（×）

正确答案：上海新华系列 DEH 系统中的测速卡叫做 MPC 卡。

216. 上海新华系列 DEH 系统的日常检查中，应经常将主控 DPU 切至副控位置进行检查。（×）

正确答案：上海新华系列 DEH 系统的日常检查中，不能人为将主控 DPU 切至副控位置。

217. SIPOS 系列电动执行器在设置成扭矩关方式时，只许将执行机构与阀门对应在全开位置即可进行调试，而且不必人为对全关位置进行调整。（√）

218. ZJM 系列气动执行机构正常工作时的气源压力范围在 0.4～0.6MPa 之间。（√）

219. DKJ 系列电动执行机构的输出轴一般为直行程输出和角行程输出。（×）

正确答案：DKJ 系列电动执行机构的输出轴为角行程输出。

220. P/P700 型阀门定位器具有三断自锁功能。（×）

正确答案：P/P700 型阀门定位器不具有三断自锁功能。

221. 对继电器的触点检查时，动合触点闭合后要有足够的压力，即接触后有明显的共同行程，动断触点的接触要紧密可靠且有足够的压力，动静触点接触时应中心相对。（√）

222. 数据处理的作业方式有批处理、实时处理和连续处理三种。(✓)

223. 电子数据处理系统的组成类型有分布式处理和集中式处理。(✓)

224. 第二代计算机使用晶体管作为主要的逻辑元件。(✓)

225. 依据计算机的用途不同分类，计算机可分为模拟计算机、数字计算机和混合计算机。(×)

正确答案：依据计算机处理数据的类型分类，计算机可分为模拟计算机、数字计算机和混合计算机。

226. 计算机系统硬件系统中核心部分是控制器。(×)

正确答案：计算机系统硬件系统中核心部分是中央处理器。

227. 操作系统、编译程序及数据库管理系统属于应用程序。(×)

正确答案：操作系统、编译程序及数据库管理系统属于系统程序。

228. 计算机的启动方式中，启动速度最快的是热启动。(✓)

229. 在线分析仪表间接安装在工艺流程中，对物料的组成成分和化学成分进行自动连续的分析。(×)

正确答案：在线分析仪表直接安装在工艺流程中，对物料的组成成分和物性参数进行自动连续的分析。

230. 工业在线 pH 计、电导率仪是按照被测介质的相态分类的。(×)

正确答案：工业在线 pH 计、电导率仪是按照测量参数分类的。

231. 工作范围主要是指测量对象，测量范围等，对于不同的分析仪器工作范围方面的指标是不同的。(✓)

232. 对于理想气体来说，摩尔分数等于体积分数。(✓)

233. 在国际标准和国家标准中，A 代表溶质，B 代表溶剂。(×)

正确答案：在国际标准和国家标准中，A 代表溶剂，B 代表溶质。

234. 溶液的浓度变化对电导率测量有影响。(✓)

235. 浓差极化与化学极化产生的影响都是产生的电场或电势与外加电场方向相反，等效的增加了溶液的电阻。(✓)

236. 温度的变化对溶液电导测量没有影响。(×)

正确答案：温度的变化对溶液电导测量有影响。

237. 安装径向压力表可以水平安装。(×)

正确答案：安装径向压力表必须垂直安装。

238. 垫片可重复使用。(×)

正确答案：垫片不可重复使用。

239. 电器是所有电工器械的简称。(✓)

240. 熔断器的额定电流应大于或等于所装熔体的额定电流。(✓)

241. HH4－30/3 表示开启式负荷开关。(×)

正确答案：HH4－30/3 标封闭式负荷开关。

242. 自动空气开关除能完成接通和断开电路外还能对电路或电气设备发生的短路、过载及欠压等进行保护。(✓)

243. 当按下常开按钮然后再松开时，按钮便自锁接通。(×)

正确答案：当按下常开按钮后再松开时，按钮便复位。

244. 熔断器可作为电动机的过载保护。（×）

正确答案：熔断器可作为电动机的短路保护。

245. 漏电保护器能够切断短路电流。（×）

正确答案：漏电保护器不能够切断短路电流。

246. 锅炉灭火保护的作用是事故状态下保护锅炉炉膛。（√）

247. 在热工保护信号测量回路中，采用信号串联法比采用信号并联法的拒动作率低。（×）

正确答案：在热工保护信号测量回路中，采用信号串联法比采用信号并联法的拒动作率高。

248. 自动报警系统在报警信息出现后，按“确认”按钮，光字牌和电铃的状态应闪光、音响。（×）

正确答案：动报警系统在报警信息出现后，按“确认”按钮，光字牌和电铃的状态应平光、无声。

249. XXS 型闪光报警器的优点之一是可以进行报警方式的选择和切换。（√）

250. 根据被控设备的控制方式及工艺系统的运行规律，子组级和驱动级的控制逻辑可分为基本逻辑和可变逻辑两种。其中可变逻辑是 SCS 系统的基础。（×）

正确答案：根据被控设备的控制方式及工艺系统的运行规律，子组级和驱动级的控制逻辑可分为基本逻辑和可变逻辑两种。其中基本逻辑是 SCS 系统的基础。

251. 软盘、硬盘等既可以作为输入设备，也可以作为输出设备。（√）

252. 计算机硬件是指构成计算机的电子电路及机械装置。（√）

253. 计算机的操作系统是一种应用软件。（×）

正确答案：计算机操作系统是一种系统软件。

254. 选用导线时，要依据工作电压、工作电流与使用场合按电线技术规格选用。（√）

255. 盘内配线时，端子排离地面不应小于 300mm。（×）

正确答案：盘内配线时，端子排离地面不应小于 150mm。

256. 热工测量回路的导线不应和动力回路、信号回路等的导线穿入同一导线管内。（√）

257. 绝缘材料的电导率随环境温度的增大而增大。（√）

258. 绝缘材料主要作用是隔离带电的或不同电位的导体，使电流按指定的方向流动。（√）

259. 聚氯乙烯工作温度的高低对其机械性能无明显的影响。（×）

正确答案：聚氯乙烯工作温度的高低对其机械性能有很大的影响。

260. 交联聚氯乙烯绝缘电缆允许的温度升高，电缆的允许载流量较大。（√）

261. 控制电缆型号编制方法中，结构特征代号里，编织屏蔽用字母 P2 表示。（×）

正确答案：控制电缆型号编制方法中，结构特征代号里，铜带屏蔽用字母 P2 表示。

262. 聚氯乙烯电缆的型号中，结构特征代号里，软结构用字母 R 表示。（√）

263. 一般说来，氧化锆在烟道中水平与垂直安装的测量效果相同，但垂直安装的抗震能力较差，且易积灰。（×）

正确答案：一般说来，氧化锆在烟道中水平与垂直安装的测量效果相同，但水平安装的抗震能力较差，且易积灰。

264. 浸入式电极安装在有压力要求的场合。（×）

正确答案： 浸入式电极安装在常压的场合。

265. 工业电导率仪由变送器、转换器和显示器等部分组成。(×)

正确答案： 工业电导率仪由电导池、转换器和显示器等部分组成。

266. 平板形电极包括平板电极和平行轴电极。(×)

正确答案： 平板形电极包括平板电极和多层平板电极。

267. 电极式电导率仪与溶液直接接触，测量范围不受限制。(×)

正确答案： 电极式电导率仪与溶液直接接触，易受到腐蚀、污染、极化问题，因此测量范围受到一定限制。

单选题

1.《劳动法》规定，所有劳动者的合法权益一律平等地受我国劳动法的保护，不应有任何歧视或差异。这体现了对劳动者权益(B)的保护。

A. 最基本　B. 平等　C. 侧重　D. 全面

2. 劳动法在对劳动关系当事人双方都给予保护的同时，偏重于保护在劳动关系中事实上处于相对弱者地位的劳动者，亦即向保护劳动者倾斜。这体现了对劳动者权益(C)的保护。

A. 最基本　B. 平等　C. 侧重　D. 全面

3. 保护妇女劳动者、未成年劳动者、残疾劳动者、少数民族劳动者、退役军人劳动者等的合法权益，体现了对劳动者权益(D)的保护。

A. 最基本　B. 全面　C. 侧重　D. 平等

4. 依据《劳动法》规定，劳动合同可以约定试用期。试用期最长不超过(C)个月。

A. 12　B. 10　C. 6　D. 3

5. 依据《劳动法》规定，劳动者在(D)情况下，用人单位可以解除劳动合同，但应提前三十天以书面形式通知劳动者本人。

A. 在试用期间被证明不符合录用条件

B. 患病或者负伤，在规定的医疗期内

C. 严重违反用人单位规章制度

D. 不能胜任工作，经过培训或调整工作岗位仍不能胜任工作

6. 能够认定劳动合同无效的机构是(D)。

A. 各级人民政府　B. 工商行政管理部门

C. 各级劳动行政部门　D. 劳动争议仲裁委员会

7. 依据《劳动法》的规定，发生劳动争议时，提出仲裁要求的一方应当自劳动争议发生之日起(D)日内向劳动争议仲裁委员会提出书面申请。

A. 三十　B. 四十　C. 五十　D. 六十

8. 依据《劳动法》的规定，因(A)集体合同发生争议，当事人协商解决不成的，当地人民政府劳动行政部门可以组织有关各方协调处理。

A. 签订　B. 更改　C. 违反　D. 履行

9. 依据《劳动法》的规定，用人单位与劳动者发生劳动争议，当事人可以依法(D)，也可以协商解决。

A. 提起诉讼　B. 申请调解

C. 申请仲裁　D. 申请调解、仲裁、提起诉讼

10. 劳动安全卫生工作“三同时”是指：(D)的劳动安全卫生设施必须与主体工程同时设计、同时施工、同时投入生产和使用。

A. 新建工程　　B. 改建工程
C. 扩建工程　　D. 新建、改建或扩建工程

11. 依据《劳动法》的规定，(A)各级人民政府劳动行政部门、有关部门和用人单位应当依法对劳动者在劳动过程中发生的伤亡事故和劳动者的职业病状况，进行统计、报告和处理。

A. 县级以上　　B. 市级以上　　C. 省级以上　　D. 国家

12. 依据《劳动法》的规定，用人单位必须为劳动者提供符合国家规定的劳动安全卫生条件和必要的劳动防护用品，对从事有(B)危害作业的劳动者应当定期进行健康检查。

A. 身体　　B. 职业　　C. 潜在　　D. 健康

13.《安全生产法》规定，从业人员有获得符合(A)的劳动防护用品的权利。

A. 国家标准、行业标准　　B. 行业标准、企业标准
C. 国家标准、地方标准　　D. 企业标准、地方标准

14. 不属于《安全生产法》规定的从业人员安全生产保障知情权的一项是(D)。

A. 有权了解其作业场所和工作岗位存在的危险因素
B. 有权了解防范措施
C. 有权了解事故应急措施
D. 有权了解事故后赔偿情况

15.《安全生产法》规定，从业人员在发现(C)危及人身安全的紧急情况时，有权停止作业或者在采取可能的应急措施后撤离作业场所。

A. 可能　　B. 间接　　C. 直接　　D. 潜在

16. 锅炉的锅是指锅炉的(A)系统。

A. 汽水　　B. 热风　　C. 烟气　　D. 燃油

17. 锅炉的炉是指锅炉的(D)系统。

A. 汽水　　B. 蒸汽　　C. 燃料　　D. 燃烧

18. 某锅炉的水冷壁属于该炉的(C)系统。

A. 燃烧　　B. 输煤　　C. 汽水　　D. 燃油

19. 火力发电厂中汽轮机将蒸汽的热能转变成(D)能。

A. 电　　B. 热　　C. 化学　　D. 机械

20. 火力发电厂中的锅炉将燃料的(C)能转变成蒸汽的热能。

A. 机械　　B. 电　　C. 化学　　D. 热

21. 火力发电厂中(B)将蒸汽的热能转变成机械能。

A. 电动机　　B. 汽轮机　　C. 发电机　　D. 输煤机

22. 由送风机、引风机、炉膛、烟道、烟囱等组成火力发电厂的(D)。

A. 制粉设备　　B. 给水设备　　C. 锅炉附件　　D. 通风设备

23. 由原煤斗、给煤机、磨煤机、煤粉分离器、排粉机等组成的火力发电设备叫(C)。

A. 给水设备　　B. 除尘、除灰设备　　C. 制粉设备　　D. 锅炉附件

24. 在锅炉设备中，由汽包、下降管、水冷壁、过热器、再热器、省煤器及管道联箱组成(C)。

A. 烟风系统　B. 燃烧系统　C. 汽水系统　D. 炉墙及构架

25. 锅炉是通过燃烧将燃料化学能转变成蒸汽的(C)能的设备。

A. 机械　B. 电　C. 热　D. 化学

26. 锅炉是生产蒸汽的设备，锅炉的容量叫(B)。

A. 容量　B. 蒸发量　C. 温度　D. 压力

27. 直流锅炉不需要汽包，由给水泵送来的水依次流过(D)。

A. 省煤段→过热段→蒸发段　B. 过热段→省煤段→蒸发段

C. 蒸发段→省煤段→过热段　D. 省煤段→蒸发段→过热段

28. 靠汽水重度差产生水循环的锅炉是(D)锅炉。

A. 强制循环　B. 直流　C. 复合循环　D. 自然循环

29. 按锅炉水循环方式分类可分为：(D)锅炉和复合循环锅炉以及强制循环锅炉。

A. 超高压　B. 燃煤　C. 层燃　D. 自然循环

30. 大容量电站锅炉一般都采用(B)炉。

A. 层燃　B. 室燃　C. 旋风　D. 沸腾

31. 汽包锅炉中，水在(A)中被加热成蒸汽，经过热器进一步加热成过热蒸汽，再通过主蒸汽管道进入汽轮机。

A. 汽包　B. 省煤器　C. 高加　D. 低加

32. 锅炉炉膛的炉内传热方式主要是(C)。

A. 对流传热　B. 传导传热

C. 辐射传热　D. 对流传热、传导传热

33. 在锅炉系统的组成设备中，(D)的作用是保持炉膛负压，克服烟气侧的流动阻力，将烟气排出炉外。

A. 送风机　B. 空气预热器　C. 燃烧器　D. 引风机

34. Π形锅炉省煤器一般布置在(D)处。

A. 炉膛出口　B. 折燃角处　C. 水平烟道　D. 尾部烟道

35. Π形锅炉按烟气流动型式属于(C)布置。

A. 烟气上行流动　B. 烟气水平流动　C. 烟气下行流动　D. 多烟道

36. Π形锅炉空气预热器一般布置在(A)处。

A. 省煤器前　B. 水平烟道　C. 炉膛出口　D. 尾部烟道

37. 由燃烧室和燃烧器组成的锅炉设备是(D)。

A. 锅炉附件　B. 蒸发设备　C. 辅机设备　D. 燃烧设备

38. 由汽包、下降管、水冷壁、对流管及其联接管道和联箱组成的设备是(C)。

A. 燃烧设备　B. 锅炉附件　C. 蒸发设备　D. 辅助设备

39. 由过热器、再热器及其联接管道和联箱组成的设备是(D)。

A. 尾部受热面　B. 燃烧设备　C. 蒸发设备　D. 过热设备

40. 锅炉热效率的高低主要决定于(C)。

A. 锅炉压力　B. 主汽温度　C. 燃料种类　D. 锅炉容量

41. 对电厂锅炉而言，热损失最大的一项是(D)损失。

A. 化学未完全燃烧热　　B. 机械未完全燃烧热

C. 散热　　D. 排烟热

42. 锅炉热效率是指锅炉有效利用热与(C)之比。

A. 锅炉输出的总热量　　B. 炉内燃料放热

C. 输入锅炉的总热量　　D. 锅炉损失热量

43. 燃料燃烧过程中产生的可燃气体(CO、H_2、CH_4)未完全燃烧而随烟气排出炉外所造成的热损失称为(C)损失。

A. 排烟热　　B. 机械未完全燃烧热

C. 化学未完全燃烧热　　D. 散热

44. 燃料在燃烧过程中，部分固体可燃物在炉内不完全燃烧随飞灰及炉膛一同排出炉外而造成的热损失称为(C)损失。

A. 排烟热　　B. 化学未完全燃烧热

C. 机械未完全燃烧热　　D. 散热

45. 锅炉烟气离开锅炉排入大气所带走的热量损失称(D)损失。

A. 机械未完全燃烧热　　B. 化学未完全燃烧热

C. 散热　　D. 排烟热

46. 在锅炉汽水系统中，(C)是加热、蒸发、过热三个过程的连接枢纽及分界点。

A. 水冷壁　　B. 过热器　　C. 汽包　　D. 省煤器

47. 在锅炉汽水系统中，(C)的作用是利用锅炉尾部烟气的余热加热锅炉给水的设备。

A. 水冷壁　　B. 过热器　　C. 省煤器　　D. 空气预热器

48. 在锅炉汽水系统中，(D)是利用烟气的热量将饱和蒸汽加热成具有一定温度的过热蒸汽。

A. 水冷壁　　B. 汽包　　C. 再热器　　D. 过热器

49. 在锅炉烟风系统中，(C)是提供燃料燃烧及制粉系统所需要的空气的设备。

A. 燃烧器　　B. 引风机　　C. 送风机　　D. 空气预热器

50. 在锅炉烟风系统中，(D)是排出炉膛燃料燃烧后生成的烟气设备。

A. 燃烧器　　B. 送风机　　C. 空气预热器　　D. 引风机

51. 在锅炉烟风系统中，(C)是利用烟气尾部余热加热燃烧所用的空气的设备。

A. 燃烧室　　B. 燃烧器　　C. 空气预热器　　D. 引风机

52. 1883 年瑞典工程师拉伐尔创造出第一台(D)汽轮机。

A. 辐流式　　B. 背压式　　C. 冲动式　　D. 轴流式

53. 1980 年前苏联制造的(C)MW 单轴汽轮机投入运行，这是世界上到目前为止火电站中最大的单轴机组。

A. 600　　B. 1000　　C. 1200　　D. 1300

54. 我国自 1955 年制造了第一台中压(A)MW 汽轮机。

A. 6　　B. 100　　C. 125　　D. 200

55. 亚临界汽轮机是指新蒸汽压力为(D)MPa 的汽轮机。

A. 2 ~ 4　　B. 6 ~ 10　　C. 12 ~ 14　　D. 16 ~ 18

56. 汽轮机按功率分类的话，大功率汽轮机是指(C)MW 以上汽轮机。
A. 50　　B. 100　　C. 200　　D. 300
57. 100－90/535－2 型汽轮机是(B)汽轮机。
A. 中压　　B. 高压　　C. 超高压　　D. 亚临界压力
58. 国产汽轮机的型号 CC 表示(C)。
A. 凝汽式　　B. 背压式　　C. 两次调节抽汽式　　D. 抽汽背压式
59. 一国产汽轮机型号为 N300－16.7/537/537，其中 300 表示(A)。
A. 汽轮机额定功率　　B. 汽轮机类型
C. 蒸汽参数　　D. 变形设计次序
60. 国产汽轮机的型号 H 表示(C)。
A. 工业用　　B. 凝汽式　　C. 船用　　D. 背压式
61. 汽轮机转动部分由(C)等组成。
A. 主轴、叶轮、隔板、轴封　　B. 喷嘴、隔板、汽封、叶轮
C. 主轴、叶轮、轴封、动叶片　　D. 主轴、静叶片、轴封、联轴器
62. 根据汽轮机组功率不同，汽缸有单缸和多缸之分，300MW 一般采用(C)个汽缸。
A. 1　　B. 2　　C. 3～4　　D. 5～6
63. 大机组采用双层缸结构有一些优点，(B)不是双层缸的特点。
A. 减少热应力　　B. 减少质量　　C. 减少热变形　　D. 避免结合面漏汽
64. 冲动式汽轮机的工作特点是(B)。
A. 蒸汽主要在动叶中膨胀，在喷嘴中少数是膨胀
B. 蒸汽主要在喷嘴中膨胀，在动叶中只有少数是膨胀
C. 蒸汽只在喷嘴中膨胀
D. 蒸汽在动叶中和喷嘴中膨胀相同，各占一半
65. 发电厂大型冲动式汽轮机的级数往往多达(B)级。
A. 5～10　　B. 20～30　　C. 50～60　　D. 80～90
66. 汽轮机制造厂规定汽轮机的转速不得超过额定转速的(A)倍。
A. 1.08～1.12　　B. 1.22～1.35　　C. 1.45～1.76　　D. 1.51～1.62
67. 汽轮机转子的临界转速的高低取决于(D)。
A. 转子转速的高低　　B. 转子受力情况
C. 机组负荷大小　　D. 转子自身材料、尺寸等
68. 汽轮机长期低负荷运行，会加速(A)叶片水蚀的发展。
A. 末几级　　B. 中间级　　C. 调节级　　D. 所有级
69. 汽轮机凝汽器的端差是(D)温度与冷却水离开凝汽器时的温度之差。
A. 冷却水进口　　B. 凝结水
C. 凝汽器中蒸汽的饱和　　D. 排汽压力对应的饱和
70. 大功率汽轮机组的高压部分，一般都采用(A)转子。
A. 整段　　B. 套装　　C. 焊接　　D. 铸造
71. 大功率汽轮机组的中压部分，一般都采用(D)转子。
A. 整段　　B. 套装　　C. 焊接　　D. 整段＋套装

72. 在汽轮机中，(B)是轴向推力的组成部分。
A. 蒸汽作用在隔板上的力　B. 蒸汽作用在转子凸肩上的力
C. 蒸汽作用在静叶栅上的力　D. 蒸汽作用在静叶持环上的力

73. 冲动式汽轮机蒸汽对动叶片真正做功的力为(D)力。
A. 径向　B. 轴向　C. 辐向　D. 周向

74. 汽轮机在启、停和变工况运行时，汽缸的(D)会产生热膨胀或收缩。
A. 水平方向　B. 垂直方向
C. 水平和垂直方向　D. 水平、垂直和轴向

75. 我国安全生产的方针之一是“(C)第一，预防为主”。
A. 管理　B. 效益　C. 安全　D. 质量

76. “防消结合，以(D)为主”。
A. 管　B. 消　C. 人　D. 防

77. 生产与安全工作发生矛盾时，要把(B)放在首位。
A. 生产　B. 安全　C. 产量　D. 利润

78. “三级安全教育”即厂级教育、车间级教育、(A)级教育。
A. 班组　B. 分厂　C. 科室　D. 工段

79. 厂级安全教育对象不包括(C)。
A. 新调入人员　B. 临时工　C. 厂内调动人员　D. 外用工

80. 工人的日常安全教育应以“周安全活动”为主要阵地进行，并对其进行(D)的安全教育考核。
A. 每季一次　B. 一年一度　C. 每半年一次　D. 每月一次

81. 进入电力生产现场的人员，为保护头部不因重物坠落或其他物件碰撞而伤害头部必须戴(A)。
A. 安全帽　B. 防护网　C. 安全带　D. 防护罩

82. 《安全生产法》规定，(C)安全帽禁止使用。
A. 塑料　B. 钢制　C. 柳条编制　D. 布料

83. 从事计算机、焊接及切割作业、光或其他各种射线作业时，需佩戴专用(C)。
A. 防护罩　B. 防护网　C. 防护镜　D. 防护服

84. 厂内机动车装载货物超高、超宽时，必须经厂内(A)管理部门审核批准。
A. 安全　B. 环保　C. 监察　D. 交通

85. 车辆在厂内行使时，遇到路面狭窄、不平时，车速每小时不准超过(B)km。
A. 3　B. 5　C. 8　D. 10

86. 高处作业是指在坠落高度基准面(A)m(含)以上，有坠落可能的位置进行的作业。
A. 2　B. 2.5　C. 3　D. 5

87. 进行(B)m(含)以上高处作业，应办理“高处作业许可证”。
A. 10　B. 15　C. 20　D. 30

88. 登高作业时，在离地面(B)m以上操作，应使用安全带，戴安全帽。
A. 1　B. 2　C. 5　D. 10

89. 清洁生产是指在生产过程、产品寿命和(A)领域持续地应用整体预防的环境保护战

略，增加生态效率，减少对人类和环境的危害。

A. 服务　B. 能源　C. 资源　D. 管理

90. 清洁生产的内容包括清洁的能源、(D)、清洁的产品、清洁的服务。

A. 清洁的原材料　B. 清洁的资源

C. 清洁的工艺　D. 清洁的生产过程

91. MF4 型手提式干粉灭火器的灭火参考面积是(B)m^2。

A. 1.5　B. 1.8　C. 2.0　D. 2.5

92. MF8 型手提式干粉灭火器的喷射距离大于等于(B)m。

A. 3　B. 5　C. 6　D. 7

93. MFT70 型推车式干粉灭火器的灭火射程在(B)m。

A. 8~10　B. 10~13　C. 17~20　D. 30~35

94. MP10 型手提式泡沫灭火器的灭火射程是(C)m。

A. 4~6　B. 6~8　C. 8~10　D. 10~12

95. 泡沫灭火器不应设在(C)。

A. 室内　B. 仓库内　C. 高温地方　D. 消防器材架上

96. 对于液体火灾使用泡沫灭火器应将泡沫喷到(B)。

A. 液面　B. 燃烧区上空　C. 火点周围　D. 火点附近

97. 对 1211 灭火器，(C)检查一次，总量不低于十分之一时，可继续使用。

A. 2 年　B. 1 年　C. 6 个月　D. 1 个月

98. MY2 型手提式 1211 灭火器的灭火射程是(C)m。

A. 1　B. 2　C. 3　D. 4

99. MYT40 型 1211 灭火器的灭火射程在(A)m。

A. 3~5　B. 6~8　C. 7~8　D. 8~9

100. HSE 管理体系是指实施安全、环境与(C)管理的组织机构、职责、做法、程序、过程和资源等而构成的整体。

A. 生命　B. 过程　C. 健康　D. 资源

101. HSE 中的 H(健康)是指人身体上没有(B)，在心理上保持一种完好的状态。

A. 生命　B. 疾病　C. 健康　D. 安全

102. HSE 中的 E(环境)是指与人类密切相关的、影响(D)和生产活动的各种自然力量或作用的总和。

A. 生命　B. 疾病　C. 健康　D. 人类生活

103. 建立 HSE 管理体系可减少各类事故的发生、(C)。

A. 预防污染　B. 节约能源　C. 降低风险　D. 减少成本

104. 建立 HSE 管理体系可提高企业安全、环境和健康(A)。

A. 管理水平　B. 操作水平　C. 使用水平　D. 能源水平

105. 建立 HSE 管理体系可(D)污染、节约资源和能源。

A. 减少　B. 预防　C. 增加　D. 减少及预防

106. 风铲在正常工作情况下，每天加润滑油(D)次。

A. 1　B. 3~4　C. 8~10　D. 10~15

107. 手电钻装卸钻头时，按操作规程必须用(A)。

A. 钥匙　B. 扳手　C. 榔头　D. 楔铁

108. 设备事故发生的直接原因，实质是(D)。

A. 人的不安全行为　B. 物的不安全行为

C. 隐患　D. 人的不安全行为与物的不安全状态再通过加害体

109. 凡是电压在(C)V 以上者叫高压。

A. 220　B. 230　C. 250　D. 380

110. 机床照明灯应选(B)V 电压。

A. 6　B. 24　C. 220　D. 380

111. 在凝汽器内工作时，行灯的电压不准超过(A)V。

A. 12　B. 24　C. 36　D. 64

112. 保险丝要根据电器中(A)的大小选用。

A. 电流　B. 电压　C. 电功　D. 电阻

113. 对泵的试运转，检查电机是否绝缘，电阻应不低于(D)MΩ。

A. 3　B. 3.5　C. 4　D. 5

114. 选用电线时，要根据(A)的大小确定导线的粗细。

A. 电流　B. 电压　C. 电阻　D. 电功率

115. 在没有脚手架或者在没有栏杆的脚手架上工作，高度超过(B)m 时，必须使用安全带，或采取其他可靠的安全措施。

A. 1　B. 1.5　C. 2.5　D. 3

116. 安全带在使用前应进行检查，并应定期进行静荷重试验；试验荷重为(C)kg，试验时间为 5min，试验后检查是否有变形、破裂等情况，并做好试验记录。

A. 100　B. 150　C. 225　D. 300

117. 安全带不宜接触(C)℃以上的高温、明火和酸类物质，以及有锐角的坚硬物质。

A. 50　B. 60　C. 120　D. 200

118. 班组、车间和厂对检修后设备质量进行的逐级验收的制度是(C)。

A. 冷态验收　B. 热态验收　C. 三级验收　D. 分段验收

119. 在检修过程中，(D)是由车间组织有关人员验收已修好的设备和部件。

A. 冷态验收　B. 热态验收　C. 三级验收　D. 分段验收

120. 三级验收制度是指(A)对检修后的设备质量进行逐级验收的一种制度。

A. 班组、车间、厂　B. 工人、班组、车间

C. 车间、工厂、上级　D. 车间、工厂、有关部门

121. 任何人进入生产现场，必须戴(C)。

A. 手套　B. 护目镜　C. 安全帽　D. 手电

122. 生产现场中禁止行走和站立的地方是(C)。

A. 给水操作平台　B. 燃油操作台　C. 管道上　D. 汽包平台

123. 机器运行中，禁止擦拭(A)。

A. 机器的旋转部分　B. 安全罩

C. 电机外壳　D. 轴承箱

124. 在检修工作中，(C)负责的事项是：①正确和安全地组织工作；②对工作人员给予必要指导；③随时检查工作人员在工作过程中是否遵守安全工作规程和安全措施。

A. 参加工作人　B. 工作许可人　C. 工作负责人　D. 工作票签发人

125. 在检修工作中，(D)负责的事项是：①工作是否必要和可能；②工作票上所填写的安全措施是否正确和完善；③经常到现场检查工作是否安全地进行。

A. 参加工作人　B. 工作许可人　C. 工作负责人　D. 工作票签发人

126. 热力工作票中规定，在工作中随时检查工作人是否遵守《安规》和安全措施是(B)的职责。

A. 工作票签发人　B. 工作票负责人　C. 工作许可人　D. 工作参与人

127. 水适用于扑救木材、纸张、棉纱和(C)等火灾。

A. 电石　B. 钾　C. 某些石油　D. 钠

128. 只要上下抽动手柄，四氯化碳即可喷出的灭火机叫(A)四氯化碳灭火机。

A. 泵式　B. 气压式　C. 高压式　D. 液压式

129. 电路起火用(C)灭火。

A. 水　B. 灭火机　C. 干粉灭火机　D. 泡沫灭火机

130. 只适用于扑救6000V以下的带电设备的火灾的是(B)。

A. 泡沫灭火器　B. 二氧化碳灭火器　C. 干粉灭火器　D. 1211灭火器

131. 对于可能带电的电气设备着火时，应使用(B)灭火器。

A. 泡沫　B. 二氧化碳　C. 水雾式　D. 1211

132. 使用中应防止将手冻伤的是(D)灭火器。

A. 泡沫　B. 1211　C. 干粉　D. 二氧化碳

133. 用来描述和记录工质状态特性的物理量称为(C)。

A. 参数　B. 数据　C. 状态参数　D. 状态

134. 工质在某一瞬间所呈现的客观物理特性称为工质的热力学(D)。

A. 参数　B. 数据　C. 状态参数　D. 状态

135. 对应某一确定的状态，就可以用确定的(B)来描述。

A. 参数　B. 状态参数　C. 数据　D. 数值

136. 一个热力系在不受外界影响的条件下，其状态始终保持不变，则这种状态称为(A)状态。

A. 平衡　B. 不平衡　C. 稳定　D. 不稳定

137. 热力系统与外界没有温差，即热力系与外界无热量交换，则热力系处于(D)的平衡状态。

A. 力　B. 能量　C. 功　D. 热

138. 热力系与外界无不平衡力，即热力系与外界无功的交换，热力系处于(A)状态。

A. 力的平衡　B. 热的平衡　C. 功的平衡　D. 能量平衡

139. 以完全真空为起点计量的压力称为(C)。

A. 表压力　B. 真空　C. 绝对压力　D. 相对压力

140. 当绝对压力大于大气压力时，其绝对压力超出大气压力的值称为(A)。

A. 表压力　B. 真空度　C. 压力　D. 真空

141. 工质的真实压力低于大气压力时，其绝对压力与大气压力之差为负值称为(A)。

A. 真空　B. 表压力　C. 压力　D. 真空度

142. 弹簧管压力表上的压力读数是(B)。

A. 大气压力减去绝对压力　B. 表压力

C. 表压力与大气压力之和　D. 绝对压力与大气压力之和

143. 当容器内工质的压力大于大气压力时，工质处于(A)状态。

A. 正压　B. 负压　C. 标准　D. 临界

144. 当压力容器上的表压力为零时，则表明容器内的绝对压力(B)。

A. 小于大气压力　B. 等于大气压力　C. 大于大气压力　D. 等于零

145. 当处于平衡状态的系统受到外部的影响时，工质从一个状态连续变化到另一个状态所经历的过程称为(A)。

A. 热力过程　B. 做功过程　C. 吸热过程　D. 放热过程

146. 热力过程由(B)组成的。

A. 状态参数　B. 状态　C. 介质　D. 工质

147. 实际的热能过程是由一系列的不平衡状态组成的(C)。

A. 平衡过程　B. 准平衡过程　C. 不平衡过程　D. 可逆过程

148. 一个过程进行完了以后，如能使热力系沿着原来相同的途径逆行至原态，并使相互作用中的外界亦回复到原态而不留下任何痕迹，则此过程称为(C)。

A. 平衡过程　B. 准平衡过程　C. 可逆过程　D. 不可逆过程

149. 不存在任何能量损失的过程就是(C)。

A. 平衡过程　B. 准平衡过程　C. 可逆过程　D. 不可逆过程

150. 不平衡过程一定是(B)。

A. 可逆过程　B. 不可逆过程　C. 吸热过程　D. 放热过程

151. 力与沿着力的方向产生的位移的乘积就是(A)。

A. 功　B. 功率　C. 动能　D. 冲量

152. 功的定义表达式为：(A)。

A. $W = F \cdot S$　B. $F = W \cdot S$　C. $F = W/S$　D. $S = F \cdot W$

153. 容积功计算公式为：(D)。

A. $W = mP \cdot V$　B. $W = mp \cdot V$　C. $W = mP \cdot v$　D. $W = mp\Delta v$

154. 外界做容积功的标志是(B)变化。

A. 标准体积　B. 比体积　C. 质量　D. 能量

155. 若工质的比体积(A)时，工质做膨胀功。

A. 增加　B. 减小　C. 不变　D. 突变

156. 热力学中，将依靠温差而传递的能量称为(D)。

A. 温度　B. 温标　C. 热能　D. 热量

157. 在热传递过程中，物体内部热能改变的量度是(C)。

A. 温度　B. 温标　C. 热量　D. 热能

158. 熵的定义式是(C)。

A. $dS = \delta Q/T$　B. $dS = \delta Q \cdot T$　C. $ds = \delta q/T$　D. $ds = \delta q \cdot T$

159. 在(A)的传热过程中，作为热量传递标志的状态参数定义为熵。
A. 可逆 B. 不可逆 C. 平衡 D. 不平衡

160. 比熵的定义是(A)。
A. 1kg 工质的熵称为比熵 B. 10kg 工质的熵称为比熵
C. 1g 工质的熵称为比熵 D. 100kg 工质的熵称为比熵

161. 物体温度升高(或降低)1℃所吸收(或放出)的热量，称为该物体的(C)。
A. 热度 B. 热能 C. 比热容 D. 热势

162. 物质的温度升高或降低(A)所吸收或放出的热量称为该物体的比热容。
A. 1℃ B. 2℃ C. 1 ℉ D. 2 ℉

163. 工质内部所具有的各种微观能量的总和称为(B)。
A. 总能量 B. 内能 C. 总内能 D. 热量

164. 内能是热力系内部储存的能量，它主要包括(A)。
A. 内动能、内位能 B. 内动能、势能
C. 动能、内势能 D. 动能、势能

165. 热力学第(A)定律是能量转换与能量守恒定律在热力学上的应用。
A. 一 B. 二 C. 三 D. 四

166. 热力学第一定律的数学表达式是(C)。
A. $q = \Delta u + w$ B. $q = \Delta U + w$ C. $Q = \Delta U + W$ D. $Q = \Delta u + W$

167. 热力学第一定律又称为当量定律，功和热量的当量关系可表示为(A)。
A. $Q = A \cdot W$ B. $W = Q \cdot A$ C. $Q = A \cdot w$ D. $W = q \cdot A$

168. 换热的三种基本形式是(A)。
A. 热传导、对流、辐射 B. 热传导、传递、对流
C. 汽化、辐射、热传导 D. 热传导、混合传热、表面换热

169. 炉膛内烟气对水冷壁的换热方式是(A)。
A. 辐射换热 B. 对流换热
C. 导热 D. 导热和辐射换热

170. 冷油器内油与冷却介质之间的传热过程中包含的主要换热方式有(A)。
A. 对流换热和导热 B. 对流换热核辐射换热
C. 导热和辐射换热 D. 对流换热

171. 电厂利用对流换热的设备很多，(C)不是对流换热。
A. 烟气流过过热器与管壁发生的热交换
B. 铜管内壁与冷却水间热交换
C. 铜管内壁与外壁的热交换
D. 换热管内壁与冷却水间的热交换

172. 影响对流换热的因素很多，(B)不影响对流换热。
A. 流体流动的动力 B. 流体温度
C. 流体流态 D. 流体的黏度

173. 管子外壁加装散热片，使散热面积增加，传热量(D)。
A. 减少 B. 不变 C. 大量减少 D. 增加

174. 对同一种流体来说，沸腾放热的放热系数(D)无物质变化时的对流放热系数。
A. 小于　B. 等于　C. 小于或等于　D. 大于
175. 同样条件下，流体强制流动热换系数比自然流动换热系数(B)。
A. 小　B. 大　C. 相同　D. 变化大
176. 传热系数越大，则传递热量(D)。
A. 越弱　B. 先强后弱　C. 不变　D. 越强
177. 过热器逆流布置是为了增大(C)。
A. 传热系数　B. 传热面积　C. 冷热系数温差　D. 导热系数
178. 能增强传热的方法为(B)。
A. 增加导热热阻　B. 传热面加肋片
C. 减小设备表面换热系数　D. 降低流体速度
179. 从热辐射传热公式中可以看出，传热量与温度(D)次方成正比。
A. 一　B. 二　C. 三　D. 四
180. 当波长为(B)mm 的射线被物体吸收后，可转变为热能。
A. 0.2 ~0.3　B. 0.4 ~40　C. 50 ~80　D. 90 ~100
181. 单位时间内流体质点所流经的距离是(A)。
A. 流速　B. 流量　C. 过流　D. 液流
182. 不稳定流是指整个液流空间任何位置上的流速、压强随(D)变化而变化。
A. 体积　B. 流量　C. 液体　D. 时间
183. 稳定流整个流体空间任何位置上的流速、压强不随(B)变化而变化。
A. 压强　B. 时间　C. 黏度　D. 流量
184. 液体和气体的主要区别在于(D)。
A. 流动性的大小　B. 可压缩性
C. 膨胀性　D. 流动性的大小和可压缩性
185. 流体具有的极易变形的特性叫(A)性。
A. 流动　B. 膨胀　C. 压缩　D. 运动
186. 不管黏性多大的流体，在微小切向力的作用下(C)变形。
A. 不产生　B. 几乎不产生　C. 总要产生极小　D. 产生较大
187. 层流的流动特点是(C)。
A. 流体质点间有强烈互相混杂　B. 质点运动轨迹不规则
C. 质点的运动轨迹为直线　D. 质点运动轨迹垂直于运动
188. 紊流的流动特点是(D)。
A. 各层间液体互不混杂　B. 质点的运动轨迹是直线
C. 质点间的运动轨迹是平滑曲线　D. 质点间有强烈的互相混杂
189. 波纹管换热器中，流体的流动方式是(D)。
A. 层流　B. 既无层流，又无紊流
C. 既有层流又有紊流　D. 紊流
190. 电荷最大的特点是(B)。
A. 同种电荷相吸，异种电荷相斥　B. 同种电荷相斥，异种电荷相吸
C. 同种电荷相吸，异种电荷相吸　D. 同种电荷相斥，异种电荷相斥

191. 正电荷在电源内(A)。

A. 获得能量，把非电能转换成电能　B. 释放能量，把非电能转换成电能

C. 获得能量，把电能转换成非电能　D. 释放能量，把电能转换成非电能

192. 正电荷在外电路中(D)。

A. 获得能量，把其他形态的能转换成电能

B. 释放能量，把其他形态的能转换成电能

C. 获得能量，把电能转换成其他形态的能

D. 释放能量，把电能转换成其他形态的能

193. 电路通常有通路、开路和(B)三种状态。

A. 断路　B. 短路　C. 直流电路　D. 交流电路

194. 电路就是导电的回路，它提供(B)通过的途径。

A. 电压　B. 电流　C. 电源　D. 电动势

195. 电路有电能的传输、分配、转换和(A)的作用。

A. 信息的传递、处理　B. 电流的分配

C. 电压的分配　D. 电源的输出

196. 导体对电流的阻碍作用叫(D)。

A. 电感　B. 电抗　C. 电容　D. 电阻

197. 导体的电阻大，说明导体导电能力(A)。

A. 弱　B. 强　C. 均匀　D. 不均匀

198. 金属导体的电阻是由于导体内的(D)引起的。

A. 自由电子运动　B. 原子运动

C. 正离子运动　D. 自由电子和正离子碰撞

199. 电感的国际单位是(D)。

A. 法拉　B. 欧姆　C. 瓦特　D. 亨利

200. 纯电感电路中，电感的感抗大小与(C)。

A. 与通过线圈的电流成正比

B. 与线圈两端电压成正比

C. 与交流电的频率和线圈本身的电感成正比

D. 与交流电的频率和线圈本身的电感成反比

201. 纯电感电路中，将瞬时功率的(A)称为无功功率。

A. 最大值　B. 最小值　C. 平均值　D. 有效值

202. 电容器在刚充电瞬间相当于(A)。

A. 短路　B. 开路　C. 断路　D. 通路

203. 电容器的结构繁多，按其结构分为：固定电容器，可变电容器和(D)三种。

A. 电解电容器　B. 存储电容器　C. 整流电容器　D. 微调电容器

204. 电容器的容抗与电容器的容量(C)。

A. 无关　B. 成正比　C. 成反比　D. 大小相等

205. 电势所描述的是电场的(D)强弱的物理量。

A. 电能　B. 电场强度　C. 力的性质　D. 能的性质

206. 表示电势的单位是(D)。
A. 瓦特　B. 库仑　C. 焦耳　D. 伏特
207. 电源电势的大小表示(C)做功本领的大小。
A. 电场力　B. 电场力和外力　C. 电源　D. 外力
208. 电压的单位是(A)。
A. 伏特　B. 瓦特　C. 欧姆　D. 安培
209. 电压的单位符号是(B)。
A. Ω　B. V　C. U　D. R
210. 电路开路时，(B)的叙述是错误的。
A. 电路中电源各处等电位　B. 电路中电源各处电位不等
C. 负载端仍有电压　D. 仍有触电的可能性
211. 当电压一定时，电流随着导体长度的增加而(B)。
A. 不变　B. 减少　C. 增加　D. 不变或增加
212. 在电路中规定的电流方向与电路中自由电子流动的方向(D)。
A. 相同　B. 有夹角　C. 垂直　D. 相反
213. 电流通过导体使导体发热的现象叫(C)。
A. 热传递　B. 电流的发热现象
C. 电流的热效应　D. 热能
214. 电功率是用来描述(D)做功快慢的物理量。
A. 电压　B. 电场　C. 电阻　D. 电流
215. 表示电功率的单位符号是(A)。
A. W　B. J　C. Nm　D. V
216. 直流电的频率是(A)Hz。
A. 0　B. 1　C. 50　D. 无穷大
217. 直流电的功率因数为(D)。
A. 感性小于1　B. 容性小于1　C. 0　D. 1
218. 直流电的(B)不随着时间的改变而改变。
A. 大小　B. 方向　C. 频率　D. 幅值
219. 工频交流电的变化规律是随时间按(A)函数规律变化的。
A. 正弦　B. 抛物线　C. 正切　D. 余切
220. 交流电每秒内变化的角度叫做交流电的(D)。
A. 频率　B. 周期　C. 相位　D. 角频率
221. 交流电每循环一次所需要的时间叫(D)。
A. 频率　B. 最大值　C. 瞬时值　D. 周期
222. 正弦交流电的三要素是指(D)。
A. 最大值、瞬时值、周期　B. 瞬时值、角频率、初相位
C. 有效值、角频率、瞬时值　D. 最大值、角频率、初相角
223. 电源电动势 $e = E_m \sin\omega t$ 中 ω 通常称为(C)。
A. 角度　B. 速度　C. 角频率　D. 频率

224. 两个正弦量同相，说明两个正弦量的相位差为(A)。

A. 0°　　B. 90°　　C. 180°　　D. 270°

225. 在纯电容正弦交流电路中，表示电流与电压数量关系的表达式是(D)。

A. $i=u/X_L$　　B. $i=u/\Omega_C$　　C. $I=U/\omega C$　　D. $I=U\omega C$

226. 在正弦交流电路中，已知流过电感元件的电流 $I=5$A，电压 $U=10\sqrt{2}\sin(1000t)$V，则感抗 $X_L=$(C)Ω。

A. $2\sqrt{2}$　　B. 20　　C. 2　　D. 2×10^{-2}

227. 在 R、L、C 串联交流电路的功率因数等于(D)。

A. U_R/U_L　　B. $R/(R+X_L+X_C)$　　C. $R/(X_L+X_C)$　　D. U_R/U

228. 在交流电的波形图上，不同时刻 t 的值对应于曲线的高度，按一定比例在纵轴上量取，就是交流电在该时刻的(A)。

A. 瞬时值　　B. 最大值　　C. 平均值　　D. 有效值

229. 一正弦电动势的最大值为 220V，频率为 50Hz，初相位为 30°，则此电动势的瞬时值表达式为(A)。

A. $e=220\sin(314t+30°)$　　B. $e=220\sin(314t-30°)$

C. $e=-220\sin(314t+30°)$　　D. $e=-220\sin(314t-30°)$

230. 已知正弦电压 $U=311\sin314t$，当 $t=0.01$s 时，电压的瞬时值表达式为(A)V。

A. 0　　B. 311　　C. 314　　D. 220

231. 已知一正弦交流电动势为 $e=220\sin(314t+60°)$V，其最大值为(B)V。

A. $220\sqrt{2}$　　B. 220　　C. $220\sqrt{3}$　　D. $\frac{\sqrt{2}}{2}\times220$

232. 已知正弦交流电压 $U=311\sin(628t-\pi/6)$V，它的最大值是(A)V。

A. $311/\sqrt{2}$　　B. 311　　C. $311\sqrt{2}$　　D. $311\sqrt{3}$

233. 在交流电路中通常都是用(B)值进行计算的。

A. 最大　　B. 有效　　C. 平均　　D. 瞬时

234. 交流机电产品铭牌上的额定值是指交流电的(A)。

A. 有效值　　B. 瞬时值　　C. 最大值　　D. 平均值

235. 串联电路两端总电压等于各分段电阻上电压的(A)。

A. 和　　B. 差　　C. 积　　D. 商

236. 串联电路中，所有电阻可用一个(C)来代替，电路中的电压和电流保持不变。

A. 可变电阻　　B. 线形电阻　　C. 等效电阻　　D. 固定电阻

237. 有两个电阻 R_1 和 R_2，已知 $R_1:R_2=1:4$。若它们在电路中串联，则电阻上的电压比 $U_{R1}:U_{R2}=$(B)。

A. 1:5　　B. 1:4　　C. 4:1　　D. 5:1

238. 并联电路中各电阻两端的电压(A)。

A. 相等　　B. 不同　　C. 按阻值比例下降　　D. 按阻值比例上升

239. 三个阻值相等的电阻，并联时的总电阻是每一个电阻的(D)。

A. 1/12　　B. 1/9　　C. 1/6　　D. 1/3

240. 并联电路的总电阻的倒数等于各支路电阻值的倒数的(A)。
A. 和　　B. 差　　C. 积　　D. 商
241. 纯电阻电路的功率因数为(D)
A. 等于0　　B. 小于1　　C. 大于1　　D. 等于1
242. 在纯电阻元件中，流过的电流与电压的关系是(A)。
A. 同频率、同相位　　B. 同频率、不同相位
C. 同频率、电流超前电压　　D. 同频率、电流滞后电压
243. 在一个闭合电路中，电流为1A，电池的开路电压为1.5V，电池内阻为0.3Ω，则电路的负载电阻为(C)Ω。
A. 0.5　　B. 1　　C. 1.2　　D. 5
244. 纯电感电路中，电压和电流同频率时电流相位比电压相位(B)。
A. 超前90°　　B. 滞后90°　　C. 超前45°　　D. 滞后45°
245. 纯电感电路中，电感中电流与电压有效值的关系是(A)。
A. $I=U_L/X_L$　　B. $I=U_L/R$　　C. $I=U_C/X_C$　　D. $I=U_C/R$
246. 感抗的计算公式为(A)
A. $X_L=2\pi fL$　　B. $X_L=2\pi fC$　　C. $X_L=fL$　　D. $X_L=1/2\pi fL$
247. 对一导体而言，$R=U/I$的物理意义是(C)。
A. 导体两端电压越大，则电阻越大
B. 导体中电流越小，则电阻越大
C. 导体的电阻等于导体两端电压与通过的电流的比值
D. 没有实际意义
248. 在部分电路欧姆定律中，流过导体的电流与这段导体电阻成(B)。
A. 正比　　B. 反比　　C. 开方　　D. 平方
249. 在部分电路欧姆定律中，流过导体的电流与这段导体两端的电压成(A)。
A. 正比　　B. 反比　　C. 开方　　D. 平方
250. 在P型半导体中(A)是多数载流子。
A. 空穴　　B. 电子　　C. 硅　　D. 锗
251. 在P型半导体中，(B)是少数载流子。
A. 空穴　　B. 电子　　C. 硅　　D. 锗
252. 在N型半导体中，(D)是多数载流子。
A. 空穴　　B. 硅　　C. 锗　　D. 电子
253. 硅二极管的正向电阻(A)锗二极管的正向电阻。
A. 大于　　B. 小于　　C. 等于　　D. 正比于
254. 当测二极管正向电阻时，若万用表指针在标度尺(D)左右，为锗二极管。
A. 1/4　　B. 1/3　　C. 2/3　　D. 3/4
255. 当测二极管正向电阻时，若万用表指针在标度尺(D)左右为硅二极管。
A. 1/4　　B. 1/3　　C. 1/2　　D. 2/3
256. 二极管两端加上正向电压时(B)。
A. 一定导通　　B. 超过死区电压才能导通
C. 超过0.7V才导通　　D. 超过0.3V才导通

257. 在电路中，如果加在二极管两端的反向电压过高，二极管将会(B)。

A. 截止　B. 反向击穿　C. 不变化　D. 烧毁

258. 测二极管的反向电阻时，若用两手把管脚捏紧，电阻值将会(B)。

A. 变大　B. 变小　C. 不变化　D. 时大时小

259. 型号为2AP9是(A)二极管。

A. 锗普通　B. 硅普通　C. 锗开关　D. 硅开关

260. 型号为$2AK_1$是(A)二极管。

A. 锗开关　B. 锗普通　C. 硅普通　D. 硅开关

261. 已知二极管型号为2AP7，其中P的含义是(D)。

A. 锗材料　B. 硅材料　C. 稳压管　D. 普通管

262. 通常用万用表的(B)挡来测量耐压较低、电流较小的二极管。

A. $R\times1$　B. $R\times100$ 或 $R\times1k$

C. $R\times10k$　D. 任一挡

263. 在测量二极管时，一般二极管的反向电阻应在(D)以上为良好。

A. 几十欧　B. 几百欧　C. 几千欧　D. 几十千欧

264. 在测量二极管时，如果测得的正反向电阻均很小，甚至为零，说明二极管(D)。

A. 性能良好　B. 性能一般　C. 断路损坏　D. 击穿短路

265. 电动工具和用具应由专人保管，每(C)个月须由电气试验单位进行定期检查。

A. 1　B. 3　C. 6　D. 12

266. 使用手持电动工具时必须戴(D)。

A. 安全帽　B. 防尘口罩　C. 防护眼镜　D. 绝缘手套

267. 为防止绝缘损坏而造成触电危险，将电气设备的(D)和接地装置之间作电气连接，叫保护接地。

A. 金属部位　B. 零线　C. 底座　D. 外壳

268. 游标卡尺是一种(C)的量具。

A. 较低精度　B. 较高精度　C. 中等精度　D. 精密

269. 游标卡尺不能用来测量(D)。

A. 深度　B. 长度　C. 内径　D. 平面度

270. 游标卡尺不能用来测量零件的(C)。

A. 厚度　B. 高度　C. 表面粗糙度　D. 深度

271. 当用验电笔测试带电体时，只要带电体与大地之间的电位差超过(B)V时，电笔中的氖管就发光。

A. 80　B. 60　C. 30　D. 120

272. 交流电通过验电笔时，氖管里的两个极(B)

A. 只有一个极发光　B. 同时发亮

C. 间断闪亮　D. 都不亮

273. 直流电通过验电笔时，氖管里的两个极(C)。

A. 同时发亮　B. 间断闪亮

C. 只有一个极发光　D. 都不亮

274. 在使用万用表测量电流或电压时，若不知道被测的电流或电压是交流还是直流，在此种情况下，应该用(B)挡先测试一下。

A. 直流　B. 交流　C. 直流或交流　D. 电阻

275. 万用表使用完毕后，应将转换开关旋至(A)。

A. 空挡或交流电压最高挡　B. 电流挡

C. 电阻挡　D. 直流电压挡

276. 用万用表测量电压或电流时，不能在测量时(C)。

A. 断开表笔　B. 短路表笔　C. 旋动转换开关　D. 读数

277. 测量电压时，对电压表的要求是(C)。

A. 与电路串联，内阻大些　B. 与电路串联，内阻小些

C. 与电路并联，内阻大些　D. 与电路并联，内阻小些

278. 扩大交流电压表的量程采用(B)的方法。

A. 配用电流互感器　B. 配用电压互感器

C. 串联分流电阻　D. 串联分压电阻

279. 电压表的准确度等级为1级，是指电压表的基本误差为(C)。

A. ±1V　B. ±1mV　C. ±1%　D. ±10%

280. 用电流表测量电流时，应将电流表与被测电路连接成(A)方式。

A. 串联　B. 并联　C. 串联或并联　D. 混联

281. 扩大电流表的量程，通常采用(A)。

A. 分流器　B. 分压器　C. 电压互感器　D. 串接电阻器

282. 电流表量程扩大 n 倍时，应并联其内阻(C)倍的电阻。

A. n　B. $n-1$　C. $1/(n-1)$　D. $n/(n-1)$

283. 兆欧表是用来测量电气设备的(A)的。

A. 绝缘电阻　B. 电阻　C. 电压　D. 电流

284. 兆欧表使用前指针应(D)。

A. 调到零位　B. 调到∞位　C. 调到中间　D. 不用调

285. 使用兆欧表测量绝缘电阻时，在测试(B)应对设备充分放电。

A. 过程中不　B. 前后　C. 前　D. 后

286. 光学平直仪的测量范围为(B)mm。

A. ±0.2　B. ±0.5　C. ±1　D. ±1.5

287. 光学平直仪的最大测量工作距离是(B)m。

A. 3~5　B. 5~6　C. 6~8　D. 8~10

288. 经纬仪的测角精度是(A)。

A. 2″　B. 5″　C. 2′　D. 5′

289. 测量就是根据一定的法则，用(B)对事物的某种性质或程度加以确定。

A. 符号　B. 数字　C. 文字　D. 单位

290. 任何测量过程都是根据某种规定，采用一定的程序对具有某种属性的对象给出可以比较的(C)。

A. 单位　B. 数字　C. 数值　D. 数量

291. 按测量结果的获取方式来分，测量可分为(C)。
A. 直接测量法、偏差测量法 B. 直接测量法、零差测量法
C. 直接测量法、间接测量法 D. 间接测量法、零差测量法
292. 采用比较法，用规定好的标准与被测者进行比较，这种测量是(A)。
A. 直接测量 B. 间接测量 C. 仪器测量 D. 手工测量
293. 通过多个其他直接测量，按照一定的规律进行运算或推理而得出结果，这种测量是(B)。
A. 直接测量 B. 间接测量 C. 仪器测量 D. 手工测量
294. 利用科学技术和监督管理手段实现测量统一和准确的一项事业是(B)。
A. 测试 B. 计量 C. 计量学 D. 测量
295. 计量是利用科学技术和监督管理手段实现(B)统一和准确的一项事业。
A. 测试 B. 测量 C. 数据 D. 参数
296. 火力发电厂中，热工测量主要是指热力生产过程的各种(D)参数的测量方法。
A. 物理 B. 化学 C. 质量 D. 热工
297. 热工测量用传感器，都是把(B)的物理量转换成电量。
A. 电量 B. 非电量 C. 热力 D. 物质
298. 热工仪表基本上由(A)、感受件、传送件三部分组成。
A. 显示件 B. 发生器 C. 变送器 D. 传感器
299. 热工仪表中用来感知和检测的部件是(B)。
A. 变换器 B. 传感器 C. 显示器 D. 放大器
300. 热工仪表中反映被测参数量值大小的是(D)。
A. 调节器 B. 传感器 C. 放大器 D. 显示器
301. 国际单位制中基本单位有(D)种。
A. 3 B. 5 C. 6 D. 7
302. 国际单位制中，热力学温度的单位符号是(D)。
A. ℃ B. k C. F D. K
303. 国际单位制中，质量的单位符号是(C)。
A. mg B. Kg C. kg D. t
304. 在国际单位制具有专门名称的导出单位中，能(功；热)的计量单位是(B)。
A. 瓦特 B. 焦耳 C. 伏安 D. 马力
305. 以下计量单位中，(C)是国际单位制具有专门名称的导出单位。
A. 摩尔 B. 球面度 C. 牛顿 D. 米
306. 在国际单位制具有专门名称的导出单位中，压力的计量单位符号是(C)。
A. kg B. N C. Pa D. J
307. 法定单位电阻率的计量单位名称是(D)。
A. 兆欧 B. 千欧 C. 欧姆 D. 欧[姆]米
308. 法定计量单位压力(压强、应力)的计量单位名称是(C)。
A. 工程大气压 B. 毫米水银柱 C. 帕斯卡 D. 标准大气压
309. 法定计量单位的长度单位符号是(B)。
A. μm B. m C. Å D. ms

310. 产生误差的来源有(D)种。

A. 1　　B. 2　　C. 3　　D. 4

311. 某测量值为200，测量绝对误差是1，则真值为(C)。

A. 201　　B. －201　　C. 199　　D. －199

312. 一块压力表的最大允许误差为0.009MPa，其测量范围为0～0.6MPa该表的精确度等级为(D)。

A. 0.15　　B. 0.25　　C. 0.5　　D. 1.5

313. 一块温度表的最大允许误差为1℃，其测量范围为0～200℃，该表的精确度为(B)。

A. 0.2　　B. 0.5　　C. 1.0　　D. 1.5

314. 在机械制图中，A4图纸幅面是(A)。

A. 210×297　　B. 297×420　　C. 420×594　　D. 594×814

315. 制图国家标准规定，图纸幅面尺寸应优先使用(C)种基本幅面尺寸。

A. 3　　B. 4　　C. 5　　D. 6

316. 制图国家标准规定，必要时图纸幅面尺寸可以沿(B)边加长。

A. 长　　B. 短　　C. 斜　　D. 各

317. 一张图样的比例是2∶1，图样中工件长度为10mm，工件实际尺寸为(B)mm。

A. 2　　B. 5　　C. 10　　D. 20

318. 在机械制图中，1∶5是(B)比例。

A. 放大　　B. 缩小　　C. 优先选用　　D. 尽量不用

319. 某产品用放大1倍的比例绘图，在标题栏的比例项中应填写(D)。

A. 放大1倍　　B. 1×2　　C. 2/1　　D. 2∶1

320. 在机械图样中，表示可见轮廓线采用(A)线型。

A. 粗实线　　B. 细实线　　C. 波浪线　　D. 虚线

321. 绘制图样时，应采用国家标准规定的(C)种线型。

A. 7　　B. 8　　C. 9　　D. 10

322. 绘制图样时，对回转体的轴线或中心线，用(C)绘制。

A. 粗实线　　B. 细实线　　C. 细点画线　　D. 粗点画线

323. 国家标准规定，字体的号数分为(D)种。

A. 5　　B. 6　　C. 7　　D. 8

324. 制图国家标准规定，字体的号数单位是(C)。

A. 分米　　B. 厘米　　C. 毫米　　D. 微米

325. 绘制图样时，图样中的汉字应写成(C)体，采用国家正式公布的简化字。

A. 宋体　　B. 隶书　　C. 长仿宋　　D. 楷体

326. 图样中的尺寸一般以(D)为单位时不需标注其计量单位符号，若采用其他单位时必须标明。

A. km　　B. dm　　C. cm　　D. mm

327. 机件的每一个尺寸一般标注(A)次，并标注在反映该形状最清晰的图形上。

A. 1　　B. 2　　C. 3　　D. 4

328. 图样上所标注的尺寸，为该图样所示机件的(B)，否则应另加说明。
A. 留有加工余量的尺寸　B. 最后完工尺寸
C. 加工参考尺寸　D. 有关测量尺寸

329. 制图时标注尺寸界线用(B)绘制。
A. 粗实线　B. 细实线　C. 虚线　D. 点划线

330. 线形尺寸的数字一般应注写在尺寸线的(A)。
A. 上方　B. 下方　C. 左侧　D. 右侧

331. 标注圆的直径尺寸时，一般(A)应通过圆心，尺寸箭头指在圆弧上。
A. 尺寸线　B. 尺寸数字　C. 尺寸界限　D. 尺寸箭头

332. 徒手画图要求(C)。
A. 线条横平竖直　B. 尺寸精确　C. 快、准、好　D. 速度快

333. 徒手画图的比例是(A)。
A. 目测　B. 测量　C. 查表　D. 类比

334. 不使用量具和仪器，(A)绘制图样称为徒手绘图。
A. 徒手目测　B. 用计算机　C. 复制粘贴　D. 剪贴拼制

335. 图纸的装订位置，应在图纸的(A)。
A. 左上角　B. 左下角　C. 右上角　D. 右下角

336. 图纸一般折叠成(D)规格后再进行装订。
A. A0 或 A1　B. A1 或 A2　C. A2 或 A3　D. A3 或 A4

337. 图纸无论采取那种装订，都应将(D)露在外面。
A. 图形　B. 技术要求　C. 明细栏　D. 标题栏

338. 生产现场和技术交流活动中的工程图样，是由(D)或原图复制而成的。
A. 描图　B. 工程图　C. 照片　D. 底图

339. 常见的复制图样的方法是重氮晒图法、(B)法和缩微复制法。
A. 照相　B. 静电复印　C. 描图　D. 拓印

340. 为保证图样的完整性，复制图纸一般复制(B)套。
A. 1　B. 2　C. 3　D. 4

341. 机械工程中应用最广泛的是(C)投影法。
A. 中心　B. 斜　C. 正　D. 线

342. 正投影是指投影线(A)。
A. 垂直于投影面　B. 倾斜于投影面
C. 平行于投影面　D. 从投影中心一点发出

343. 线段(B)投影面，投影反应真实长度。
A. 垂直　B. 平行　C. 倾斜　D. 垂直或倾斜

344. 三视图中俯视图反映了几何形体的(B)。
A. 长度和高度　B. 长度和宽度
C. 高度和宽度　D. 长度、宽度和高度

345. 主视图与俯视图之间的投影规律是(A)。
A. 长对正　B. 高平齐　C. 宽相等　D. 长平齐

346. 所谓三视图是指(C)。
A. 正视图，左视图，俯视图　B. 正视图，右视图，俯视图
C. 主视图，左视图，俯视图　D. 主视图，右视图，俯视图

347. 标题栏内的图名用(C)号字。
A. 2　B. 5　C. 10　D. 随意

348. 标题栏的位置一般应在图样的(D)角。
A. 左上　B. 右上　C. 左下　D. 右下

349. 标题栏内格线用(D)线绘制。
A. 粗实　B. 虚　C. 点划　D. 细实

350. 在国家标准(GB 1031—68)中，规定表面粗糙度有(C)个级别。
A. 10　B. 12　C. 14　D. 16

351. 在表面粗糙度的评定参数中，优先选用的是(B)。
A. R_g　B. R_a　C. R_b　D. R_z

352. 表面粗糙度的评定参数主要是(A)。
A. 高度参数　B. 长度参数　C. 宽度参数　D. 算术参数

353. 在电器设备基本文字符号中，按顺序分别表示电容器、电感器、电阻器的是(C)。
A. C、R、L　B. L、C、R　C. C、L、R　D. L、R、C

354. 熔断器的文字符号为(B)。
A. FR　B. FU　C. SQ　D. KM

355. 在电器设备基本文字符号中，分别表示电动机、断电器的是(D)。
A. M、G　B. M、Y　C. M、T　D. M、K

356. 三相交流电源引入线采用(C)标记。
A. U、V、W　B. 1、2、3　C. L1、L2、L3　D. A、B、C

357. 在电气设备技术辅助文字符号中，分别表示直流、交流、差动正确的是(A)。
A. DC、AC、D　B. AC、DC、D　C. DC、AC、E　D. AC、DC、E

358. 在电气技术辅助文字符号中，接地用字母(B)表示。
A. D　B. E　C. M　D. N

359. 在被测变量和仪表功能的字母代号中，A、L字母均在第一位，则表示(D)。
A. 密度、振动　B. 分析、振动　C. 密度、物位　D. 分析、物位

360. 在被测变量和仪表功能的字母代号中，L、S字母均在第一位，则表示(C)。
A. 振动、速度　B. 振动、质量　C. 物位、速度　D. 物位、质量

361. 在被测变量和仪表功能的字母代号中A、E、R字母均为后继字母，则表示(A)。
A. 报警、检测元件、记录　B. 报警、电动势、指示
C. 分析、检测元件、记录　D. 分析、电动势、指示

362. 在仪表位号的表示方法中，流量记录开关报警表示为(D)。
A. FIAS　B. FTQI　C. FIASD　D. FRSA

363. 在仪表位号的表示方法中，TRC表示(B)。
A. 温度、指示、变送　B. 温度、记录、调节
C. 温度、记录、变送　D. 温度、指示、调节

364. 在仪表位号的表示方法中，FCT 表示(C)。

A. 流量、指示、变送　　B. 流量、记录、调节

C. 流量、调节、变送　　D. 流量、指示、调节

365. 计量检定人员应能够正确使用计量基准或(A)并负责维护、保养，使其持良好的技术状况。

A. 计量标准　　B. 计量检定规程　　C. 操作规程　　D. 量值传递系统

366. 计量检定员资格核准对外公示材料(试行)规定，计量检定人员应具有相当于(C)及其以上的文化程度。

A. 小学　　B. 初中　　C. 中专　　D. 大专

367. 计量检定员证复证时间一般是(C)年。

A. 1　　B. 2　　C. 3　　D. 4

368. 火力发电厂中，热工测量主要是指热力生产过程的各种(D)参数的测量方法。

A. 物理　　B. 化学　　C. 质量　　D. 热工

369. 华氏温标是把标准大气压下冰的融点定为(B)℉。

A. 22　　B. 32　　C. 35　　D. 40

370. 热工测量能(A)反映热力过程中的运行参数，供运行人员及时掌握设备的运行情况。

A. 直接　　B. 间接　　C. 复杂　　D. 简单

371. 我国目前只生产(D)三种材料的标准化热电阻。

A. 铂、铜、铁　　B. 铂、镍、铁　　C. 铜、铁、镍　　D. 铂、铜、镍

372. 具有负的电阻温度系数的是(D)电阻。

A. 铜热电阻　　B. 铁热电阻　　C. 碳热电阻　　D. 热敏电阻

373. 在标准化热电阻的种类中，生产最常用的铂热电阻是(C)。

A. Pt50　　B. Pt80　　C. Pt100　　D. Pt150

374. 热电阻是利用(B)特性来制成温度计的。

A. 热胀冷缩　　B. 电阻值随温度变化

C. 化学性质随温度变化　　D. 压力随温度变化

375. 铜电阻的电阻值与温度的关系是(B)，其优点是电阻温度系数大。

A. $\partial \ \ = CI$　　B. $R_t = R_0(1 + \partial\ t)$　　C. $R_t = (A_e - B)/T$　　D. $R_t = B/r2$

376. 校验热电阻时，应调节分压器使毫安表指示为(B)mA。

A. 2　　B. 4　　C. 6　　D. 8

377. 热电阻的纯度校验是指热电阻校验 0℃和(D)℃的电阻值，求出R_{100}/R_0，看是否符合热电阻技术特性表的纯度要求。

A. 1　　B. 5　　C. 10　　D. 100

378. 做热电阻的纯度校验时，热电阻插入试管中，将试管插入盛有冰水混合物的双层保温瓶中，其插入深度不小于(D)mm。

A. 50　　B. 100　　C. 150　　D. 200

379. 标准实验室常用的热电偶类型为(A)。

A. 铂铑 10 - 铂热电偶　　B. 镍铬 - 康铜热电偶

C. 镍铬 - 金铁热电偶　　D. 镍铬 - 镍硅热电偶

380. 我国常见热电偶种类为(D)。

A. B、D、K、N、T　　B. B、D、S、E、T

C. B、N、K、E、T　　D. B、S、K、E、T

381. 目前各种的热电偶中，(A)属于标准化热电偶。

A. 铂铑10－铂热电偶　　B. 镍铬－金铁热电偶

C. 镍钴－镍铝热电偶　　D. 钨铼系热电偶

382. 热电偶温度计是根据(A)原理实现的。

A. 热电效应　　B. 电阻阻值随温度变化

C. 电流随温度变化　　D. 电压随压力变化

383. 关于热电偶的工作原理中热电势的大小与(B)因素有关。

A. 热电极材料和长度　　B. 热电极材料和两端温度

C. 两端温度和粗细　　D. 长度和粗细

384. 由一种导体组成闭合回路，当用电炉对其各段加热时，回路内有电流存在，其原因是(B)。

A. 导体过长各段温度不等　　B. 导体不是均质导体

C. 导体各段截面积不等　　D. 两端温差极大

385. 热电偶校验通常采用示值比较法，即比较标准热电偶与被校热电偶在同一温度点的(B)差值。

A. 电压　　B. 热电势　　C. 电阻　　D. 电流

386. 对于镍铬－镍硅热电偶，如在300℃以下使用，则应增加(C)℃校验点。

A. 0　　B. 50　　C. 100　　D. 200

387. 有时为了使被校与标准热电偶温度更为一致，可以在管式电炉中心放入一钻有孔的(D)，并将热电偶的热端置于孔中。

A. 铁块　　B. 铜块　　C. 锌块　　D. 镍块

388. 压力式温度计根据密闭容器中的介质种类不同可分为(B)种。

A. 二　　B. 三　　C. 四　　D. 五

389. 压力式温度计按填充物不同可分为(B)等三种。

A. 液体、气体、固体　　B. 液体、气体、蒸气

C. 气体、蒸气、固体　　D. 液体、蒸气、固体

390. 在液体式压力温度计常用的工作液体中，(C)的刻度特性不均匀。

A. 水银　　B. 乙醇　　C. 二甲苯　　D. 甘油

391. 压力表式温度计中，一般在弹簧管自由端与仪表指针之间插入一条双金属片，此金属片的作用是(D)。

A. 固定弹簧管自由端

B. 固定仪表指针

C. 减小弹簧管与仪表指针之间的缝隙

D. 补偿弹簧管周围环境温度变化引起的误差

392. 充气压力表式温度计通常充入(C)气。

A. 氢　　B. 氯　　C. 氮　　D. 氧

393. 对压力表式温度计叙述正确的是(D)。

A. 常分为液体、气体、蒸气、固体压力式温度计

B. 氢气压力式温度计测量下限可达 -200℃

C. 气体压力式温度计在过高温度时，仪表读数偏高

D. 蒸气压力式温度计不适宜测量附近的介质温度

394. 属于弹性式压力计的是(D)压力计。

A. U 形管　　B. 应变式　　C. 霍尔式　　D. 弹簧管

395. 压力测量仪表，按照其作用原理可分为(D)大类。

A. 1　　B. 2　　C. 3　　D. 4

396. 单管式压力计属于(A)压力计。

A. 液柱式　　B. 活塞式　　C. 弹性式　　D. 电气式

397. 当测量较大压力时，U 形管工作液应当选用(C)。

A. 水　　B. 酒精　　C. 水银　　D. 任意液体

398. 当 U 形管压力计右侧通以被测压力时，左侧液位升高 Δh，则被测表压力为(B)。

A. $\Delta h\rho g$　　B. $2\Delta h\rho g$　　C. $-\Delta h\rho g$　　D. 标准大气压

399. U 形管压力计两端分别接两个被测压力 $p_1 = 4\text{MPa}$，$p = 6\text{MPa}$，测量结果是(D)MPa。

A. 1　　B. 2　　C. 4　　D. 6

400. 使用单管压力计测量气体压力，压力计大管直径为 100mm，小管直径为 5mm，系统误差为(A)。

A. 2%　　B. 5%　　C. 20%　　D. 25%

401. 使用单管压力计测量一气体压力，小管内的工作液上升为 Δh，该气体压力为(C)。

A. $-\Delta h\rho g$　　B. $\Delta h\rho g$　　C. $2\Delta h\rho g$　　D. $1.5\Delta h\rho g$

402. 单管压力计的缺点是(A)。

A. 要求桩测压力高　　B. 两次读数，误差大

C. 难以进行信号远传　　D. 测量精度低

403. 斜管式微压计测量正压时，被测压力通入(D)。

A. 肘管　　B. 水准泡　　C. 连通管　　D. 大容器

404. 斜管式微压计测量负压时，被测压力通入(A)。

A. 肘管　　B. 水准泡　　C. 大容器　　D. 连通管

405. 斜管式微压计的斜管不能倾斜的太厉害，一般不小于(C)。

A. 5°~10°　　B. 10°~15°　　C. 15°~20°　　D. 20°~25°

406. 属于普通工业压力表精度等级的是(C)级。

A. 0.2　　B. 0.4　　C. 1.5　　D. 5

407. 用“YXB100”表示的弹簧管压力表是(A)。

A. 公称直径 100 的防爆电接点压力表

B. 测量范围为 0~100kPa 的防爆电接点压力表

C. 公称直径 100 的防爆标准压力表

D. 测量范围为 0~100kPa 的防爆标准压力表

408. 现场指示型压力表主要应用规格是(C)。

A. $\phi 40$　　B. $\phi 60$　　C. $\phi 100$　　D. $\phi 250$

409. 当被测压力由接头进入压力表后，(D)被迫变形，产生一定位移。

A. 游丝　　B. 扇形齿轮　　C. 指针　　D. 弹簧管

410. 普通工业用弹簧管压力表的游丝是用来克服因(B)和中心齿轮的间隙而产生的仪表偏差。

A. 游丝　　B. 扇形齿轮　　C. 指针　　D. 弹簧管

411. 弹簧管压力表通入被测压力后，弹簧管产生形变位移，通过(A)使扇形齿轮作逆时针偏转。

A. 拉杆　　B. 游丝　　C. 中心齿轮　　D. 指针

412. 检定测量上限值大于(D)MPa 的压力表工作介质应为液体。

A. 4　　B. 6　　C. 16　　D. 25

413. 检定压力表时，标准器的综合误差应不大于被检压力表基本误差绝对值的(C)。

A. 1/10　　B. 1/5　　C. 1/3　　D. 1/2

414. 压力表检定环境温度为(B)℃。

A. 20 ±3　　B. 20 ±5　　C. 25 ±3　　D. 25 ±5

415. 弹簧管压力表耐压检定，是指当示值达到测量上限后，切断压力源，耐压(B)min。

A. 1　　B. 3　　C. 5　　D. 7

416. 弹簧管压力表检定时，轻敲表壳的目的是为了确定压力表的(B)。

A. 变差　　B. 轻敲位移　　C. 指针的平稳性　　D. 示值误差

417. 弹簧管压力表检定项目包括(D)和示值检定。

A. 回程误差　　B. 耐压程度　　C. 轻敲变量　　D. 外观检查

418. 经检定合格的压力表，应予(A)或发放合格证，必要时两者都要做。

A. 封印　　B. 粘贴彩色标志

C. 记录　　D. 封存、粘贴标志

419. 经检定不合格的压力表降级使用时，必须(D)。

A. 登记、封印　　B. 更改彩色标志

C. 有特殊标志　　D. 更改准确等级标志

420. 计量检定规定作为一般仪表使用的压力表的检定周期不应超过(D)。

A. 三个月　　B. 四个月　　C. 半年　　D. 一年

421. 选择现场用压力表的量程时，应使常用点压力落在仪表量程的(C)之间。

A. 1/4 ~2/3　　B. 1/4 ~3/4　　C. 1/3 ~2/3　　D. 1/3 ~3/4

422. 被测压力为脉动压力时，所选用压力表的量程应为被测压力值的(B)倍。

A. 1.5　　B. 2　　C. 3　　D. 4

423. 有一测压点，如被测量最大压力为 10MPa，则选用压力表的量程应为(C)MPa。

A. 10　　B. 12　　C. 16　　D. 25

424. 氧用压力表必须标以(A)字样

A. 红色“禁油”　　B. 天蓝色“禁油”

C. 红色“禁水”　　D. 天蓝色“禁水”

425. 压力表表盘名称下有一条黄色横线，该表所测介质为(C)。

A. 氧　　B. 氢　　C. 氨　　D. 乙炔

426. 为了确保安全应确认氧用压力表表内没有(D)方可进行示值检定。

A. 空气　　B. 灰尘　　C. 水　　D. 油脂

427. 膜盒压力表的严密性试验要求加压至满量程的(C)倍压力。

A. 0.5　　B. 1.0　　C. 1.25　　D. 1.5

428. 膜盒压力表的严密性试验要求加压至所需压力情况下，耐压(B)min，指示值无明显下降为合格。

A. 2　　B. 5　　C. 10　　D. 15

429. 膜盒压力表的平衡调整要求加压于满量程的(C)处。

A. 0%　　B. 25%　　C. 50%　　D. 100%

430. 在力平衡式压力变送器中，被测差压通过(A)转换为一集中力。

A. 弹性元件　　B. 主杠杆　　C. 矢量板　　D. 引出轴

431. 在力平衡式压力变送器中，矢量机构主要是由矢量横杆和(B)形支撑板组成。

A. T　　B. Π　　C. Y　　D. L

432. 在力平衡式压力变送器中，(C)把主杠杆传来的水平方向的力分解为垂直方向的力和矢量角 θ 方向的力。

A. 引出轴　　B. 放大器　　C. 矢量机构　　D. 副杠杆

433. 在电容式压力变送器中，以(A)为电容器的可动极板。

A. 测压弹性膜片　　B. 扇形齿轮　　C. 游丝　　D. 隔离膜片

434. 电容式压力变送器的可动极板与固定极板之间形成的是(B)。

A. 电容　　B. 可变电容　　C. 电感　　D. 隔离膜片

435. 电容式压力变送器随被测压力变化，膜片产生位移，使电容器的可动极板与固定极板之间距离改变，从而改变了电容器的电容量，这样就完成了压力信号与(A)之间的变换。

A. 电容　　B. 电阻　　C. 电感　　D. 电压

436. 弹簧管压力表的准确性很大程度上取决于(B)。

A. 弹簧管的材料　　B. 弹簧管的弹性特性

C. 游丝的材料　　D. 游丝的弹性特性

437. 弹簧管压力表弹性滞后会使压力表产生较大的(C)。

A. 随机误差　　B. 引用误差　　C. 变差　　D. 绝对误差

438. 如果弹簧管压力表传动机构不清洁，将使其(C)。

A. 零点偏高　　B. 零点偏低　　C. 变差大　　D. 量程下降

439. 压力表式温度计主要由温包、(D)组成。

A. 测量部分和转换放大部分　　B. 测温部分、毛细管和转换放大部分

C. 弹簧管和转换放大部分　　D. 毛细管和弹簧管

440. 在压力式温度计中，(A)是直接与被测介质相接触来感受温度变化的检测元件。

A. 温包　　B. 毛细管　　C. 弹簧管　　D. 盘簧盘

441. 在压力式温度计中，(B)是用铜或钢等材料冷拉成的无缝圆管，用来传递压力。
A. 温包 B. 毛细管 C. 弹簧管 D. 盘簧盘
442. 压力变送器检定时，量程调整对变送器的零点影响量是量程调整量的(A)。
A. 1/5 B. 1/4 C. 1/3 D. 1/2
443. 压力变送器进行检定时，应通电预热(D)min 后再进行示值误差的校验。
A. 5 B. 10 C. 20 D. 30
444. 压力变送器进行绝缘试验时，应采用(A)V 兆欧表。
A. 110 B. 200 C. 250 D. 500
445. 差压式流量计属于(A)测量仪表。
A. 速度式 B. 容积式 C. 质量式 D. 重量式
446. 齿轮式流量计属于(B)测量仪表。
A. 速度式 B. 容积式 C. 质量式 D. 就地观测
447. 惯性力式流量计属于(B)测量仪表。
A. 速度式 B. 容积式 C. 质量式 D. 就地观测
448. 我国国家标准规定标准喷嘴的取压方式为(B)。
A. 角接 B. 角接、法兰
C. 角接、法兰、径距 D. 角接、法兰、理论、径距、管接
449. 在 GB 2624—81 中规定的标准节流装置有(B)。
A. 标准孔板 B. 标准孔板、标准喷嘴
C. 标准孔板、标准文丘利管 D. 标准孔板、标准喷嘴、标准文丘利管
450. 法兰取压适用的雷诺数范围为(A)。
A. $8\times10^3\sim8\times10^7$ B. $8\times10^5\sim8\times10^7$
C. $8\times10^3\sim8\times10^8$ D. $8\times10^3\sim8\times10^9$
451. 扭力管式浮筒液位计测量液位时，液位越高，则扭力管产生的扭角(B)。
A. 越大 B. 越小 C. 不变 D. 不一定
452. 浮球式液位计所测液位越高，则浮球所受浮力(C)。
A. 越大 B. 越小 C. 不变 D. 先变大后变小
453. 属于变浮力式液位计的有(C)。
A. 浮球式液位计 B. 杠杆带浮子式液位计
C. 浮筒液位计 D. 翻板液位计
454. 玻璃液体膨胀式温度计测量原理是利用液体的(A)特性。
A. 热膨胀 B. 受热压力变化
C. 受热电阻变化 D. 热电效应
455. 液体膨胀式温度计通常采用(C)和水银作工作液。
A. 水 B. 四氯化碳 C. 酒精 D. 乙烷
456. 液体膨胀式温度计低温时通常采用(B)作工作液。
A. 水银 B. 酒精 C. 水 D. 四氯化碳
457. 若应变式压力计半导体应变片系数为正，拉伸应变片，电阻值将(A)。
A. 增大 B. 减小 C. 不变 D. 随温度改变

458. 应变式压力传感器主要用于(A)的压力测量。

A. 精度较高　B. 快速变化　C. 差压式　D. 稳定

459. 关于应变式压力传感器，叙述错误的是(C)。

A. 动态性能较差

B. 适用于快速变化压力测量

C. 受温度影响较大

D. 检测元件的非线性及滞后误差小于额定压力1%

460. 云母水位计实际上就是一根(D)。

A. 肘管　B. 水准泡　C. 大容器　D. 连通管

461. 当云母水位计中的水为(C)时，其中的水位即是汽包的重量水位。

A. 炉膛压力下的饱和水　B. 炉膛压力下的不饱和水

C. 汽包压力下的饱和水　D. 汽包压力下的不饱和水

462. 一般认为，在额定工况下，高压锅炉实际零水位比云母水位计指示值高约(C)mm左右。

A. 30　B. 40　C. 50　D. 80

463. 双色水位计是利用光从空气进入蒸汽或水产生不同的(D)的原理制成的。

A. 温度　B. 压力　C. 角度　D. 折射

464. 双色水位计使汽水分界面显示成(C)两色的分界面。

A. 红、蓝　B. 蓝、绿　C. 红、绿　D. 黑、白

465. 在双色水位计中，由于两块窗口玻璃不是平行安装的，而有一定夹角，因而有水部分形成一段“水棱镜”，入射的红、绿光均产生较大的折射而向(C)偏转。

A. 上方　B. 下方　C. 顺时针方向　D. 逆时针方向

466. 差压式水位计是通过把液位高度变化转换成(A)来测量水位变化的。

A. 差压变化　B. 温度变化　C. 流量变化　D. 电压

467. 差压式水位计准确测量汽包水位的关键是(B)之间的准确转换。

A. 差压　B. 水位与差压　C. 水位与流量　D. 水位与电压

468. 差压式水位计中的水位与差压之间准确转换是通过(C)实现的。

A. 肘管　B. 水准泡　C. 平衡容器　D. 连通管

469. 电接点水位计是利用汽包内汽、水介质的(D)相差极大的性质来测量汽包水位的。

A. 电阻　B. 电压　C. 电流　D. 电阻率

470. 电接点水位计原理是利用汽、水介质的电阻率不同，在360℃以下纯水的电阻率小于(B)Ω · cm。

A. 10^4　B. 10^6　C. 10^8　D. 10^{10}

471. 电接点水位计原理是利用汽、水介质的电阻率不同，360℃以下蒸汽的电阻率大于(D)Ω · cm。

A. 10^3　B. 10^4　C. 10^6　D. 10^8

472. 动圈表的漆包细铜线绕成的无框架可动线圈置于(C)中。

A. 电场　B. 固定线圈　C. 永久磁铁的磁场　D. 可变电场

473. 动圈表的动圈受到的旋转力矩不仅与电流有关，还与(D)有关。

A. 电场　B. 固定线圈　C. 电阻　D. 夹角

474. 为了保证动圈表有均匀的刻度，应消除(B)的影响。

A. 电场　B. 夹角　C. 电阻　D. 固定线圈

475. 在校验配接热电偶的动圈表时，先调整标准电阻箱，使仪表外接电阻为(D)Ω。

A. 0　B. 5　C. 10　D. 15

476. 在校验配接热电偶的动圈表时，校验点一般不少于(D)点。

A. 3　B. 4　C. 5　D. 6

477. 在校验配接热电阻的动圈表时，先调整好各线路电阻为(B)Ω。

A. 0　B. 5　C. 10　D. 15

478. 当配热电阻的动圈表输入满刻度值对应的电阻信号时，检查指针示值。如果不对可以调节(A)最为简便。

A. 动圈表头磁分路片　B. 张丝紧力

C. 量程电阻　D. 平衡锤

479. 动圈表的磁分路片的调整范围有限，一般不超过量程的(B)。

A. 2%　B. 5%　C. 8%　D. 10%

480. 动圈表的机械零点调整是在仪表不通电的情况下进行的，主要是检查(C)的可调范围。

A. 动圈表头磁分路片　B. 量程电阻

C. 调零器　D. 平衡锤

481. 继电器按(A)信号的性质可分为电压继电器、电流继电器、干簧继电器等。

A. 输入　B. 输出　C. 控制　D. 调节

482. 继电器按(D)原理可分为电磁式继电器、感应式继电器、热继电器等。

A. 控制　B. 调节　C. 放大　D. 动作

483. 继电器按其工作线圈的(A)可分为交流和直流两种。

A. 控制电流　B. 控制电压　C. 放大电压　D. 动作电压

484. 继电器的额定电压必须(D)线路的工作电压。

A. 小于　B. 大于　C. 小于或等于　D. 大于或等于

485. 继电器是根据一定的信号来接通或断开(B)。

A. 大电流　B. 小电流　C. 大电压　D. 小电压

486. 继电器具有(B)式的输入—输出特性。

A. 连续　B. 跳跃　C. 平滑　D. 波动

487. 继电器校验时，瞬时动作的中间继电器返回时间约为(A)s。

A. 0.01 ~0.02　B. 0.01 ~0.1

C. 0.01 ~0.2　D. 0.1 ~0.2

488. 当继电器吸合状态的电流减小到一定程度时，继电器就会恢复到未通电的释放状态。这时的电流(D)吸合电流。

A. 稍大于　B. 远大于　C. 稍小于　D. 远小于

489. 校验直流继电器时其动作电压应小于其额定电压的(D)。

A. 70%　B. 75%　C. 80%　D. 85%

490. 交流接触器主要发热部位是(B)。
A. 线圈 B. 铁芯 C. 触头 D. 灭弧罩
491. 交流接触器吸合后的电流与未吸合时的电流比(B)。
A. 大于1 B. 小于1 C. 等于1 D. 大于或等于1
492. 交流接触器短路环的作用是(A)。
A. 消除铁芯振动 B. 增大铁芯磁通
C. 减缓铁芯冲击 D. 短路保护
493. 直流接触器主要发热部位是(A)。
A. 线圈 B. 铁芯 C. 触头 D. 灭弧罩
494. 直流接触器一般采用(D)灭弧方式。
A. 双断口桥式触头 B. 金属栅片灭弧
C. 纵吹 D. 磁吹式
495. 直流接触器磁路中，常垫以非磁性垫片，其目的是(D)。
A. 减小振动 B. 调整磁通量
C. 减小吸合时的电流 D. 减少剩磁的影响
496. 时间继电器的作用是(B)。
A. 用来记时 B. 用来延时 C. 用来定时 D. 用来控制时间
497. 通电延时型时间继电器，当线圈通电后触头(A)动作。
A. 延时 B. 瞬时 C. 不能 D. 可能
498. 空气阻尼式时间继电器，空气室造成的故障主要是(A)。
A. 延时不准确 B. 触头瞬动 C. 触头误动 D. 触头拒动
499. 热继电器手动复位时间不大于(A)min。
A. 2 B. 5 C. 8 D. 10
500. 在电力拖动系统中，热继电器用来作(B)保护。
A. 短路 B. 过载 C. 欠压 D. 失压
501. 压力校验仪可用来校验压力变送器，则回路中电压为(A)。
A. DC24V B. DC220V C. AC220V D. DC220V
502. 压力校验仪可用来校验(D)。
A. 热电偶 B. 热电阻 C. 活塞式压力计 D. 差压变送器
503. 使用压力校验仪校验压力变送器，24V电源(A)接入变送器校验回路。
A. 串联 B. 并联 C. 串联或并联 D. 禁止
504. 压力试验台不能用于校验(D)。
A. 弹簧管压力表 B. 压力控制器
C. 电接点压力表 D. 标准压力表
505. 压力试验台在加压过程中，应(D)。
A. 开启平衡门，关闭正、负压侧门
B. 关闭平衡门，关闭正、负压侧门
C. 开启平衡门，开启正、负压侧门
D. 关闭平衡门，开启正、负压侧门

506. 使用压力试验台，当向活塞套筒中抽油过程中，应(A)。

A. 开启平衡门，关闭正、负压侧门

B. 关闭平衡门，关闭正、负压侧门

C. 开启平衡门，开启正、负压侧门

D. 关闭平衡门，开启正、负压侧门

507. 使用压力试验台，丝杆渗油的原因是(C)。

A. 平衡门关闭不严　　B. 油杯中存油过少

C. 皮碗破损　　D. 被校表接头未禁固

508. 检定记录内容必须与被检计量器具相应(B)的要求相符。

A. 检修规程　　B. 计量检定规程

C. 维护规程　　D. 安全规程

509. 检定记录填写必须(B)清晰，数据准确。

A. 数字　　B. 字迹　　C. 单位　　D. 名称

510. 检定记录填写时，必须采用正规的汉字，阿拉伯数字和(B)单位。

A. 国际　　B. 法定计量　　C. 计量　　D. 导出

511. 热电阻传感器主要由(B)等主要部件组成。

A. 测量部分、电阻体、绝缘管、保护套管

B. 测量部分、电阻体、保护套管

C. 电阻体、绝缘管、保护套管

D. 测量部分、电阻体、绝缘管、保护套管、放大电路

512. 制作热电阻的材料必须满足(D)要求。

A. 电阻温度系数要小，材料的电阻率要小

B. 电阻温度系数要小，材料的电阻率要大

C. 电阻温度系数要大，材料的电阻率要小

D. 电阻温度系数要大，材料的电阻率要大

513. 热电偶是两种不同(C)的导体焊接而成的。

A. 质量　　B. 长度　　C. 材料　　D. 体积

514. 热电偶是由(D)组成的。

A. 一种导体　　B. 三种导体

C. 四种导体　　D. 两种不同材质的导体

515. 铠装热电偶是由外套(A)，内装高纯度脱水氧化镁或氧化铝粉末作绝缘的一对热电偶丝组成。

A. 耐酸不锈钢管　　B. 耐高温合金钢

C. 高速工具钢　　D. 45#钢

516. 弹簧管压力表中游丝属于(B)机构。

A. 保护　　B. 传动放大　　C. 指示　　D. 支撑

517. 弹簧管压力表的结构中，弹簧管的截面应为(B)。

A. 圆形　　B. 椭圆形　　C. 三角形　　D. 方形

518. 弹簧管压力表指针应伸入所有分度线内，其指针宽度应不大于最小分度间隔的(B)。

A. 1/10　　B. 1/5　　C. 1/4　　D. 1/2

519. 弹簧管压力表的回程误差不应超过允许误差的(D)。

A. 1/3　　B. 一半　　C. 绝对值　　D. 绝对值的1/2

520. 一块弹簧管压力表出现线性误差，其调整方法是(C)。

A. 改变扇形齿轮与拉杆角度　　B. 更换游丝

C. 调整拉杆的活动螺丝　　D. 松动底板

521. 在校验一块弹簧管压力表时，发现弹簧管变形，则其表现为(A)。

A. 上升和下降过程中，在同一检定点上变差很大

B. 零点偏高

C. 零点偏低

D. 量程下降

522. 在校验一块弹簧管压力表时，发现其上升和下降过程中，在同一检定点上变差很大，无论怎样调整都无法消除，原因是(A)。

A. 弹簧管变形　　B. 弹簧管不严密　　C. 扇形齿轮磨损　　D. 游丝损坏

523. 电容式压力变送器中(C)永久装在敏感部件上。

A. 放大器板　　B. 校验板　　C. 补偿板　　D. 指示表

524. 电容式压力变送器是以被测压力的变化，使电容两极板间距离改变，电容量相应变化，从而将被测压力转换成(B)的统一输出信号。

A. 0～10mA　　B. 4～20mA　　C. 1～5V　　D. 0～20mA

525. 对于显示仪表，(B)说法是正确的。

A. 显示仪表按结构方式可分为三种

B. 开环式的变换、放大、显示等环节按串联方式联接

C. 对闭环式仪表中各个环节均要求有较高的精度与稳定度

D. 精度较高的仪表应采用开环式

526. 对于闭环式仪表，说法正确的是(A)。

A. 闭环式仪表，除了有一个正向通道还有一个反馈回路

B. 在闭环式仪表中，信号是单方向递送

C. 闭环式仪表利用负反馈，往往加大了各环节产生的误差

D. 要求精度较低的仪表常采用闭环形式

527. 显示仪表按显示方式不同可分为(D)。

A. 模拟式　　B. 数字式

C. 模拟式、数字式　　D. 模拟式、数字式和屏幕显示

528. 各种压力式温度计在测温时(D)会对外散失热量，热量的损失会减小所测得的温度值。

A. 温包　　B. 毛细管　　C. 保护管　　D. 毛细管或保护管

529. 各种压力式温度计在测温时毛细管或保护管会对外散失热量，热量的损失会(A)所测得的温度值。

A. 减小　　B. 增加　　C. 不改变　　D. 不影响

530. 应用于测量高压腐蚀性介质液位的是(C)式液位测量仪表。

A. 沉筒　　B. 差压　　C. 电容　　D. 电阻

531. 结构简单，只适用于导电液的是(D)式液位测量仪表。

A. 辐射　　B. 超声波　　C. 电容　　D. 电阻

532. 用热电偶和动圈式仪表组成的温度指示仪，在连接导线断路时会发生(B)。

A. 指示到0℃　　B. 指示到机械零点

C. 指示的位置不定　　D. 跳向高温方向

533. 和热电偶相配的动圈表的外接电阻为(C)Ω。

A. 1　　B. 10　　C. 15　　D. 100

534. 动圈表在使用时要尽量远离强磁场，以防止(D)对仪表指示产生影响。

A. 强电压　　B. 强电流　　C. 电阻　　D. 外磁场

535. 配热电偶动圈表的外接电阻应为(C)Ω。

A. 5　　B. 10　　C. 15　　D. 20

536. 配热电阻动圈表的电阻组成(D)桥臂。

A. 1　　B. 2　　C. 3　　D. 4

537. 配热电阻动圈表的热电阻与桥路连接采用(B)线制接法。

A. 2　　B. 3　　C. 4　　D. 5

538. 动圈式指示仪表中，反作用力矩由(C)系统产生。

A. 永久磁钢　　B. 毫伏信号　　C. 动圈的支承　　D. 磁电系的表头

539. 配冷端补偿器的动圈式仪表，其机械零位调至(C)℃。

A. 0　　B. 10　　C. 20　　D. 100

540. 在作调节阀试验时，新投入的调节门的漏流量一般应小于额定流量的(B)。

A. 7%　　B. 10%　　C. 15%　　D. 20%

541. 在作调节阀试验时，调节门流量变化的饱和特性应在开度的(D)以上出现。

A. 70%　　B. 75%　　C. 80%　　D. 85%

542. 热电阻温度计的测量精度高，国际实用温标630.74℃以下的温标内插就是采用(D)温度计实现的。

A. 铜电阻　　B. 基准铜电阻　　C. 铂电阻　　D. 基准铂电阻

543. 试验证明，大多数金属电阻当温度上升1℃时，其电阻值约(C)。

A. 下降0.4%~0.6%　　B. 下降1%~2%

C. 上升0.4%~0.6%　　D. 上升1%~2%

544. 用(B)种不同的导体或半导体组成闭合回路称为热电偶。

A. 一　　B. 二　　C. 三　　D. 四

545. 若冷端温度恒定在某一定值，则热电势就只是(A)的函数。

A. 热端温度　　B. 冷端温度

C. 参考端温度　　D. 自由端温度

546. 热电偶分度表都是在(D)条件下得到的。

A. 热端温度恒定　　B. 自由端温度恒定

C. 参考端温度为室温　　D. 冷端温度恒定为0℃

547. 由(A)种导体或半导体组成的闭合回路，不论导体或半导体的截面积如何以及各处温度分布如何，都不能产生热电势。

A. 1　　B. 2　　C. 3　　D. 4

548. 在热电偶回路中加入第三种均质材料，只要它的(B)，对回路的热电势就没有影响。

A. 截面积相同　　B. 两端温度相同

C. 两端有温差　　D. 截面积不同

549. 从外观上看，镍铬－镍硅热电偶的正极是(C)色。

A. 暗红　　B. 黑　　C. 绿　　D. 黄

550. 从外观上看，镍铬－镍硅热电偶的负极是(B)色。

A. 暗红　　B. 黑　　C. 绿　　D. 黄

551. 比例调节在调节过程中是(C)。

A. 无差调节　　B. 开环调节　　C. 有差调节　　D. 超前调节

552. 调节器的比例带增加时对调节过程的影响是(A)。

A. 比例调节作用减弱　　B. 比例调节作用增强

C. 过程出现等幅振荡　　D. 过程出现发散振荡

553. 调节器的积分时间延长时，对调节过程的影响是(A)。

A. 积分调节作用弱　　B. 积分调节作用强

C. 过程出现等幅振荡　　D. 过程出现发散振荡

554. 称为无定式的调节器是(B)。

A. 比例调节器　　B. 积分调节器　　C. 微分调节器　　D. 复合调节器

555. 微分调节规律是调节器输出的控制作用与其偏差输入信号的变化速度(A)。

A. 成正比　　B. 无关　　C. 成反比　　D. 相等

556. 有些调节器是不能单独使用的，例如(D)调节器。

A. 比例　　B. 比例微分　　C. 比例积分　　D. 微分

557. 有一种调节阀，其相对流量与相对开度之间的比例系数是一常数，这类阀门为(A)特性阀。

A. 直线　　B. 抛物线　　C. 双曲线　　D. 快开

558. 有一种调节阀，其相对流量与相对开度之间呈抛物线关系，这类阀门为(B)特性阀。

A. 直线　　B. 抛物线　　C. 双曲线　　D. 快开

559. 有一种调节阀，其在小开度时相对流量比较大，随着相对开度的继续增大，流量很快到达最大值，这类阀门为(D)特性阀。

A. 直线　　B. 抛物线　　C. 双曲线　　D. 快开

560. 调节设备和被调对象构成的具有调节功能的统一体，称为(D)。

A. 调节对象　　B. 调节设备

C. 调节主体　　D. 自动调节系统

561. 自动调节中，根据生产过程的要求，规定被调量应达到并保持的数值称为(C)。

A. 测量值　　B. 稳态误差　　C. 给定值　　D. 静差

562. 串级调节系统有(B)个调节器。

A. 1　B. 2　C. 3　D. 4

563. 从总体上看，串级控制调节系统仍然是一个(A)控制系统。

A. 定值　B. 变值　C. 随机　D. 开环

564. 串级调节系统的副回路是一个(C)系统。

A. 定值　B. 静态　C. 随动　D. 无扰

565. 前馈控制作用的方向与干扰作用(B)，能够很好的克服干扰对系统所带来的影响。

A. 方向相同　B. 方向相反　C. 相并联　D. 相串连

566. 前馈控制系统(B)。

A. 是闭环控制系统

B. 是开环控制系统

C. 具有被调量的反馈信号

D. 控制结束后容易得到静态偏差的具体数值

567. 单台除氧器蒸汽空间近似一个有自平衡能力的(C)环节。

A. 比例　B. 积分　C. 一阶惯性　D. 延迟

568. 通过自动调节来维持除氧器(B)的稳定，从而保证除氧效果。

A. 水位　B. 压力　C. 进水　D. 出水

569. 由于进入炉膛的燃烧量很难准确测量，所以一般选用(A)信号间接表示进入炉膛的燃料量。

A. 热量　B. 风量　C. 蒸汽量　D. 给水流量

570. 燃烧系统中，通过调节燃料量使锅炉蒸汽量与(D)相适应，以维持汽压的恒定。

A. 给水量　B. 锅炉送风量　C. 凝结水量　D. 汽机耗汽量

571. 锅炉燃烧调节系统中，一般调节燃烧和风量的动作顺序是，增负荷时(C)。

A. 先增燃料量后增风量　B. 先增燃料量后减风量

C. 先增风量后增燃料量　D. 同时增燃料量和风量

572. 单冲量的单回路给水调节系统中的冲量是指(B)。

A. 调节量　B. 被调量　C. 定值量　D. 执行机构类型

573. 单冲量的单回路给水调节系统中，这个冲量是(C)信号。

A. 给水流量　B. 蒸汽流量　C. 汽包水位　D. 主汽压力

574. 单冲量单回路给水调节系统，在实际运行中维持汽包水位的策略是(A)。

A. 大负荷时低水位，小负荷时高水位

B. 大负荷时高水位，小负荷时低水位

C. 始终保持高水位

D. 始终保持低水位

575. 燃烧调节系统应具备完善的(C)功能，才能实现无扰手/自动切换。

A. 双稳态　B. 多稳态　C. 跟踪　D. 比较

576. 燃烧调节系统中各调节器的投入顺序是(A)。

A. 先投引风再投送风及燃料调节器　B. 先投送风再投引风及燃料调节器

C. 先投燃料调节再投引风、送风机器　D. 同时投入引风送风及燃料调节器

577. DCS 系统中的所有设备分别处于四个不同的层次，分别是：现场级、控制级、监控级和(D)。

A. 数据级　B. 调节级　C. 操作级　D. 管理级

578. 在 DCS 系统的结构中，(C)不属于典型的现场级设备。

A. 电动执行器　B. 热电偶　C. 调节器　D. 变送器

579. TELEPERMME 系列 DCS 系统中能够完成闭环控制的模件是(B)。

A. 6DS1722 - 8RR　B. 6DS1412 - 8RR

C. 6DS1731 - 8RR　D. 6DS1703 - 8RR

580. TELEPERMME 系列 DCS 系统中，6DS1703 - 8RR 模件和 6DS1731 - 8RR 模件相连，最多可采集(D)路模拟量输入信号。

A. 4　B. 8　C. 12　D. 32

581. TELEPERMME 系列 DCS 的 MOTOR 功能块中，“FBC”代表(A)。

A. 反馈关　B. 反馈开　C. 强制关　D. 强制开

582. TELEPERMME 系列 DCS 的 MOTOR 功能块中，“TRC”代表(D)。

A. 反馈关　B. 反馈开　C. 强制开　D. 强制关

583. TELEPERMME 系列 DCS 系统中“MA，NO，NO”语句的含义是(A)。

A. 模拟量存储区　B. 开关量存储区

C. 模拟量传送区　D. 开关量传送区

584. TELEPERMME 系列 DCS 系统中“LADK，NO”语句的含义是(B)。

A. 读取某一模拟量值　B. 读取某一常数值

C. 读取某一开关量　D. 相加

585. TELEPERMME 系列 DCS 系统中“ER，NO”操作指令的含义是(A)。

A. 改变某一语句　B. 插入某一语句　C. 显示某一语句　D. 删除某一语句

586. 在上海新华系列 DEH 系统中，(D)调节是控制汽轮发电机组启动、升速和正常运行的主要手段。

A. 功率　B. 汽压　C. 电量　D. 转速

587. 上海新华系列 DEH 系统具有超速保护功能，一般当转速超过(B)时，发出 OPC 信号，关闭高、中压调门。

A. 102%　B. 103%　C. 105%　D. 110%

588. 上海新华系列 DEH 系统中，BC 卡具有(C)功能。

A. 脉冲量输入　B. 开关量输出　C. 站之间通讯调节　D. 测速

589. 上海新华系列 DEH 系统中，MCP - OPC 卡具有(A)功能。

A. 高速采样　B. 站调节卡　C. 开关量输入　D. 模拟量输出

590. 上海新华系列 DEH 系统中 XDPS 软件分(B)部分。

A. 1　B. 2　C. 3　D. 4

591. 上海新华系列 DEH 系统中的 XDPS 软件中能对实时数据处理并输出的软件称为(A)。

A. GTW　B. MMI　C. DPU　D. WIN - OS

592. 上海新华系列 DEH 系统中，模拟量输入卡为(B)卡。

A. AO　B. AI　C. DI　D. DO

593. 上海新华系列 DEH 系统中，模拟量输出卡为(A)卡。

A. AO　　B. AI　　C. DI　　D. DO

594. 我们平时对上海新华系列 DEH 系统进行检查时，应注意所有参数在线显示的页和功能块都有(C)种颜色表示它的运行状态，状态是否正确是我们验证量点是否正确的关键。

A. 1　　B. 2　　C. 3　　D. 4

595. 我们在检查上海新华系列 DEH 系统画面的时候，在自检画面中有一个 DPU 的颜色显示黄色，它代表该 DPU 处于(D)状态。

A. 在线　　B. 主控　　C. 跟踪　　D. 初始化

596. SIPOS 系列电动执行器显示面板可以选择的状态有三种，分别是(B)状态。

A. 自动/手动/远方操作　　B. 远方操作/就地操作/编程

C. 自动/手动/编程　　D. 自动/编程/远方操作

597. SIPOS 系列电动执行器 SIPOS5 型在选择扭矩关方式后的全关位置是靠(B)完成的。

A. 调整零点电位器　　B. 执行器本身自动寻找

C. 人为设定　　D. 机械限位

598. ZJM 型气动执行机构工作气源压力(B)kPa。

A. 200 ~ 400　　B. 400 ~ 600　　C. 600 ~ 800　　D. 800 ~ 900

599. ZJM 型气动执行机构反馈输出信号是 DC(B)。

A. 0 ~ 20mA　　B. 4 ~ 20mA　　C. 1 ~ 5V　　D. 0 ~ 10V

600. DKJ 系列电动执行器输出轴转角的范围(B)。

A. 0° ~ 45°　　B. 0° ~ 90°　　C. 0° ~ 180°　　D. 0° ~ 360°

601. DKJ 系列电动执行器的反馈信号一般是 DC(A)。

A. 0 ~ 10mA　　B. 0 ~ 20mA　　C. 0 ~ 10V　　D. 1 ~ 5V

602. P/P700 系列阀门定位器的气源工作压力范围在(B)MPa 之间。

A. 0 ~ 0.14　　B. 0.14 ~ 0.2　　C. 0.7 ~ 0.9　　D. 0 ~ 1

603. P/P700 系列阀门定位器的输出信号压力范围在(B)kPa 之间。

A. 0 ~ 20　　B. 20 ~ 100　　C. 40 ~ 100　　D. 60 ~ 120

604. 继电器检修时如发现触点发黑，应用(D)擦净。

A. 鹿皮　　B. 砂纸　　C. 细锉　　D. 油石

605. 继电器进行绝缘测试时，其全部端子对底座和磁导体的绝缘电阻应大于(D)MΩ。

A. 10　　B. 20　　C. 40　　D. 50

606. 数据处理方法经历了(D)个发展过程。

A. 1　　B. 2　　C. 3　　D. 4

607. 数据处理方法经历了人工式数据处理、机械式数据处理、卡片式数据处理和(A)发展过程。

A. 电子式数据处理　　B. 计算机处理

C. 逻辑处理　　D. 数据分析

608. 电子数据处理系统的组成类型分为(B)类。

A. 1　　B. 2　　C. 3　　D. 4

609. 对于电子数据处理系统类型之一的(A)处理，其特点是计算机系统、存储器以及数据处理工作分散于不同的地方。

A. 分布式　B. 集中式　C. 单元式　D. 总线式

610. 到目前，计算机发展过程经历了(C)个阶段。

A. 2　B. 3　C. 4　D. 5

611. 第一代计算机采用(A)作为逻辑元件。

A. 电子管　B. 晶体管　C. 集成电路　D. 大规模集成电路

612. 微型计算机的发展以(C)技术为特征标志。

A. 操作系统　B. 软件　C. 微处理器　D. 存储器

613. 使用超大规模集成电路制造的计算机应该归属于(D)。

A. 第一代　B. 第二代　C. 第三代　D. 第四代

614. 计算机依其用途不同可分为(B)类。

A. 1　B. 2　C. 3　D. 4

615. 计算机按价格、功能、体积、速度不同可分为(D)种计算机。

A. 1　B. 2　C. 4　D. 5

616. 计算机系统硬件基本机构由(D)个单元构成。

A. 2　B. 3　C. 4　D. 5

617. 负责存储程序及数据的是(B)。

A. 控制器　B. 存储器　C. 算术逻辑运算器　D. 计算器

618. 计算机软件主要包括(B)大类。

A. 1　B. 2　C. 3　D. 4

619. 计算机(C)主要由计算机制造商开发的。

A. 应用软件　B. 人事档案程序

C. 系统软件　D. 商业数据处理程序

620. 计算机在未加电情况下的启动称为(D)。

A. 快速启动　B. 热启动　C. 复位启动　D. 冷启动

621. 正确关闭计算机的顺序是(B)。

A. 先关外设电源，后关主机电源　B. 先关主机电源，后关外设电源

C. 不关外设电源，后关主机电源　D. 先关外设电源，不关主机电源

622. 直接安装在工艺流程中，对物料的组成成分或物性参数进行自动连续分析的一类仪表称为(C)。

A. 测量仪表　B. 分析仪表　C. 在线分析仪表　D. 化学仪表

623. 在线分析仪表(A)安装在工艺流程中，对物料的组成成分或物性参数进行自动连续分析的一类仪表。

A. 直接　B. 间接　C. 间隔　D. 连续

624. 根据被测介质的相态，在线分析仪表可分为(B)大类。

A. 1　B. 2　C. 3　D. 4

625. 在线分析仪表根据被测介质的(B)，分为气态分析仪和液体分析仪两大类。

A. 组态　B. 相态　C. 形态　D. 状态

626. 在线分析仪表的性能指标含义广泛，但大体可以分成(B)类。
A. 1　B. 2　C. 3　D. 4
627. 表示仪表对被测定量变化的反应能力的是(B)。
A. 检出限　B. 灵敏度　C. 准确度　D. 重复性
628. 在线分析中气体浓度的表示方法主要有(D)种。
A. 1　B. 2　C. 3　D. 4
629. 组分 B 的物质的量与混合气体中各组分物质的量的总和之比称为(A)。
A. 气体的摩尔分数　B. 气体的体积分数
C. 气体的质量浓度　D. 气体的质量分数
630. 气体的体积分数用符号表示是(B)。
A. χ_B　B. φ_B　C. ρ_B　D. ω_B
631. 在线分析中液体浓度的表示方法有(C)种。
A. 1　B. 2　C. 3　D. 4
632. 1L 溶液中所含溶质 B 的量数(物质的量)称为(A)。
A. 液体的摩尔浓度　B. 液体的质量浓度
C. 液体的质量分数　D. 液体百分比浓度
633. 液体的质量分数用符号表示是(D)。
A. c_B　B. φ_B　C. ω_B　D. ρ_B
634. 根据溶液电导与溶液摩尔浓度关系式 $G=\eta\lambda\frac{A}{L}$ 可知，当电极的尺寸和距离一定时，溶液的摩尔电导率 λ 也是一定的，因此两电极间的电导与溶液的摩尔浓度成(A)关系。
A. 正比例　B. 反比例　C. 比例　D. 双值
635. 当溶液低浓度时，电导率和浓度之间成(A)关系。
A. 单值　B. 双值　C. 多值　D. 非线性
636. 在溶液高浓度时，电导率与浓度之间成(B)关系。
A. 单值　B. 双值　C. 比例　D. 非线性
637. 电极化学极化的发生使得电极间的电流(A)，等效电阻增大，从而导致测量误差。
A. 减小　B. 增大　C. 恒定　D. 波动
638. 电极的浓差极化产生的电场方向与外电场方向相反，起阻止离子导电的作用，相当于增大了溶液的(C)，因而导致测量误差。
A. 电压　B. 电流　C. 电阻　D. 电容
639. 溶液温度对离子的活性有一定影响，温度升高，溶液的电离度(A)。
A. 增大　B. 减小　C. 不变　D. 突变
640. 溶液温度升高，离子的水化作用减弱，溶液黏度(B)，离子运动阻力减少，在电场作用下，离子定向运动加快，溶液的导电率增加。
A. 增高　B. 降低　C. 不变　D. 突变
641. 溶液温度(B)，离子的活性减小，移动速度减低，溶液导电能力下降。
A. 升高　B. 减低　C. 不变　D. 突变

642. 就地显示压力表的安装高度一般为(A)m。

A. 1.5　　B. 1.3　　C. 1　　D. 2

643. 就地压力表应安装弹簧圈(或缓冲管)，其应安装在(D)。

A. 一次门前　　B. 一次门后　　C. 二次门前　　D. 二次门后

644. 就地压力表安装时，其与支点的距离应尽量缩短，最大不应超过(B)mm。

A. 400　　B. 600　　C. 800　　D. 1000

645. 安装压力表使用垫片的目的是为了(C)。

A. 美观　　B. 减振　　C. 防止漏泄　　D. 隔离

646. 安装氧用压力表禁止使用(A)垫片。

A. 浸油　　B. 铜质　　C. 聚乙烯　　D. 金属

647. 安装乙炔压力表禁止使用(D)垫片。

A. 浸油　　B. 铜质　　C. 金属　　D. 有机化合物

648. 低压电器按它在电器线路中的地位和作用可分为(C)两大类。

A. 高压电器、低压电器　　B. 控制电器、保护电器

C. 控制电器、配电电器　　D. 配电电器、保护电器

649. 低压电器按批准标准的级别分为国家标准，部标准，局批企业标准，其中国家标准可用(D)表示。

A. DQ　　B. JB　　C. JB/DQ　　D. GB

650. 开关电器的通断能力是指开关电器在规定的条件下，能在给定电压下(A)的预期电流值。

A. 接通和分断　　B. 接通　　C. 分断　　D. 承载

651. 热继电器的整定值应为被保护电动机额定电流的(A)倍。

A. 1　　B. 1.5　　C. 2　　D. 2.5

652. 一台10kW电动机由自动空气开关控制，其电磁脱扣器的瞬时动作整定电流值为(C)A。

A. 100　　B. 150　　C. 200　　D. 250

653. 熔体的熔断电流一般是额定电流的(B)倍。

A. 1~1.5　　B. 1.5~2　　C. 2~2.5　　D. 2.5~3

654. JS7-1A表示时间继电器，属于(C)时间继电器。

A. 电磁式　　B. 电动机　　C. 空气阻尼式　　D. 晶体管式

655. JR16-20/3D表示热继电器，其额定电流为(D)A。

A. 16　　B. 20　　C. 40　　D. 60

656. 低压电器产品型号中第一位为(C)。

A. 设计代号　　B. 基本规格代号　　C. 类组代号　　D. 特殊派生代号

657. DZ5-20型自动空气开关的欠压脱扣器作用是(B)。

A. 过载保护　　B. 短路保护

C. 欠压保护　　D. 过载保护和短路保护

658. 自动空气开关的过载保护是由(A)实现的。

A. 热脱扣器　　B. 电磁脱扣器　　C. 欠压脱扣器　　D. 操作按钮

659. DW10 系列自动空气开关，用于交流 380V 配电系统中作(D)。

A. 短路保护　　B. 过载保护

C. 欠压保护　　D. 短路保护、过载保护、欠压保护

660. 按钮帽上的颜色和符号标志是用来(C)。

A. 引起警惕　　B. 方便操作　　C. 区分功能　　D. 提醒注意安全

661. 当按钮按下时(C)。

A. 常开、常闭触头均闭合　　B. 常开、常闭触头均断开

C. 常开触头闭合、常闭触头断开　　D. 常开触头断开、常闭触头闭合

662. 为了便于识别各个按钮的作用，一般常以(A)代表停止设备。

A. 红色　　B. 绿色　　C. 黄色　　D. 黑色

663. 熔体的熔断时间与通过熔体的(C)。

A. 电流成正比　　B. 电流的平方成正比

C. 电流的平方成反比　　D. 电流成反比

664. RL 系列熔断器的熔管内填充石英砂是为了(C)。

A. 绝缘　　B. 防护　　C. 灭弧　　D. 填充空间

665. 熔断器的保护属于(C)。

A. 过压保护　　B. 欠压保护　　C. 短路保护　　D. 过流保护

666. 漏电保护器的主要性能指标为(D)。

A. 额定电压和额定电流　　B. 额定频率

C. 动作电流和额定电压　　D. 动作电流和动作时间

667. 电磁式和电子式两种漏电保护器相比，电磁式(B)。

A. 需辅助电源　　B. 不需辅助电源

C. 受电压波动影响大　　D. 抗干扰能力强

668. DZL18－2 漏电保护器仅适用于 220V，额定电流为(C)A 及以下的单相电路中。

A. 10　　B. 18　　C. 20　　D. 40

669. 自动保护装置的作用是：当设备运行工况发生异常或某些参数超过允许值时，发出报警信号，同时(B)避免设备损坏和保证人身安全。

A. 发出热工信号　　B. 自动保护动作

C. 发出事故信号　　D. 发出停机信号

670. 高压加热器装置水位保护的主要作用是：避免高压加热器内一旦水管爆裂，给水流入蒸汽空间后发生(C)。

A. 锅炉暂时断水　　B. 影响加热器工作

C. 高压水进入汽轮机　　D. 汽水混合

671. 锅炉水位高保护系统以(C)信号作为禁止信号。

A. 汽轮机减负荷　　B. 汽轮机加负荷

C. 锅炉安全门动作　　D. 锅炉安全门回座

672. 在热工保护回路中，对同一热工信号进行检测，采用(A)的拒动频率最高。

A. 信号串联法　　B. 信号并联法

C. 信号串并联法　　D. 三反二信号法

673. 报警系统信号的主要来源有开关量信号变送器和(C)。

A. 报警装置　　B. 行程开关

C. 被控对象的控制电路　　D. 光字牌

674. 在报警系统中，为帮助值班人员尽快地区别不同等级的报警信号，常采用不同的方法来表示报警等级。但(D)的表示方法是错误的。

A. 用红色表示危险信号　　B. 用电铃表示异常信号

C. 用电笛表示危险信号　　D. 用电铃表示危险信号

675. 自动报警系统在报警信息出现后，按“确认”按钮，光字牌和电铃的状态应是(C)。

A. 熄灭、无声　　B. 闪光、音响　　C. 平光、无声　　D. 平光、音响

676. 进行热工信号系统的(C)时应发出音响报警。按消音按钮，音响应消失。

A. 灯光试验　　B. 报警试　　C. 音响试验　　D. 定期试验

677. 在火力发电厂的实际控制系统中故障的(A)更为重要，他可以提醒检修人员可能要进行检查和维护信息。

A. 预报和预警　　B. 事故后的报警

C. 自动保护报警　　D. 实时数据

678. XXS 型闪光报警器属于(B)型报警器。

A. 晶体管　　B. 集成电路　　C. 微机　　D. 继电器电路

679. XXS 型闪光报警器的输入信号必须是(B)。

A. 有源触点　　B. 无源触点　　C. 常闭触点　　D. 常开触点

680. XXS 型闪光报警器的输入电源是(D)。

A. DC15V　　B. DC24V　　C. AC36V　　D. AC220V

681. 汽轮机机组的辅机顺序控制系统，简称为(B)。

A. DCS　　B. SCS　　C. ETS　　D. TSI

682. 根据 SCS 系统分级控制的基本原则，可分为：功能组级、(A)和驱动级。

A. 子组级　　B. 设备级　　C. 机组级　　D. 子功能组级

683. 顺控中的子组级基本逻辑是由信号及指令处理逻辑和(B)两部分组成。

A. 控制指令形成逻辑　　B. 状态显示逻辑

C. 控制指令显示逻辑　　D. 状态管理逻辑

684. 计算机常用的(A)设备有键盘、鼠标、CD－ROM 驱动器。

A. 输入　　B. 输出　　C. 输入、输出　　D. 外围

685. 计算机常用的(B)设备有显示器、打印机、绘图仪、音响等。

A. 输入　　B. 输出　　C. 输入、输出　　D. 外围

686. 具有无击打噪声、分辨率高、打印速度快等优点的打印机是(D)打印机。

A. 点阵　　B. 喷墨　　C. 针式　　D. 激光

687. 组成计算机的外设机器与计算机主机等有形的设备，即计算机的实体部分就是(B)。

A. 计算机软件　　B. 计算机硬件　　C. 计算机系统　　D. 计算机

688. 专门负责整台计算机系统的指挥与控制的是(D)。

A. 输入设备　　B. 输出设备　　C. 存储单元　　D. 控制器

689. 可以作为计算机输入装置的是(C)。
A. 硬盘驱动器　B. 打印机　C. 复印机　D. 显示器
690. 负责告诉硬件针对特定的应用解决问题的是(C)。
A. 计算机系统　B. 计算机硬件　C. 计算机软件　D. 计算机命令
691. 计算机能够直接识别执行的语言是(B)。
A. 汇编语言　B. 机器语言　C. 高级程序语言　D. C 语言
692. 计算机软件中，最核心的软件是(C)。
A. 数据库系统　B. 程序语言处理系统
C. 操作系统　D. 系统维护工具
693. 操作系统，编译程序及数据库系统都属于(D)。
A. 高级程序　B. 应用程序　C. 汇编程序　D. 系统程序
694. 计算机的算术/逻辑单元，控制系统及存储单元合称(B)。
A. UP　B. ALU　C. CPU　D. CAD
695. 存取速度最快的是(C)。
A. 硬盘存储器　B. 外存储器　C. 内存储器　D. 软盘存储器
696. 计算机存储器由内存储器和(C)组成。
A. 外存储器　B. 硬盘　C. 软盘　D. 光盘
697. 运算器包括(D)。
A. 寄存器、算术部件、控制电路　B. 寄存器、逻辑部件、存储器
C. 执行部件、寄存器、控制电路　D. 算术部件、逻辑部件、寄存器
698. 能够导电的物体是(B)。
A. 胶　B. 铜丝　C. 玻璃　D. 橡胶
699. 导线的截面选择要根据(A)选择。
A. 安全工作电流　B. 最小工作电流　C. 最大工作电流　D. 安全工作电压
700. 软铜的电阻率比硬铜的电阻率(B)。
A. 大　B. 相等　C. 小　D. 大很多
701. 引接线往往与铁芯和绕组一起浸渍和烘干，选用引接线时，必须考虑与其配套电机的(A)相适应。
A. 耐热等级　B. 相容性　C. 导电性　D. 绝缘
702. 在盘上开圆孔时，如果直径小于(A)mm 时，可用电钻一次开成。
A. 25　B. 35　C. 45　D. 60
703. 盘内若需堵孔，(A)mm 以下的圆孔可以用腻子堵平。
A. 6　B. 10　C. 16　D. 20
704. 盘内配线时，当导线的两端分别连接到可动的与固定的部分时，应使用(B)。
A. 单股软导线　B. 多股软导线　C. 单股裸线　D. 多股硬导线
705. 导线束在转弯或分支时，弯曲半径一般不应小于导线束直径的(A)倍。
A. 3　B. 4　C. 5　D. 6
706. 导线保护管可用(C)过渡。
A. 塑料硬管　B. 塑料软管　C. 金属软管　D. 木架

707. 导线保护管敷设时应远离火源和热源，环境温度不应高于(D)℃。

A. 40　　B. 45　　C. 50　　D. 65

708. 两根导线保护管平行敷设时，两管间的中心距离，最小应该超过管子半径的(B)倍。

A. 1　　B. 2　　C. 4　　D. 6

709. 导线保护管(D)。

A. 严禁用其他软管过渡　　B. 严禁焊接固定

C. 可以交叉　　D. 应用卡子固定

710. 电机、变压器用的 A 级绝缘材料，其最高允许工作温度为(B)℃。

A. 90　　B. 105　　C. 120　　D. 125

711. 电机、变压器用的 B 级绝缘材料，其最高允许工作温度为(C)℃。

A. 90　　B. 105　　C. 120　　D. 125

712. 绝缘材料的电阻率(A)。

A. 极高　　B. 极低　　C. 很小　　D. 接近零

713. 绝缘材料受潮后，绝缘电阻会显著(B)。

A. 上升　　B. 下降　　C. 不变　　D. 上下浮动

714. 绝缘油中用量最大、用途最广的是(C)。

A. 植物油　　B. 合成油　　C. 矿物油　　D. 动物油

715. 常用的电缆浇注胶 1811 或 1812 沥清电缆胶和环氧电缆胶，适用于(B)kV 以下的电缆。

A. 5　　B. 10　　C. 15　　D. 20

716. 浸渍漆主要用来浸渍电机、电器和变压器的(A)，以填充其间隙和微孔，提高其电气和力学性能。

A. 线圈和绝缘零部件　　B. 外壳

C. 机体　　D. 主要部件

717. 电机变压器用的(D)级绝缘材料，其最高允许工作温度为 180℃。

A. A　　B. C　　C. E　　D. H

718. 电力电缆的基本结构由(D)构成。

A. 线芯和绝缘层　　B. 线芯和保护层

C. 绝缘层和保护层　　D. 线芯、绝缘层和保护层

719. 电力电缆绝缘性较高的是(D)绝缘电缆。

A. 橡胶　　B. 聚氯乙烯　　C. 聚乙烯　　D. 油浸纸

720. 电力电缆中油浸纸电缆较橡胶的(A)较高。

A. 绝缘性　　B. 耐磨性　　C. 抗挤压性　　D. 耐高温性

721. 控制电缆型号编制方法中，系列代号为字母(B)。

A. D　　B. K　　C. V　　D. P

722. 控制电缆型号编制方法中，材料特征代号里，聚氯乙烯绝缘用字母(C)表示。

A. Y　　B. K　　C. V　　D. P

723. 控制电缆型号编制方法中，材料特征代号里，聚乙烯绝缘用字母(A)表示。

A. Y　　B. YJ　　C. V　　D. P

724. 控制电缆型号编制方法中，材料特征代号里，交联聚乙烯绝缘用字母(B)表示。

A. Y　　B. YJ　　C. V　　D. P

725. 聚氯乙烯绝缘电缆按用途分类，字母(C)代表固定敷设用电缆。

A. A　　B. G　　C. B　　D. R

726. 聚氯乙烯绝缘电缆按用途分类，字母(D)代表连接用电缆。

A. A　　B. G　　C. B　　D. R

727. 聚氯乙烯绝缘电缆按用途分类，字母(A)代表安装用电缆。

A. A　　B. G　　C. B　　D. R

728. 聚氯乙烯绝缘电缆中，用字母(B)表示其结构为双绞型。

A. J　　B. S　　C. V　　D. P

729. 电导仪取样装置安装时，取样管插入被测管道深度的(D)为宜。

A. 1/6　　B. 1/5　　C. 1/4　　D. 1/3

730. 热工仪表的导管进行弯制式，对于金属管，应不小于其外径的(C)倍。

A. 1　　B. 2　　C. 3　　D. 5

731. 热工仪表油管路与热表面交叉时，必须保持一定的安全距离，一般不小于(D)mm。

A. 50　　B. 80　　C. 100　　D. 150

732. 电导仪取样装置安装时，取样导管不宜太长，其坡度一般不小于(D)。

A. 1∶50　　B. 1∶40　　C. 1∶30　　D. 1∶20

733. 直接浸没在被测溶液中或通过活接头固定在工艺设备上的是(B)电极。

A. 插入式　　B. 浸入式　　C. 流通式　　D. 阀式

734. 外部套管带有螺纹接口或法兰盘，安装时通过螺纹或法兰与工艺设备相连能保证一定的插入深度，这种电极是(A)。

A. 插入式　　B. 浸入式　　C. 流通式　　D. 阀式

735. 通过法兰或螺纹与工艺管道相连，被测介质由下部进入，通过电极后再由上部侧向流出，这种电极是(C)。

A. 插入式　　B. 浸入式　　C. 流通式　　D. 阀式

736. 由闸阀、填料和连接件组成的，可以在生产不停止和介质不排放的情况下可以取出电极进行清洗、检查和更换，这类电极是(D)。

A. 插入式　　B. 浸入式　　C. 流通式　　D. 阀式

737. 工业电导率仪由(C)部分组成。

A. 1　　B. 2　　C. 3　　D. 4

738. 在工业电导率仪中，直接与被测溶液直接接触，将溶液的浓度变化转变为电导或电阻的变化的部件是(A)。

A. 电导池　　B. 反应池　　C. 转换器　　D. 变送器

739. 在工业电导率仪中，将电导或电阻的变化转换成直流电压或电流信号的部分是(C)。

A. 信号发生器　　B. 变送器　　C. 转换器　　D. 电导池

740. 在工业电导率仪中，用来显示被测参数数值的是(B)。

A. 转换器　　B. 信号显示器　　C. 变送器　　D. 信号发生器

741. 电导电极基本结构形式有(C)种。
A. 1　B. 2　C. 3　D. 4

742. 由几何形状和尺寸完全相同的两块平行极板所组成的是(D)。
A. 平行轴电极　B. 多层平板电极　C. 同轴电极　D. 平板电极

743. 由圆筒形内电极和圆筒形外电极组成的是(B)。
A. 平板电极　B. 同轴电极　C. 平行轴电极　D. 三环电极

744. 由两根几何尺寸相同，平行安装的细长圆柱体所组成的是(C)。
A. 平板电极　B. 同轴电极　C. 平行轴电极　D. 三环电极

745. 根据电导率仪结构形式可分为(B)类。
A. 1　B. 2　C. 3　D. 4

746. 直接与溶液相接触测量溶液电导的是(D)电导率仪。
A. 电磁感应式　B. 电感应式　C. 磁感应式　D. 电极式

747. 适用于低电导率，非腐蚀性洁净介质的测量是(A)电导率仪。
A. 电极式　B. 电感应式　C. 磁感应式　D. 电磁感应式

748. 适用于高电导率，腐蚀性，脏污介质测量的是(D)电导率仪。
A. 电极式　B. 电感应式　C. 磁感应式　D. 电磁感应式

四、技能操作鉴定要素细目表

<table>
<tr><th colspan="6">鉴定范围</th><th colspan="2">鉴定点</th></tr>
<tr><th colspan="2">一级</th><th colspan="2">二级</th><th colspan="2">三级</th><th rowspan="2">代码</th><th rowspan="2">名称</th></tr>
<tr><th>代码</th><th>名称</th><th>代码</th><th>名称</th><th>代码</th><th>名称</th></tr>
<tr><td rowspan="16">A</td><td rowspan="16">技能要求</td><td rowspan="8">A</td><td rowspan="8">测量与绘识</td><td rowspan="4">A</td><td rowspan="4">测量</td><td>001</td><td>死堵垫片尺寸的测量</td></tr>
<tr><td>002</td><td>仪表接头尺寸的测量</td></tr>
<tr><td>003</td><td>螺栓尺寸的测量</td></tr>
<tr><td>004</td><td>平键尺寸的测量</td></tr>
<tr><td rowspan="4">B</td><td rowspan="4">绘识图</td><td>001</td><td>电厂汽水流程简图的绘制</td></tr>
<tr><td>002</td><td>销杆加工图的绘制</td></tr>
<tr><td>003</td><td>除氧器系统检测控制图的读识</td></tr>
<tr><td>004</td><td>热工信号原理图的读识</td></tr>
<tr><td rowspan="4">B</td><td rowspan="4">校验调整</td><td rowspan="4">A</td><td rowspan="4">校验仪表</td><td>001</td><td>弹簧管压力表的校验</td></tr>
<tr><td>002</td><td>数显表的校验</td></tr>
<tr><td>003</td><td>继电器的校验</td></tr>
<tr><td>004</td><td>压力变送器的校验</td></tr>
<tr><td rowspan="4">C</td><td rowspan="4">维护更换安装</td><td rowspan="4">A</td><td rowspan="4">维护设备</td><td>001</td><td>K、E 型热电偶极性的判断</td></tr>
<tr><td>002</td><td>测量变送器直流电压和直流电流</td></tr>
<tr><td>003</td><td>二极管特性的判断</td></tr>
<tr><td>004</td><td>液位变送器冷凝罐灌水</td></tr>
</table>

续表

鉴定范围						鉴定点	
一级		二级		三级			
代码	名称	代码	名称	代码	名称	代码	名称
				B	更换设备	001	工控机显示器的更换
						002	弹簧管压力表的更换
						003	压力变送器垫片的更换
				C	安装设备	001	自动空气开关的安装
						002	导电度表的安装
						003	电缆穿管及电缆头制作

五、技能操作试题

试题1：死堵垫片尺寸测量(实际操作)

（考核时间：15min）

序号	考核内容	考核要点	配分	评分标准	检测结果	扣分	得分	备注
1	准备工作	穿戴劳保用品	3	穿戴不规范扣3分				
		准备工具、用具	2	未准备扣2分，少选一件扣1分				
		检查游标卡尺	5	未检查扣5分				
2	测量	判断游标卡尺分辨率	4	判断错误扣4分				
		测量垫片外径	20	未测量或测量方法错误扣20分；四个方向各测量一次，少一次扣5分				
		测量垫片厚度	20	未测量或测量方法错误扣20分；测量四个方向厚度，少一次扣5分				
		读数据	24	读数据错误一次扣3分				
		使用测量工具	6	卡尺使用方法错误扣6分				
3	计算数据	计算外径	6	未计算或计算错误扣6分				
		计算厚度	6	未计算或计算错误扣6分				
4	填写数据	填写数据	4	填写数据错误扣4分				
5	清理现场	清理现场		未清理现场从总分中扣2分			—	
6	其他	字迹清晰		字迹不清晰从总分中扣2分			—	
		在规定时间内完成		超时停止操作			—	
		合计	100					

试题2：仪表接头尺寸测量(实际操作)

（考核时间：15min）

序号	考核内容	考核要点	配分	评分标准	检测结果	扣分	得分	备注
1	准备工作	穿戴劳保用品	3	穿戴不规范扣3分				
		准备工具、用具	2	未准备扣2分，少选一件扣1分				
		检查游标卡尺	4	未检查扣4分				
2	测量	判断游标卡尺分辨率	3	判断错误扣3分				
		测量接头外径	12	未测量或测量方法错误扣12分；四个方向各测量一次，少一次扣3分				
		测量接头内径	12	未测量或测量方法错误扣12分；四个方向各测量一次，少一次扣3分				
		测量接头长度	4	未测量或测量方法错误扣4分；测量两个方向长度，少一次扣2分				
		测量接头前端外径	12	未测量或测量方法错误扣12分；测量四个方向厚度，少一次扣3分				
		测量接头前端厚度	12	未测量或测量方法错误扣12分；测量四个方向厚度，少一次扣3分				
		读数据	14	读数据错误一次扣1分				
		使用测量工具	3	使用方法错误扣3分				
3	计算数据	计算外径	4	未计算或计算错误扣4分				
		计算内径	4	未计算或计算错误扣4分				
		计算长度	4	未计算或计算错误扣4分				
		计算厚度	4	未计算或计算错误扣4分				
4	填写数据	数据正确	3	数据错误扣3分				
5	清理现场	清理现场		未清理现场从总分中扣2分			—	
6	其他	字迹清晰		字迹不清晰从总分中扣2分			—	
		在规定时间内完成		超时停止操作			—	
		合　　计	100					

试题3：螺栓尺寸的测量(实际操作)

(考核时间：20min)

序号	考核内容	考核要点	配分	评分标准	检测结果	扣分	得分	备注
1	准备工作	穿戴劳保用品	3	穿戴不规范扣3分				
		准备工具、用具	2	未准备扣2分，少选一件扣1分				
		检查螺纹规	3	未检查扣3分				
		检查游标卡尺	4	未检查扣4分				
2	测量	判断游标卡尺分辨率	4	判断错误扣4分				
		测量螺栓外径(d)	12	未测量或测量方法错误扣12分；四个方向各测量一次，少一次扣3分				
		测量螺杆长度(l)	8	未测量或测量方法错误扣8分；测量两个方向长度，少一次扣4分				
		测量螺纹长度(b)	8	未测量或测量方法错误扣8分；测量两个方向长度，少一次扣4分				
		测量螺帽厚度(k)	6	未测量或测量方法错误扣6分；测量两个方向长度，少一次扣3分				
		测量螺纹	5	未测量或测量错误扣5分				
		判断螺纹旋向	5	未判断或判断错误扣5分				
		判断螺纹数据	5	未判断或判断错误扣5分				
		读数据	10	读数据错误一次扣1分				
		使用测量工具	6	使用方法错误一次扣2分				
3	计算数据	计算外径	5	未计算或计算错误扣5分				
		计算螺杆长度	5	未计算或计算错误扣5分				
		计算螺纹长度	5	未计算或计算错误扣5分				
4	填写数据	数据正确	4	填写数据错误扣4分				
5	清理现场	清理现场		未清理现场从总分中扣2分			—	
6	其他	字迹清晰		字迹不清晰从总分中扣2分			—	
		在规定时间内完成操作		超时停止操作			—	
		合　计	100					

试题4：平键尺寸的测量(实际操作)

(考核时间：15min)

序号	考核内容	考核要点	配分	评分标准	检测结果	扣分	得分	备注
1	准备工作	穿戴劳保用品	3	穿戴不规范扣3分				
		准备工具、用具	2	未准备扣2分，少一件扣1分				
		检查游标卡尺	4	未检查扣4分				
2	测量	判断游标卡尺分辨率	3	判断错误扣3分				
		测量平键键宽(b)	10	未测量或测量方法错误扣10分；每侧各测量一次，少一次扣5分				
		测量平键厚度(h)	10	未测量或测量方法错误扣10分；两侧各测量一次，少一次扣5分				
		测量平键长度(L)	10	未测量或测量方法错误扣10分；测量两次，少一次扣5分				
		读数据	18	读数据错误一次扣3分				
		使用测量工具	12	使用方法错误一次扣4分				
3	计算数据	计算平键键宽	6	未计算或计算错误扣6分				
		计算平键厚度	6	未计算或计算错误扣6分				
		计算平键长度	6	未计算或计算错误扣6分				
4	填写数据	数据正确	5	填写数据错误扣5分				
		标记正确	5	标记错误扣5分				
5	清理现场	清理现场		未清理现场从总分中扣2分			—	
6	其他	字迹清晰		字迹不清晰从总分中扣2分			—	
		在规定时间内完成		每超时1min总分扣5分，超时3min停止操作			—	
		合　计	100					

试题5：电厂汽水流程简图的绘制(技能笔试)

(考核时间：20min)

序号	考核内容	考核要点	配分	评分标准	检测结果	扣分	得分	备注
1	准备工作	准备工具、用具	4	未准备扣4分，少一件扣1分				

续表

序号	考核内容	考核要点	配分	评分标准	检测结果	扣分	得分	备注
2	绘图	绘制汽机高压缸	4	未绘制扣4分				
		绘制汽机中压缸	4	未绘制扣4分				
		绘制汽机低压缸	4	未绘制扣4分				
		绘制发电机	4	未绘制扣4分				
		绘制凝汽器	4	未绘制扣4分				
		绘制凝结水泵	4	未绘制扣4分				
		绘制低压加热器	4	未绘制扣4分				
		绘制除氧器	4	未绘制扣4分				
		绘制给水泵	4	未绘制扣4分				
		绘制高压加热器	4	未绘制扣4分				
		绘制省煤器	4	未绘制扣4分				
		绘制汽包	4	未绘制扣4分				
		绘制锅炉	4	未绘制扣4分				
		绘制过热器	2	未绘制扣2分				
		绘制再热器	2	未绘制扣2分				
		描述设备名称	15	设备名称描述错误一处扣1分				
3	绘制流程	绘制流程方向	13	流程方向错误一处扣1分				
		绘制高压缸抽汽至高加	4	未绘制扣4分				
		绘制中压缸抽汽至除氧器	4	未绘制扣4分				
		绘制低压缸抽汽至低加	4	未绘制扣4分				
4	绘制整洁度	绘制的线条清晰		线条不清晰总分中扣2分				—
		绘制的画面整洁		画面不整洁总分中扣2分				—
5	清理现场	清理现场		未清理现场从总分中扣2分				—
6	其他	在规定时间内完成		超时停止笔试				—
		合　计	100					

试题6：销杆加工图的绘制（技能笔试）

（考核时间：20min）

序号	考核内容	考核要点	配分	评分标准	检测结果	扣分	得分	备注
1	准备工作	准备工具、用具	4	未准备扣4分，少一件扣1分				
		检查游标卡尺	4	未检查扣4分				

续表

序号	考核内容	考核要点	配分	评分标准	检测结果	扣分	得分	备注
2	绘图	按比例绘制主视图	5	未按比例绘制扣5分				
		绘制主视图中心线	6	未画或画错中心线扣6分				
		主视图位置应符合标准	5	主视图的位置错误扣5分				
		主视图能反映零件的基本形状	5	主视图不能反映零件的基本形状扣5分				
		主视图可见轮廓线完整	5	可见轮廓线不完整扣5分,				
		按比例绘制左视图	5	未按比例画扣5分				
		绘制左视图中心线	6	未画或画错中心线扣6分				
		左视图位置符合标准	5	左视图位置错误扣5分				
		左视图能基本反映零件的形状	5	左视图未能基本反映零件的形状扣5分				
		左视图可见轮廓线完整	5	轮廓线不完整扣5分				
		尺寸线和尺寸界线清晰完整	5	尺寸线和尺寸界线画错一处扣1分				
3	标注尺寸	标出销杆长度尺寸	5	未标或标注错误扣5分				
		标出销杆外径尺寸	5	未标或标注错误扣5分				
		标出销杆内径尺寸	5	未标或标注错误扣5分				
		标出销杆的头部厚度尺寸	5	未标或标注错误扣5分				
		标出销杆内销孔尺寸	5	未标或标注错误扣5分				
4	标准粗糙度	标出粗糙度(2处)	4	未标扣4分，少标一处扣2分				
5	填写标题栏	标题栏主要内容(名称、材料、比例)	6	标题栏主要内容少填一项扣2分				
6	清理现场	清理现场		未清理现场从总分中扣2分			—	
7	其他	图面整洁		图面不整洁从总分中扣2分			—	
		在规定时间内完成		超时停止笔试			—	
合　计			100					

试题7：除氧器系统检测控制图的读识(技能笔试)

（考核时间：15min）

序号	考核内容	考核要点	配分	评分标准	检测结果	扣分	得分	备注
1	准备工作	准备工具、用具	1	未准备扣1分				

续表

序号	考核内容	考核要点	配分	评分标准	检测结果	扣分	得分	备注
2	识图	能识别截止阀符号	5	未识别或识别错误扣5分				
		能识别气动薄膜调节阀符号	5	未识别或识别错误扣5分				
		能识别电动门符号	6	未识别或识别错误扣6分				
		能识别压力变送器符号	6	未识别或识别错误扣6分				
		能识水位变送器符号	6	未识别或识别错误扣6分				
		能识别 DCS 系统数据采集符号	6	未识别或识别错误扣6分				
		能识别 DCS 系统顺序控制符号	6	未识别或识别错误扣6分				
		能识别 DCS 系统闭环控制符号	6	未识别或识别错误扣6分				
		能识别单向阀符号	6	未识别或识别错误扣6分				
		能识别就地压力指示表符号	6	未识别或识别错误扣6分				
		能识别盘装压力指示表符号	5	未识别或识别错误扣5分				
		能识别单支热电阻符号	5	未识别或识别错误扣5分				
		能识别双支热电阻符号	5	未识别或识别错误扣5分				
		能识别单支热电偶符号	5	未识别或识别错误扣5分				
		能识别双支热电偶符号	5	未识别或识别错误扣5分				
		能依图说出系统汽流程	6	未叙述流程扣6分，错误一处扣2分				
		能依图说出系统水流程	6	未叙述流程扣6分，错误一处扣2分				
3	阐述步序	流程描述清晰	4	条理不清晰扣4分				
4	其他	在规定时间内完成		超时停止笔试			—	
		合　计	100					

试题8：热工信号原理图的读识（技能笔试）

（考核时间：15min）

序号	考核内容	考核要点	配分	评分标准	检测结果	扣分	得分	备注
1	准备工作	准备工具、用具	1	未准备扣1分				

续表

序号	考核内容	考核要点	配分	评分标准	检测结果	扣分	得分	备注
2	分析信号回路及状态	说明电源部分	9	未说明该项扣9分				
		说明输入部分	10	未说明该项扣10分，错误一处扣2分				
		说明输入信号的状态	10	未说明该项扣10分，错误一处扣2分				
		说明输入通道数量	10	未说明该项扣10分，错误一处扣2分				
		说明输出部分	10	未说明该项扣10分，错误一处扣5分				
		说明输出状态	10	未说明该项扣10分，错误一处扣5分				
3	分析试验回路	说明信号试验回路	10	未说明该项扣10分，错误一处扣5分				
		说明声光报警回路	10	未说明该项扣10分，错误一处扣5分				
		说明确认回路	10	未说明该项扣10分，错误一处扣5分				
		说明试验方法	10	描述错误扣10分				
4	清理场地	收拾工具		工具少收一件从总分中扣2分			—	
		清理现场		未清理现场从总分中扣5分			—	
5	安全及其他	按国家或企业有关安全规定执行操作		违规一次从总分中扣5分；严重违规停止操作			—	
		在规定时间内完成		超时停止笔试			—	
		合　计	100					

试题9：弹簧管压力表的校验（实际操作）

（考核时间：25min）

序号	考核内容	考核要点	配分	评分标准	检测结果	扣分	得分	备注
1	准备工作	穿戴劳保用品	3	穿戴不规范扣3分				
		准备工具、用具	6	未准备扣6分，少选一件扣1分				
		选取标准压力表	4	选取错误扣4分				
		检查标准压力表	8	未检查扣8分，少一项扣4分				
		检查被校验表	4	未检查扣4分，少一项扣2分				

续表

序号	考核内容	考核要点	配分	评分标准	检测结果	扣分	得分	备注
2	安装	安装位置正确	6	安装位置错误扣6分				
		接头无泄漏	6	出现泄漏一次扣3分				
3	校验	选择检定点	5	选择检定点错误扣5分，错误一点扣1分				
		检查校验前示值	5	未进行该项扣5分				
		仪表调整	5	未进行该项扣5分				
		上行程校验	10	未进行该项扣10分，少一点扣2分				
		下行程校验	10	未进行该项扣10分，少一点扣2分				
		轻敲读数	10	少一点扣1分				
		判断示值误差	5	判断错误扣5分				
4	处理数据	修约	5	修约错误扣5分				
		填写校验记录	8	未填写校验记录扣8分，少填写或错填一项扣1分				
5	清理现场	使用工具		工具使用错误一次从总分中扣2分			—	
		清理现场		未清理从总分中扣5分			—	
6	安全及其他	按国家或企业有关安全规定执行操作		违规一次从总分中扣5分；严重违规停止操作			—	
		在规定时间内完成		超时停止操作			—	
		合　计	100					

试题10：数显表的校验（实际操作）

（考核时间：25min）

序号	考核内容	考核要点	配分	评分标准	检测结果	扣分	得分	备注
1	准备工作	穿戴劳保用品	3	穿戴不规范扣3分				
		工具、用具准备	5	未准备扣5分，少一件扣1分				
2	校验前检查	检查电阻箱	8	未检查扣8分，少一项扣4分				
		检查被校验表外观完好，无破损	4	未检查扣4分				

续表

序号	考核内容	考核要点	配分	评分标准	检测结果	扣分	得分	备注
3	校验	连接线路	10	未连接扣10分，接线错误一处扣5分				
		检查校验前示值	5	未进行该项扣5分				
		选取校验点	15	未选择检定点扣15分，选错一点扣3分				
		上行程校验	10	未进行上行程校验扣10分，少校验一点扣2分				
		下行程校验	10	未进行下行程校验扣10分，少校验一点扣2分				
		判断示值误差	10	判断错误扣10分				
4	处理数据	修约	10	修约错误扣10分				
		填写校验记录	10	未填写记录扣10分，少填写或错填一项扣2分				
5	清理现场	使用工具		工具使用错误一次从总分中扣2分			—	
		清理现场		未清理从总分中扣5分			—	
6	安全及其他	按国家或企业有关安全规定执行操作		违规一次从总分中扣5分；严重违规停止操作			—	
		在规定时间内完成		超时停止操作			—	
合计			100					

试题11：继电器的校验（实际操作）

（考核时间：25min）

序号	考核内容	考核要点	配分	评分标准	检测结果	扣分	得分	备注
1	准备工作	穿戴劳保用品	3	穿戴不规范扣3分				
		工具、用具准备	4	未准备扣4分，少一件扣1分				
		检查万用表	4	未检查扣4分				
2	检查设备	检查继电器	4	未检查继电器相关参数扣4分				
		检查继电保护校验仪	4	未检查扣4分				
		电源电压的检查	4	未检查扣4分				

续表

序号	考核内容	考核要点	配分	评分标准	检测结果	扣分	得分	备注
3	校验	连接线路	8	连接错误扣8分				
		校验仪装置通电	5	未通电扣5分				
		输出电压选择	5	选择错误扣5分				
		升压校验	10	未进行此项扣10分				
		降压校验	10	未进行此项扣10分				
		继电器接点电阻的检查	8	未检查扣8分，缺少一项扣2分				
		检查继电器动作及释放后接点状态	8	未检查扣8分，缺少一项扣4分				
		判断校验参数	8	未进行此项扣8分，错一项扣4分				
		拆除线路	5	未断电拆线扣5分				
4	填写记录	填写校验记录	10	未填写校验记录扣10分，少填写或错填一项扣1分				
5	清理现场	使用工具		工具使用错误一次从总分中扣2分			—	
		清理现场		未清理从总分中扣5分			—	
6	安全及其他	按国家或企业有关安全规定执行操作		违规一次从总分中扣5分；严重违规停止操作			—	
		在规定时间内完成		超时停止操作			—	
		合　计	100					

试题12：压力变送器的校验（实际操作）

（考核时间：20min）

序号	考核内容	考核要点	配分	评分标准	检测结果	扣分	得分	备注
1	准备工作	穿戴劳保用品	3	穿戴不规范扣3分				
		准备工具、用具	5	未准备扣5分，少一件扣1分				
		检查标准表	4	未检查扣4分				
		检查被校表	4	未检查扣4分				
2	安装	接头无泄漏	4	出现泄漏一次扣2分				
		接线	3	接线错误扣3分				

续表

序号	考核内容	考核要点	配分	评分标准	检测结果	扣分	得分	备注
3	校验	选择检定点	5	选择检定点错误扣5分，错误一点扣1分				
		检查校验前示值	5	未进行该项扣5分				
		零点调整	10	未进行该项扣10分，调整超差一次扣5分				
		量程调整	10	未进行该项扣10分，调整超差一次扣5分				
		线性调整	10	未进行该项扣10分，调整超差一次扣5分				
		上行程校验	10	未进行该项扣10分，少一点扣2分				
		下行程校验	10	未进行该项扣10分，少一点扣2分				
		判断示值误差	5	判断错误扣5分				
4	处理数据	修约	4	修约错误扣4分				
		填写校验记录	8	未填写校验记录扣8分，少填写或错填一项扣1分				
5	清理现场	使用工具		工具使用错误一次从总分中扣2分			—	
		清理现场		未清理现场从总分中扣5分			—	
6	安全及其他	按国家或企业有关安全规定执行操作		违规一次从总分中扣5分；严重违规停止操作			—	
		在规定时间内完成操作		超时停止操作			—	
		合　计	100					

试题13：K、E型热电偶极性判断(实际操作)

（考核时间：15min）

序号	考核内容	考核要点	配分	评分标准	检测结果	扣分	得分	备注
1	准备工作	穿戴劳保用品	3	穿戴不规范扣3分				
		工具、用具准备	3	未准备扣3分，缺一件扣1分				
		检查用具	8	未检查扣8分，少检查一项扣4分				
2	测量室温	用玻璃杆温度计进行室温测量	5	测量结果错误扣5分				

续表

序号	考核内容	考核要点	配分	评分标准	检测结果	扣分	得分	备注
3	判断分度号	使用分度表	5	使用错误扣5分				
		判断K热电偶的分度	10	判断错误扣10分				
		判断E热电偶的分度	10	判断错误扣10分				
4	判断热电偶正负极	使用用具	8	使用错误一次扣2分				
		测量热电偶电极	8	测量错误一次扣2分				
		判断K型热电偶正极	10	判断错误扣10分				
		判断K型热电偶负极	10	判断错误扣10分				
		判断E型热电偶正极	10	判断错误扣10分				
		判断E型热电偶负极	10	判断错误扣10分				
5	清理现场	清理现场		未清理从总分中扣5分			—	
6	其他	在规定时间内完成		超时停止操作			—	
	合　计		100					

试题14：变送器直流电压和直流电流的测量(实际操作)

（考核时间：15min）

序号	考核内容	考核要点	配分	评分标准	检测结果	扣分	得分	备注
1	准备工作	穿戴劳保用品	3	穿戴不规范扣3分				
		工具、用具准备	4	工具选择错误扣4分，缺一件扣1分				
		检查万用表	2	未检查扣2分，少一项扣1分				
		检查表笔	2	未检查扣2分				
2	接线	变送器接线	4	接线错误扣4分				
		变送器通电	4	未通电扣4分				
3	测量直流电压	选择表笔插孔	8	表笔插错扣8分				
		选择表笔极性	8	选择错误扣8分				
		选择万用表挡位	8	选择错误扣8分				
		万用表接入回路	10	连接方式错误扣10分，红黑表笔方向接反扣3分				
		读数	4	读数错误扣4分				

续表

序号	考核内容	考核要点	配分	评分标准	检测结果	扣分	得分	备注
4	测量直流电流	选择表笔插孔	8	表笔插错扣8分				
		选择表笔极性	8	选择错误扣8分				
		选择万用表挡位	8	选择错误扣8分				
		万用表接入回路	10	连接方式错误扣10分，红黑表笔方向接反扣3分				
		读数	3	读数错误扣3分				
5	停电	回路停电	3	未停电扣3分				
		关闭万用表电源	3	未关闭电源扣3分				
6	清理现场	收拾工具		少收一件从总分中扣2分			—	
		清理现场		未清理现场从总分中扣5分			—	
7	安全及其他	按国家或企业有关安全规定执行操作		违规一次从总分中扣5分；严重违规停止操作			—	
		在规定时间内完成		超时停止操作			—	
	合　计		100					

试题15：二极管特性的判断（实际操作）

（考核时间：10min）

序号	考核内容	考核要点	配分	评分标准	检测结果	扣分	得分	备注
1	准备工作	穿戴劳保用品	3	穿戴不规范扣3分				
		检查万用表	6	未检查扣6分，少一项扣3分				
2	测量	选择表笔插孔	9	表笔插错扣9分				
		选择表笔极性	9	选择错误扣9分				
		选择万用表挡位	9	选择错误扣9分				
		测正向电阻	16	表笔错接一次扣2分				
		测反向电阻	16	表笔错接一次扣2分				
		禁止手接触表笔金属部分或二极管管脚	12	接触一次扣3分				
3	判断	判断二极管好坏	20	判断错误一次扣5分				
4	清理现场	收拾工具		少收工具一件从总分中扣2分			—	
		清理现场		未清理现场从总分中扣5分			—	
5	其他	在规定时间内完成		超时停止操作			—	
	合　计		100					

试题16：液位变送器冷凝罐灌水（实际操作）

（考核时间：20min）

序号	考核内容	考核要点	配分	评分标准	检测结果	扣分	得分	备注
1	准备工作	穿戴劳保用品	3	穿戴不规范扣3分				
		工具、用具准备	3	未准备扣3分，少选一件扣1分				
		开工作票	5	未开工作票扣5分				
		检查垫片	4	未检查扣4分				
2	灌水	通知运行人员，关闭一次门	3	未通知关闭扣3分				
		关闭二次门	6	未关闭扣6分				
		开排污门	8	未打开扣8分，未检查压力未泄净扣8分				
		关闭排污门	6	未做此项扣6分				
		连接导水管	5	未做此项扣5分				
		打开丝堵	8	未做此项扣8分				
		利用漏斗灌水	8	方法错误扣8分				
		灌水时轻敲管路	10	未轻敲管路扣10分				
		冷凝罐水溢出	6	未灌满扣6分				
		拧紧丝堵密封	10	未拧紧丝堵扣10分，未加装垫片扣5分				
3	投入运行	投入仪表	5	未投入扣5分				
		检查泄漏	5	未检查扣5分				
		封工作票	5	未封工作票扣5分				
4	清理现场	收拾工具		少收工具一件从总分中扣2分				
		清理现场		未清理现场从总分中扣5分				
5	安全及其他	按国家或企业有关安全规定执行操作		违规一次从总分中扣5分；严重违规停止操作			—	
		在规定时间内完成		超时停止操作			—	
	合计		100					

试题17：工控机显示器的更换（实际操作）

（考核时间：20min）

序号	考核内容	考核要点	配分	评分标准	检测结果	扣分	得分	备注
1	准备工作	穿戴劳保用品	3	穿戴不规范扣3分				
		工具、用具准备	2	未准备扣2分，少一件扣1分				
		开工作票	4	未开工作票扣4分				

续表

序号	考核内容	考核要点	配分	评分标准	检测结果	扣分	得分	备注
2	拆卸显示器	关闭主机电源	8	未关闭电源扣8分				
		关闭显示器	8	未关闭扣8分				
		总电源停电	8	未停电扣8分				
		拆卸连线	4	未拆线扣4分				
3	更换显示器	显示器信号线接口检查	4	未做此项扣4分				
		显示器接线	4	未接或接错连线扣4分				
		紧固连线的螺丝	5	未紧固扣5分				
		总电源送电	8	未送电扣8分				
		显示器送电	8	未送电扣8分				
		开启主机电源	8	未开启电源扣8分				
		关闭硬盘小门并锁死	8	未锁死扣8分				
4	检查性能	检查显示功能	4	未检查显示器显示状态扣4分				
		调整显示窗口	6	未调整或调整不当扣6分				
5	投运准备	投入运行工控机	4	未投入扣4分				
		封工作票	4	未封工作票扣4分				
6	清理现场	收拾工具		少收工具一件从总分中扣2分			—	
		清理现场		未清理现场从总分中扣5分			—	
7	安全及其他	按国家或企业有关安全规定执行操作		违规一次从总分中扣5分；严重违规停止操作			—	
		在规定时间内完成		超时停止操作			—	
	合计		100					

试题18：弹簧管压力表更换(实际操作)

(考核时间：20min)

序号	考核内容	考核要点	配分	评分标准	检测结果	扣分	得分	备注
1	准备工作	穿戴劳保用品	3	穿戴不规范扣3分				
		工具、用具准备	2	未准备扣2分，缺一件扣1分				
		开工作票	5	未开工作票扣5分				
		检查压力表	5	未检查压力表扣5分，少一项扣1分				
2	拆卸压力表	通知运行人员关闭一次门	5	未通知关闭扣5分				
		关闭二次门	8	未关闭扣8分				
		确认泄压	8	未确认扣8分				

续表

序号	考核内容	考核要点	配分	评分标准	检测结果	扣分	得分	备注
3	安装压力表	检查垫片	6	未检查或选择错误扣6分				
		选择压力表	8	选择错误扣8分				
		安装方向	8	安装方向错误扣8分				
		紧固接头	8	未紧固扣8分				
4	投运压力表	通知运行人员开启一次门	5	未通知开启一次门扣5分				
		开启二次门	8	未开启二次门扣8分				
		检查指示	8	未检查指示扣8分				
		检查接头	8	未检查扣8分，出现泄漏一次扣4分				
		封工作票	5	未封工作票扣5分				
5	清理现场	收拾工具		少收工具一件从总分中扣2分			—	
		清理现场		未清理现场从总分中扣5分			—	
6	安全及其他	按国家或企业有关安全规定执行操作		违规一次从总分中扣5分；严重违规停止操作			—	
		在规定时间内完成		超时停止操作			—	
	合计		100					

试题19：压力变送器垫片的更换（实际操作）

（考核时间：20min）

序号	考核内容	考核要点	配分	评分标准	检测结果	扣分	得分	备注
1	准备工作	穿戴劳保用品	3	穿戴不规范扣3分				
		工具、用具准备	4	未准备扣4分，少一件扣1分				
		开工作票	5	未开工作票扣5分				
		检查垫片	3	未检查垫片扣3分				
2	停运变送器	通知运行人员关闭一次门	7	未通知关闭扣7分				
		关闭二次门	7	未关闭扣7分				
		切断变送器电源	5	未切断电源扣5分				
3	更换垫片	拆卸过程连接块	8	未拆卸扣8分				
		加装垫片	10	未加装垫片扣10分，垫片加偏一次扣5分				
		安装过程连接块	8	未安装或过程连接块松动扣8分				

续表

<table>
<tr><th>序号</th><th>考核内容</th><th>考核要点</th><th>配分</th><th>评分标准</th><th>检测结果</th><th>扣分</th><th>得分</th><th>备注</th></tr>
<tr><td rowspan="6">4</td><td rowspan="6">投运变送器</td><td>通知运行人员开启一次门</td><td>7</td><td>未通知开启扣7分</td><td></td><td></td><td></td><td></td></tr>
<tr><td>开启二次门</td><td>7</td><td>未开启扣7分</td><td></td><td></td><td></td><td></td></tr>
<tr><td>检查接头无泄漏</td><td>10</td><td>未检查扣10分，出现泄漏一次扣5分</td><td></td><td></td><td></td><td></td></tr>
<tr><td>变送器送电</td><td>5</td><td>未送电扣5分</td><td></td><td></td><td></td><td></td></tr>
<tr><td>检查变送器指示</td><td>6</td><td>未检查扣6分</td><td></td><td></td><td></td><td></td></tr>
<tr><td>封工作票</td><td>5</td><td>未封工作票扣5分</td><td></td><td></td><td></td><td></td></tr>
<tr><td rowspan="2">5</td><td rowspan="2">清理现场</td><td>收拾工具</td><td></td><td>少收工具一件从总分中扣2分</td><td></td><td></td><td>—</td><td></td></tr>
<tr><td>清理现场</td><td></td><td>未清理现场从总分中扣5分</td><td></td><td></td><td>—</td><td></td></tr>
<tr><td rowspan="2">6</td><td rowspan="2">安全及其他</td><td>按国家或企业有关安全规定执行操作</td><td></td><td>违规一次从总分中扣5分；严重违规停止操作</td><td></td><td></td><td>—</td><td></td></tr>
<tr><td>在规定时间内完成</td><td></td><td>超时停止操作</td><td></td><td></td><td>—</td><td></td></tr>
<tr><td colspan="3">合　计</td><td>100</td><td></td><td></td><td></td><td></td><td></td></tr>
</table>

试题20：自动空气开关的安装(实际操作)

（考核时间：25min）

<table>
<tr><th>序号</th><th>考核内容</th><th>考核要点</th><th>配分</th><th>评分标准</th><th>检测结果</th><th>扣分</th><th>得分</th><th>备注</th></tr>
<tr><td rowspan="3">1</td><td rowspan="3">准备工作</td><td>穿戴劳保用品</td><td>3</td><td>穿戴不规范扣3分</td><td></td><td></td><td></td><td></td></tr>
<tr><td>工具、用具准备</td><td>5</td><td>未准备扣5分，缺一件扣1分</td><td></td><td></td><td></td><td></td></tr>
<tr><td>检查工具或用具</td><td>2</td><td>未检查扣2分</td><td></td><td></td><td></td><td></td></tr>
<tr><td rowspan="4">2</td><td rowspan="4">检查开关</td><td>自动空气开关参数检查</td><td>5</td><td>未检查参数扣5分</td><td></td><td></td><td></td><td></td></tr>
<tr><td>自动空气开关投、切试验</td><td>10</td><td>未检查扣10分，少试验一项扣5分</td><td></td><td></td><td></td><td></td></tr>
<tr><td>测量自动空气开关断开时的阻值</td><td>10</td><td>未测量扣10分</td><td></td><td></td><td></td><td></td></tr>
<tr><td>测量自动空气开关合闸时的阻值</td><td>10</td><td>未测量扣10分</td><td></td><td></td><td></td><td></td></tr>
<tr><td rowspan="6">3</td><td rowspan="6">安装</td><td>导轨下料</td><td>10</td><td>尺寸超过所给数据±5mm扣10分</td><td></td><td></td><td></td><td></td></tr>
<tr><td>使用手锯</td><td>5</td><td>锯条损坏扣5分</td><td></td><td></td><td></td><td></td></tr>
<tr><td>选择导轨安装位置</td><td>10</td><td>位置不当扣10分</td><td></td><td></td><td></td><td></td></tr>
<tr><td>安装导轨</td><td>10</td><td>未固定或导轨松动扣10分</td><td></td><td></td><td></td><td></td></tr>
<tr><td>导轨方向</td><td>10</td><td>方向不水平扣10分</td><td></td><td></td><td></td><td></td></tr>
<tr><td>安装自动空气开关</td><td>10</td><td>未固定或开关松动扣10分</td><td></td><td></td><td></td><td></td></tr>
</table>

续表

序号	考核内容	考核要点	配分	评分标准	检测结果	扣分	得分	备注
4	清理现场	收拾工具		少收工具一件从总分中扣2分				—
		清理现场		未清理现场从总分中扣5分				—
5	安全及其他	按国家或企业颁发有关安全规定执行操作		每违反一项规定从总分中扣5分；严重违规停止操作				—
		在规定时间内完成		超时停止操作				—
		合　计	100					

试题21：导电度表的安装(模拟操作)

（考核时间：15min）

序号	考核内容	考核要点	配分	评分标准	检测结果	扣分	得分	备注
1	准备工作	穿戴劳保用品	3	穿戴不规范扣3分				
		工具、用具准备	7	工具选择错误扣7分，缺一件扣1分				
2	检查仪表	检查表头	2	未检查扣2分				
		检查电极	2	未检查扣2分				
		检查测量池	2	未检查扣2分				
3	安装仪表	安装测量池	8	未固定或安装松动扣8分				
		安装电极	8	未安装或安装错误扣8分				
		连接进水管	5	未连接紧固扣5分				
		连接排水管	5	未连接紧固扣5分				
		安装表头	5	未固定接头扣5分				
		连接电源线	10	接线错误扣10分，接线不牢固一处扣5分				
		连接输出信号线	10	接线错误扣10分，接线不牢固一处扣5分				
		连接电极信号线	12	接线错误扣10分，接线不牢固一处扣3分				
4	投运仪表	仪表送电	4	未操作此项扣4分				
		开启水样门	4	未操作此项扣4分				
		检查泄漏	4	未检查扣4分，出现漏泄1处扣2分				
		调整水样流速	5	未调整扣5分				
		检查仪表指示	4	未检查扣4分				

续表

序号	考核内容	考核要点	配分	评分标准	检测结果	扣分	得分	备注
5	清理现场	收拾工具		少收工具一件从总分中扣2分			—	
		清理现场		未清理现场总分扣5分			—	
6	安全及其他	按国家或企业有关安全规定执行操作		违规一次从总分中扣5分；严重违规停止操作			—	
		在规定时间内完成		超时停止操作			—	
	合　计		100					

试题22：电缆穿管及电缆头制作（模拟操作）

（考核时间：25min）

序号	考核内容	考核要点	配分	评分标准	检测结果	扣分	得分	备注
1	准备工作	穿戴劳保用品	3	穿戴不规范扣3分				
		工具、用具准备	5	未准备扣5分，少选一件工具扣1分				
2	穿管	穿铁丝	8	铁丝未穿过扣8分				
		绑扎	5	未绑扎牢固扣5分				
		穿电缆	10	未能穿出电缆扣10分，电缆出现破损一处扣2分				
		解开电缆绑扎	5	未解开绑扎扣5分				
3	制作电缆头	扒电缆外皮	10	未扒开电缆外皮扣10分，未切除电缆外皮扣5分				
		切割钢铠	10	未切割钢铠扣10分，切割时伤内部电缆一处扣5分				
		扒除钢铠	10	未扒除钢铠扣10分				
		打磨切口	10	未打磨扣10分，打磨不光滑一处扣5分				
		扒除电缆内充物	7	未扒除扣7分				
		缠塑料带	10	未缠塑料带扣10分，松动扣5分				
		成橄榄形或椭圆形头	7	外形不标准扣7分				
4	清理现场	收拾工具		少收工具一件从总分中扣2分			—	
		清理现场		未清理现场总分中扣5分			—	

续表

序号	考核内容	考核要点	配分	评分标准	检测结果	扣分	得分	备注
5	安全及其他	按国家或企业有关安全规定执行操作		违规一次从总分中扣5分；严重违规停止操作			—	
		在规定时间内完成		超时停止操作			—	
		合　计	100					

第二部分

中级工

一、石油石化职业资格等级标准(中级工工作要求)

职业功能	工作内容	技能要求	相关知识
一、测量与绘识	(一)测量	能测量组合体工件	量具使用注意事项
	(二)绘图	1. 能绘制仪表零件加工图 2. 能绘制热工测量系统的电气原理图、安装接线图	1. 图形的绘制方法与注意事项 2. 热工测量原理与特点
	(三)识图	1. 能读识热工控制电气原理图、安装接线图 2. 能识别热控设备的名称、型号和规格 3. 能读识电动执行机构控制原理图	1. 热工自动装置及调节系统原理 2. 热工仪表的命名规则 3. 电动执行机构工作原理
二、校验调整	(一)校验仪表	1. 能校验温度变送器 2. 能校验配电器 3. 能校验数字式液位计 4. 能校验压力控制器 5. 能选择校验所用的标准仪表、仪器和设备 6. 能使用标准毫伏、毫安信号发生器 7. 能使用标准电流表 8. 能使用标准电阻箱 9. 能使用标准直流电位差计	1. 温度变送器的校验方法与标准 2. 配电器的校验方法 3. 数字式液位计的校验方法 4. 压力控制器的校验方法 5. 热工标准设备的工作原理与特点 6. 标准计量器具的使用方法
	(二)调整设备	1. 能调整配电器的零点 2. 能调整压力控制器的定值 3. 能调整行程开关的位置 4. 能调整温度变送器的示值误差 5. 能调试独立的压力、温度测量系统	1. 配电器的工作原理和结构特点 2. 压力控制器的结构特点 3. 行程开关的工作原理与使用方法 4. 温度变送器的工作原理和性能 5. 火力发电厂模拟量控制系统在线验收测试规程
三、维护更换安装	(一)维护设备	1. 能判断三极管的极性 2. 能启动、停止变送器 3. 能检查变送器参数 4. 能安装计算机操作系统 5. 能检查现场热电偶、热电阻 6. 能停送变频器电源 7. 能投入、解列热工信号系统及简单顺控，保护装置 8. 能操作自动控制系统设备 9. 能投入、停运电位式化学分析仪表	1. 晶体三极管特性 2. 变送器的特性和操作方法 3. 手操器的使用方法 4. 计算机软件使用方法 5. 热电偶、热电阻特性 6. 变频器的基本操作方法 7. 程控保护设备的投入、解列注意事项 8. 自动控制系统设备的基本维护方法 9. 电位式化学分析仪表维护方法
	(二)更换设备	1. 能更换热工信号报警系统设备 2. 能更换行程开关 3. 能更换电缆	1. 热工信号报警设备选择特点 2. 行程开关的类型与原理 3. 电缆敷设注意事项
	(三)安装设备	1. 能安装压力、流量变送器 2. 能安装温度元件 3. 能安装双金属温度计	1. 压力、流量变送器安装方法与标准 2. 温度仪表安装方法与标准

二、理论知识鉴定要素细目表

鉴定范围						鉴定点		
一级		二级		三级		代码	名称	重要程度
代码	名称	代码	名称	代码	名称			
A	基本要求	B	基础知识	A	法律法规知识	001	劳动法关于工作时间和休息休假的规定	Y
						002	消防法总则的有关规定	Z
						003	消防法关于灭火救援的规定	Z
						004	《计量法》对计量检定人员的有关规定	X
						005	《计量法》计量检定的基本特点	X
						006	《计量法》对计量标准的有关规定	Y
				B	电力生产知识	001	火力发电厂的汽水流程	Z
						002	火力发电厂的主要经济指标	Y
						003	火力发电厂的热效率	X
						004	汽轮机的胀差	X
				C	安全质量环保知识	001	保证安全的组织措施	Z
						002	保证安全的技术措施	Y
						003	人身与设备带电部分的安全距离	X
						004	低压带电作业的安全规定	X
						005	触电方式	X
						006	触电急救的方法	X
						007	一般电气安全注意事项	X
						008	高处作业一般注意事项	X
						009	消防安全知识	X
						010	梯子的使用要求	X
						011	人体伤害救助措施	Y
						012	ISO 14001 标准的特点	X
						013	HSE 审核的概念	X
						014	HSE 审核的目的	X
						015	HSE 事故的定义	Y
						016	防冻防凝的要点	X
						017	职业病的概念	X
						018	标准化的意义	X
						019	质量认证的概念	X
						020	全面质量管理的特点	X

续表

鉴定范围						鉴定点		
一级		二级		三级		代码	名称	重要程度
代码	名称	代码	名称	代码	名称			
				D	热工基础知识	001	蒸汽的参数	Y
						002	定容过程	X
						003	定压过程	X
						004	定温过程	X
						005	绝热过程	X
						006	热辐射概念	X
						007	汽化的特点	X
						008	沸腾的概念	X
						009	凝结的概念	X
						010	凝结的形成	Y
						011	过热蒸汽的概念	Y
						012	汽化潜热的概念	X
						013	水热蒸气的特性	X
						014	蒸汽凝结换热特点	X
						015	饱和状态的概念	X
						016	回热循环的系统	X
						017	卡诺循环的特性	X
						018	朗肯循环热力系统的设备	X
						019	朗肯循环的特性	X
						020	朗肯循环的构成	X
						021	朗肯循环热效率	Z
						022	热力循环的过程	X
						023	热力循环的特点	X
						024	热力循环的效率	X
				E	电工、电子学基础知识	001	全电路欧姆定律的内容	X
						002	直流电路的计算方法	X
						003	正弦交流电的解析表示法	X
						004	正弦交流电的图形表示法	X
						005	正弦交流电的向量表示法	X
						006	星、角接线电气参量的关系	Y
						007	三相电路的功率因数计算方法	X
						008	电阻、电感串联电路的特点	X
						009	电阻、电容串联电路的特点	X
						010	电阻、电感、电容串联电路的特点	X

续表

鉴定范围						鉴定点		
一级		二级		三级		代码	名称	重要程度
代码	名称	代码	名称	代码	名称			
						011	单相二极管整流电路的计算	X
						012	三极管的结构特点	X
						013	三极管的特性	X
						014	三极管性能的判别方法	X
						015	三极管主要参数的特点	X
						016	三极管放大电路的基础知识	X
						017	三极管功率放大电路的特点	Y
						018	稳压管的作用	X
				F	工器具的使用与维护方法	001	塞尺的种类	X
						002	游标卡尺的结构	X
						003	千分尺的特点	X
						004	百分表的特点	
						005	电压表的工作原理	X
						006	电流表的工作原理	X
						007	万用表的工作原理	X
						008	兆欧表的工作原理	X
B	相关知识	A	测量与绘识	A	测量	001	计量的特点	Y
						002	计量常用术语	X
						003	测量方法的分类	Z
						004	有效数字	X
						005	误差的计算方法	X
				B	绘图	001	剖视图基本概念	X
						002	剖视图的画法	X
						003	标准件的表达方式	X
						004	螺纹的分类	X
						005	螺纹的表示方法	X
						006	螺纹的基本画法	Z
						007	公差的基本概念	X
				C	识图	001	形位公差的表达方式	X
						002	零件表面粗糙度的表示方法	X
						003	电气原理图例	X
						004	绘制、识读电气控制线路原理原则	X
						005	DKJ 系列电动执行器的工作原理	X

续表

鉴定范围						鉴定点		
一级		二级		三级		代码	名称	重要程度
代码	名称	代码	名称	代码	名称			
		B	校验调整	A	校验仪表	001	标准化热电阻的种类	X
						002	标准化热电偶的种类	X
						003	非标准化热电偶的种类	X
						004	管内流体温度的测量	X
						005	壁面温度的测量	Z
						006	辐射测温基本原理	X
						007	温度变送器的的校准内容	Y
						008	双金属温度计的校准内容	X
						009	常见差压计的特性	X
						010	直流电位差计测量原理	X
						011	电桥的测量特性	X
						012	电子电位差计的特点	X
						013	物位仪表的分类	X
						014	质量流量计的种类	X
						015	霍尔压力传感器原理	X
						016	电感式压力传感器原理	X
						017	活塞式压力计的原理	X
						018	差压变送器的的检定内容	Y
						019	数字式液位计校验方法	X
						020	显示仪表的结构	X
						021	磁电系仪表的工作原理	X
						022	标准电流表使用注意事项	X
						023	回路校验仪的使用方法	X
						024	标准电阻箱的使用方法	X
						025	电子皮带秤工作原理	Z
						026	配电器的校验方法	X
						027	压力控制器的校验方法	X
						028	氧量测量的注意事项	
						029	氧化锆测量工作原理	
				B	调整设备	001	配电器的工作原理	X
						002	物位仪表的分类	X
						003	压力式温度仪表的原理	Z
						004	压力式温度仪表的特性	X
						005	温度变送器的校验方法	X

续表

鉴定范围						鉴定点		
一级		二级		三级		代码	名称	重要程度
代码	名称	代码	名称	代码	名称			
						006	温度变送器的使用特点	Y
						007	电容式物位计的特性	X
						008	核辐射物位计的特点	X
						009	双波纹管差压计的特性	X
						010	1151 系列电容式压力变送器的特性	Y
						011	容积式流量计的特性	Y
						012	转子流量计的特性	X
						013	玻璃液位计的特性	X
						014	电极式液位计的特性	X
						015	静压式液位计的特性	X
						016	压力控制器的结构	X
						017	压力控制器的特点	Y
						018	调节器参数整定的步骤	X
						019	SIPOS 系列电动执行器的调整方法	X
						020	调节系统的性能	Y
						021	调节系统一阶惯性环节的特性	Z
						022	自动调节系统的静差	X
						023	间接式火焰检测器的特点	X
						024	电涡流传感器的测量方法	X
						025	电涡流传感器的结构形式	X
						026	电涡流传感器的主要性能	X
						027	电涡流传感器的标定	Y
						028	汽轮机振动的特性	X
						029	机械式行程开关的特点	X
						030	接近式行程开关的特点	X
		C	维护更换安装	A	维护设备	001	热电偶的冷端补偿方法	X
						002	热电偶的补偿性能	X
						003	热敏电阻的特性	X
						004	动圈式仪表的测量线路	X
						005	阀门的分类方法	X
						006	阀门的表示方法	X
						007	调节系统的质量指标	X
						008	比例调节的特性	X
						009	浮筒式液位计的原理	Y

续表

鉴定范围						鉴定点		
一级		二级		三级		代码	名称	重要程度
代码	名称	代码	名称	代码	名称			
						010	浮筒式液位计的特点	X
						011	ICS 系列电子皮带秤的技术要求	X
						012	积分调节的特性	Y
						013	微分调节的特性	X
						014	串级调节系统的调节规律	X
						015	导前微分控制系统的调节规律	X
						016	前馈控制系统的调节规律	X
						017	DCS 系统安装的注意事项	X
						018	DCS 系统的功能	X
						019	DCS 系统基本控制器的结构	Z
						020	上海新华系列 DEH 系统 DPU 的特性	Y
						021	上海新华系列 DEH 系统的组态软件	X
						022	变频器的起动设定方法	X
						023	程控保护装置投入解列的注意事项	X
						024	低真空保护的特点	X
						025	低油压保护的特点	X
						026	转速保护的应用特点	X
						027	轴向位移保护的应用特点	X
						028	数制转换	X
						029	计算机的数据单位	X
						030	计算机中央处理器	X
						031	计算机存储器	X
						032	操作系统的定义	X
						033	操作系统常用术语	X
						034	Windows2000 系统特点	X
						035	Windows2000 基本使用方法	X
						036	Windows2000 系统的安装方法	Y
						037	电子邮件的应用	X
						038	Word2000 基本使用方法	X
						039	Excel2000 基本使用方法	X
						040	PowerPoint2000 基本使用	Y
						041	离子选择性电极	X
						042	离子选择性电极分类	X
						043	离子选择性电极的性能	X

续表

鉴定范围						鉴定点		
一级		二级		三级		代码	名称	重要程度
代码	名称	代码	名称	代码	名称			
						044	参比电极	X
						045	电位式分析方法	X
						046	工业 pH 计	X
						047	工业 pH 计使用方法	Y
						048	工业 pH 计使用注意事项	X
						049	工业 pNa 计测量特点	X
						050	工业 pNa 计使用注意事项	X
						051	手操器的使用方法	Y
				B	更换设备	001	开关量的特性	X
						002	压力开关的类型	X
						003	压力开关参数的选择	X
						004	差压开关参数的选择	X
						005	液位开关的特点	X
						006	行程开关的类型	X
						007	机械式行程开关的工作原理	X
						008	接近式行程开关的工作原理	X
						009	计算机用屏蔽电缆的型号编制方法	Y
						010	电缆的敷设要求	X
						011	电缆保护管的要求	X
						012	信号灯具的选择特点	X
						013	电接点液位开关的特性	X
				C	安装设备	001	压力取样点的选择方法	X
						002	压力取样管路的安装方法	Y
						003	电接点液位开关的安装	X
						004	压力变送器使用的注意事项	X
						005	压力变送器的安装特点	X
						006	差压式变送器安装特点	X
						007	热电阻温度计的特点	X
						008	热电偶的安装方法	X
						009	氧化锆探头的安装方法	X
						010	热电阻的安装方法	X
						011	双金属温度计的安装方法	X

三、理论知识试题

判断题

1. 因工作需要，用人单位节假日安排劳动者工作的，应支付不低于工资百分之三百的工资报酬。 (√)

2. 任何单位、成年公民都有参加有组织的灭火工作的义务。 (√)

3. 计量检定人员伪造检定数据的行为不属于违法行为。 (×)

正确答案： 计量检定人员伪造检定数据的行为属于违法行为。

4. 国家计量检定规程由国务院计量行政部门制定。 (√)

5. 我国电力网的额定频率是100Hz。 (×)

正确答案： 我国电力网的额定频率是50Hz。

6. 对于采用表面式减温器的锅炉，如果表面式减温器的回水通过省煤器再循环管回至汽包，将降低锅炉热效率。 (×)

正确答案： 对于采用表面式减温器的锅炉，如果表面式减温器的回水通过省煤器再循环管回至汽包，可提高锅炉热效率。

7. 汽轮机转子膨胀值小于汽缸膨胀值时，相对膨胀差为正值。 (×)

正确答案： 汽轮机转子膨胀值小于汽缸膨胀值时，相对膨胀差为负值。

8. 各级领导人员都不准发出违反电力规程的命令。工作人员接到违反电力规程的命令，应拒绝执行。 (√)

9. 低压电气设备停电后，只要用试电笔验电时氖泡不亮不一定是无电。 (√)

10. 110kV 设备不停电时的安全距离为1.50m。 (√)

11. 停电更换熔断器后，恢复操作时，应戴手套和护目镜。 (√)

12. 对触电者进行现场救护时，可以注射强心剂。 (×)

正确答案： 对触电者进行现场救护时，禁止注射强心剂。

13. 任何电气设备上的标示牌，除原来放置人员或负责的运行值班人员外，其他任何人不准移动。 (√)

14. 高处作业时，工具可直接上下传递。 (×)

正确答案： 高处作业时，工具上下传递应一律使用工具袋。

15. 防火三级检查制为单位年检查、部门月检查、班组周检查。 (×)

正确答案： 防火三级检查制为单位月检查、部门周检查、班组日检查。

16. 当人在梯子上时可以移动梯子。 (×)

正确答案： 当人在梯子上时不可以移动梯子。

17. ISO 14000 系列环境管理标准是国际标准化组织(ISO)第207技术委员会(ISO/TC 207)组织制订的环境管理体系标准，其标准号从14001到14100，共100个标准号，统称为ISO 14000系列标准。 (√)

18. 建立 HSE 管理体系可减少及预防污染、节约资源和能源。 (√)

19. HSE 审核的目的是检验 HSE 管理体系的持续性。 (×)

正确答案： HSE 审核的目的是检验 HSE 管理体系的有效性和适用性。

20. HSE管理体系规定，公司应建立事故报告、调查和处理管理程序，所制定的管理程序应保证能及时地调查、确认事故(未遂事故)发生的根本原因。 (✓)

21. 在防冻防凝工作中，严禁用高压蒸汽取暖、严防高压蒸汽串入低压系统。 (✓)

22. 职业中毒不属于职业病。 (×)

正确答案：职业中毒属于职业病。

23. 标准化品种控制是指为满足主要需要，对产品、过程或服务的质量做最佳选择。(×)

正确答案：标准化品种控制是指为满足主要需要，对产品、过程或服务的种类做最佳选择。

24. 企业质量体系认证依据的标准是产品标准。 (×)

正确答案：企业质量体系认证依据的标准是质量管理标准。

25. 蒸汽参数较高的发电厂容量不一定大。 (×)

正确答案：蒸汽参数较高的发电厂容量一定大。

26. 定容过程在 $p-v$ 图上是一条垂直于横坐标轴的直线。 (✓)

27. 定压过程中，工质吸收的热量大于焓的增量。 (×)

正确答案：定压过程中，工质吸收的热量等于焓的增量。

28. 定温过程在 $p-v$ 图中是一条直线。 (×)

正确答案：定温过程在 $p-v$ 图中是一条等边双曲线。

29. 绝热过程在 $p-v$ 图中为一条等边双曲线。 (×)

正确答案：绝热过程在 $p-v$ 图中为一条不等边双曲线。

30. 如果物体的吸收率等于1，这种物体称绝对白体。 (×)

正确答案：如果物体的吸收率等于1，这种物体称绝对黑体。

31. 气体凝结时，要放出热量，温度也有所降低。 (×)

正确答案：气体凝结时，要放出热量，但温度不变。

32. 水发生沸腾时吸收热量。 (✓)

33. 凝结是汽化的逆过程。 (✓)

34. 等于对应压力下的饱和温度的蒸汽称为过热蒸汽。 (×)

正确答案：温度高于对应压力的饱和温度的蒸汽称为过热蒸汽。

35. 定压过程是水蒸气由过热蒸汽到饱和蒸汽。 (×)

正确答案：定压过程是水蒸气由饱和蒸汽到过热蒸汽。

36. 蒸汽中含有空气时，空气附在冷却面上，影响主蒸汽的通过造成很大热阻，使蒸汽凝结放热显著增强。 (×)

正确答案：蒸汽中含有空气时，空气附在冷却面上，影响主蒸汽的通过造成很大热阻，使蒸汽凝结放热显著减弱。

37. 饱和状态下的蒸汽称为过热蒸汽。 (×)

正确答案：饱和状态下的蒸汽称为饱和蒸汽。

38. 回热循环与朗肯循环基本原理是不同的。 (×)

正确答案：回热循环与朗肯循环基本原理是一样的。

39. 绝热膨胀过程是卡诺循环的组成部分。 (✓)

40. 郎肯循环中乏汽在凝汽器中的过程是绝热膨胀过程。 (×)

正确答案：郎肯循环中乏汽在凝汽器中的过程是定压放热过程。

41. 由于增加了过热器，提高了平均吸热温度，由循环热效率公式：$\eta_t = 1 - T_2/T_1$，可知朗肯循环有较高热效率。（√）

42. 凝结水在给水泵中的过程是等容压缩过程，是郎肯循环的组成部分之一。（×）

正确答案：凝结水在给水泵中的过程是绝热压缩过程，是郎肯循环的组成部分之一。

43. 初参数提高，其他参数不变，朗肯循环效率将提高。（√）

44. 再热循环次数过少，反而不经济。（×）

正确答案：再热循环次数过多，反而不经济。

45. 在正向循环中，膨胀功大于压缩功。（√）

46. 理论上讲，回热抽汽次数越多，循环效率越高。（√）

47. 在电阻分压电路中，电阻值越大，其两端分得的电压就越高。（√）

48. 在直流电路中，如果有 n 个相同的电阻并联，则其总电阻为 nR。（×）

正确答案：在直流电路中，如果有 n 个相同的电阻并联，则其总电阻为$(1/n)R$。

49. 通过正弦交流电的解析式不能计算出交流量任意瞬间的数值。（×）

正确答案：通过正弦交流电的解析式可以计算出交流量任意瞬间的数值。

50. 正弦交流电的波形图中可以看出交流电的最大值，初相角和周期。（√）

51. 不同频率的正弦交流电流、电压和电动势的相量可用同一个向量图表示。（×）

正确答案：不同频率的正弦交流电流、电压和电动势的相量不可以用同一个向量图表示。

52. 三相负载接在三相电源上，若各相负载的额定电压等于电源的线电压，则负载可作星形连接，也可作三角形连接。（×）

正确答案：三相负载接在三相电源上，若各相负载的额定电压等于电源的线电压，则负载应作三角形连接。

53. 负载的功率因数越高，电源设备的利用率就越高。（√）

54. 在电阻、电感串联的交流电路中，阻抗随电源频率的升高而增大，并随频率的下降而减小。（√）

55. 在电阻、电容串联的正弦交流电路中总阻抗值随电源频率的增大而减小。（√）

56. 在 R、L、C 串联交流电路中当 $X_L > X_C$时，电路呈电感性。（√）

57. 流过单相半波整流二极管的电流等于负载中流过的电流。（√）

58. 晶体三极管有两个 PN 结，即集电结和发射结。（√）

59. 晶体三极管放大状态的外部条件是发射结正偏，集电结反偏且发射结正偏电压必须小于死区电压。（×）

正确答案：晶体三极管放大状态的外部条件是发射结正偏，集电结反偏且发射结正偏电压必须大于死区电压。

60. 用万用表测小功率三极管时，不宜用 $R\times1$ 挡和 $R\times10\text{k}$ 挡。（√）

61. 选用三极管时，穿透电流越大越好。（×）

正确答案：选用三极管时，穿透电流越小越好。

62. 三极管放大的实质是将低压放大成高电压。（×）

正确答案：三极管放大的实质是用变化较小的电流去控制变化较大的电流。

63. 功率放大器的散热情况好坏与输出功率无关。（×）

正确答案：功率放大器的散热情况好，可以增加功率管的输出功率。

64. 对于某一型号的稳压管，它的稳压值是固定不变的。（×）

正确答案：对于某一型号的稳压管，它的稳压值也不是固定的，而且有一定的分散性。

65. 列检专用塞尺具有探测各种轴瓦故障的功能，其准确率达 80% 以上。（×）

正确答案：列检专用塞尺具有探测各种轴瓦故障的功能，其准确率达 95% 以上。

66. 钟面式百分表在测量时可以不用表架。（×）

正确答案：钟面式百分表在测量时必须用表架。

67. 用交流电压表测得的交流电压的数值是平均值。（×）

正确答案：用交流电压表测得的交流电压的数值是有效值。

68. 多量程直流电流表与单量程直流电流表内部测量电路完全一样。（×）

正确答案：多量程直流电流表与单量程直流电流表内部测量电路不一样。

69. 将 28. 175 和 28. 165 处理成 4 位有效数字，则分别为 28. 18 和 28. 17。（×）

正确答案：将 28. 175 和 28. 165 处理成 4 位有效数字，则分别为 28. 18 和 28. 16。

70. 绝对误差可以用来衡量不同量程的同类仪表的准确程度。（×）

正确答案：绝对误差不可以用来衡量不同量程的同类仪表的准确程度。

71. 剖视图的目的在于清楚的，真实的表示机件的部分结构。（×）

正确答案：剖视图的目的在于清楚的，真实的表示机件的内部结构。

72. 国家标准规定用剖切符号表示剖切平面的位置，剖切符号为虚线。（✓）

73. 常用的标准销有角销、圆锥销和开口销三种。（×）

正确答案：常用的销有圆柱销、圆锥销和开口销三种。

74. 内外螺纹必须成对使用，可用于连接或传递运动和动力。（✓）

75. 顺时针方向旋进的螺纹称为左旋。（×）

正确答案：顺时针方向旋进的螺纹称为右旋。

76. 在外螺纹的画法中，螺纹终止线用细实线表示。（×）

正确答案：在外螺纹的画法中，螺纹终止线用粗实线表示。

77. 形位公差的箭头方向应与公差带的宽度的方向一致。（✓）

78. “✓”属于表面加工符号。（×）

正确答案：“✓”属于表面粗糙度的符号。

79. 接触器的文字符号是 KT。（×）

正确答案：接触器的文字符号是 KM。

80. 原理图中，无直接联系的交叉导线连接点不画小黑圆点。（✓）

81. DKJ 电动执行器的差动变压器，能够将铁芯的位移线性地转换成电压输出。（✓）

82. 标准化热电阻要求电阻率要小，以使电阻体积较小，减小测温的热惯性。（×）

正确答案：标准化热电阻要求电阻率要大，以使电阻体积较小，减小测温的热惯性。

83. 镍铬 - 镍硅的分度号是 B。（×）

正确答案：镍铬 - 镍硅的分度号是 K。

84. 钨铼系列热电偶有钨铼 5 - 钨铼 20、钨铼 5 - 钨铼 50、钨 - 钨铼 26、钨铼 3 - 钨铼 25、钨铼 5 - 钨铼 26 等。（✓）

85. 锅炉烟温测量时，辐射放热产生的测温误差与温度的平方有关。 (×)

正确答案：锅炉烟温测量时，辐射放热产生的测温误差与温度的四次方有关。

86. 测量壁面温度时，热电偶热端焊点体积越大，接点误差越大。 (✓)

87. 校验温度变送器时，环境的相对湿度要保持不大于85%。 (✓)

88. 双金属温度计是一种适合测量高、中温的现场检测工业仪表。 (×)

正确答案：双金属温度计是一种适合测量中、低温的现场检测工业仪表。

89. 差压式流量计是利用节流件前后静压差与流量的对应关系间接测出流体的流量。(✓)

90. 电位差计具有反馈比较型的测量系统，只要正向检测放大环节具有足够高的灵敏度，仪表测量精度基本上只与放大环节有关。 (×)

正确答案：电位差计具有反馈比较型的测量系统，只要正向检测放大环节具有足够高的灵敏度，仪表测量精度基本上只与反馈环节有关。

91. 电子自动平衡电桥是将未知电阻接入桥内作为一个桥臂，仪表平衡结果是桥路输出为正数。 (×)

正确答案：电子自动平衡电桥是将未知电阻接入桥内作为一个桥臂，仪表平衡结果是桥路输出为零。

92. 电子电位差计的测量桥路电源的稳定性，对仪表的测量精度影响很大，要求供电电源220V每变化10%时，输出电流变化不超过0.05%。 (✓)

93. 气动压力变送器测量部分包括波纹管、密封膜片和反馈波纹管。 (×)

正确答案：气动压力变送器测量部分包括波纹管和密封膜片。

94. 质量流量计的测量与温度、湿度、大气压等有关。 (×)

正确答案：质量流量计的测量与温度、湿度、大气压等无关。

95. 在霍尔压力传感器中，霍尔片与弹簧管相固定时，测得的压力较低。 (×)

正确答案：在霍尔压力传感器中，霍尔片与弹簧管相固定时，测得的压力较高。

96. 差动电感式传感器能反映被测量极性。 (✓)

97. 活塞式压力计底座上面装有气泡水准器，用于观察压力计是否放置水平，通过调底座上的螺钉，以保证活塞杆处于水平位置。 (×)

正确答案：活塞式压力计底座上面装有气泡水准器，用于观察压力计是否放置水平，通过调底座上的螺钉，以保证活塞杆处于垂直位置。

98. 差压变送器校验时要敲动或震动电流表。 (×)

正确答案：差压变送器校验时禁止敲动或震动电流表。

99. 数字式显示仪表校验时，输入信号应逐渐的增大或减小，不能快速增大或减小。 (✓)

100. 显示仪表按显示方式不同可分为模拟式、数字式和屏幕显示等。 (✓)

101. 磁电系仪表都有专门的阻尼器。 (×)

正确答案：磁电系仪表一般没有专门的阻尼器，一般就利用绕有动圈的铝框架来产生阻尼力矩。

102. 利用标准电流表校验仪表时，仪表的校验点可在全刻度范围内任意选取。 (×)

正确答案：利用标准电流表校验仪表时，仪表的校验点应在全刻度范围均匀选取，且不小于5点。

103. 用SXHL系列回路校验仪作测量时，将被测0~20mA信号接入输入测量端子上。（√）

104. 分压箱的准确度等级是指倍率准确度等级。（√）

105. 直流分压箱按线路结构可分为定阻输入式分压箱和定阻输出式分压箱。（√）

106. 电子皮带秤荷重传感器一般有应变电阻荷重传感器和压磁荷重传感器两种。（√）

107. 若校验双通道配电器，则应对每一个通道分别进行校验。（√）

108. 压力控制器校验时，应依据被调校开关的耐压值和动作值选取合格的精密压力表。（√）

109. 氧化锆探头要水平安装，参比标准气孔向下。（√）

110. 氧化锆氧量计，当烟气温度升高时，如不采取补偿措施，则所得测量结果将大于实际含氧量。（×）

正确答案：氧化锆氧量计，当烟气温度升高时，如不采取补偿措施，则所得测量结果将小于实际含氧量。

111. 配电器可以向现场安装的Ⅱ型变送器提供电源。（×）

正确答案：配电器不可以向现场安装的Ⅱ型变送器提供电源。

112. 电容式物位计的不属于电气式物位测量仪表。（×）

正确答案：电容式物位计的属于电气式物位测量仪表。

113. 充气压力表式温度计通常充入氧气。（×）

正确答案：充气压力表式温度计通常充入氮气。

114. 各种压力式温度计在测温时毛细管或保护管会对外散失热量，热量的损失会减小所测得的温度值。（√）

115. 校验温度变送器时，一般选取测量范围的0，25%，50%，75%，100%五个标准值。（√）

116. 电动温度变送器与调节器配合能实现对温度或温差的自动调节。（√）

117. 电容式物位计的电容与极板间的距离有关。（√）

118. 工业核仪表的放射源防护容器关闭后，放射源容器周围可以进行正常工作。（√）

119. 若双波纹管差压计积污不严重，可用两侧凸缘上的引压孔进行清洗。（√）

120. 1151系列电容式压力变送器无负载情况下工作电压最高可达50V。（×）

正确答案：1151电容式压力变送器无负载情况下工作电压最高可达45V。

121. 容差式流量计流量太小，将加剧转动部分的振动与磨损，降低使用寿命。（×）

正确答案：容差式流量计流量太大，将加剧转动部分的振动与磨损，降低使用寿命。

122. 玻璃转子流量计只能做就地显示。（√）

123. 玻璃管液位计是直读式液位计。（√）

124. 静压式液位计简单易行，动作快，测量范围大。（√）

125. 所有压力控制器的切换差均不可调。（×）

正确答案：部分压力控制器的切换差均可调。

126. 压力控制器的设定值可调。（√）

127. 利用动态参数法整定调节器参数，其方法是在系统处于闭环状态下进行对象的阶跃扰动试验。（×）

正确答案：利用动态参数法整定调节器参数，其方法是在系统处于开环状态下进行对象的阶跃扰动试验。

128. SIPOS 系列电动执行器的出力不够时，可以适当提高开关力矩。 (√)

129. 衡量系统快速性的性能指标有：调节时间、峰值时间、上升时间和下降时间。 (×)

正确答案：衡量系统快速性的性能指标有：调节时间、峰值时间、上升时间。

130. 一阶惯性环节实际上就是有一定惯性的比例环节。 (√)

131. 所有的自动调节系统从原理上说，都能把静差消除到零。 (×)

正确答案：有些自动调节系统从原理上说，不能把静差消除到零，这种系统称为有差系统。

132. 火焰检测器是根据火焰的物理特性对燃烧工况进行检测的。 (√)

133. 电涡流传感器常用的检测转换方式有：调幅式、调频调幅式及调频式。 (√)

134. 电涡流传感器的结构中，对框架材料的要求是电涡流损耗小、绝缘性能好、膨胀系数小。 (√)

135. 对电涡流传感器，被测体的材质对灵敏度没有影响。 (×)

正确答案：对电涡流传感器，被测体的材质对灵敏度有影响。

136. 电涡流传感器的静态标定时若标注不同的材料，也不必更换模拟被测体。 (×)

正确答案：电涡流传感器的静态标定时若标注不同的材料，应更换模拟被测体。

137. 汽轮机组的振动测量只有绝对振动一种。 (×)

正确答案：汽轮机组的振动测量有绝对振动和相对振动两种。

138. 机械式行程开关不能自动复位。 (×)

正确答案：机械式行程开关能自动复位。

139. 请勿将接近式开关置于 300Gs 以上的直流环境下使用，以免造成误动作。 (×)

正确答案：请勿将接近式开关置于 200Gs 以上的直流环境下使用，以免造成误动作。

140. 常用的自动冷端温度补偿器是利用平衡电桥原理构成的。 (×)

正确答案：常用的自动冷端温度补偿器是利用不平衡电桥原理构成的。

141. 使用冷端补偿器时注意，冷端补偿器与所配热电偶类型(分度号)应一致。 (√)

142. 半导体热敏电阻的线性较好。 (×)

正确答案：半导体热敏电阻的非线性严重。

143. 在使用配热电阻动圈表时，热电阻采用三线制接法接入仪表。 (√)

144. 减压阀的类型代号是“Y”。 (√)

145. 控制系统的稳定程度可以用稳定度这个指标来衡量 (×)

正确答案：控制系统的稳定程度可以用衰减率这个指标来衡量。

146. 所谓比例调节规律，是指调节器的输出与其偏差输入信号之间成比例关系。 (√)

147. 浮筒式液位计是基于力平衡的工作原理。 (×)

正确答案：浮筒式液位计是基于阿基米德定律的工作原理。

148. 一台浮筒式液位计，当浮筒全部被液体浸没，其输出信号最大。 (√)

149. 积分调节是无差调节。 (√)

150. 微分调节作用的大小与偏差值大小有关。 (×)

正确答案：微分调节作用的大小与偏差值大小无关。

151. 串级控制系统可以减小副回路的时间常数，改善对象动态特性。 (√)

152. 导前微分控制系统虽然有很大优点，但是它克服内扰的能力较弱。（×）

正确答案：导前微分控制系统有很大优点，克服内扰的能力较强。

153. 前馈控制系统的调节效果没有反馈控制系统及时。（×）

正确答案：反馈控制系统的调节效果没有前馈控制系统及时。

154. 按照一点接地的原则，信号电缆、控制电缆屏蔽层应统一在机柜内接地。（√）

155. DCS 系统中典型的现场级设备有：变送器、传感器、执行器等，他们可以完成数据采集以及现场控制功能。（√）

156. DCS 系统基本控制器的存储器可以分为 SDR 和 DDR 存储器两种。（×）

正确答案：DCS 系统基本控制器的存储器可以分为程序存储器和工作存储器两种。

157. 上海新华系列 DEH 控制系统的分布式处理单元 DPU 在断电后，必须人工重新对程序进行上装。（×）

正确答案：上海新华系列 DEH 控制系统的分布式处理单元 DPU 的数据存放在电子磁盘上，在断电重新启动后无需人工干预。

158. 上海新华系列 DEH 控制系统中，趋势软件的名称是 tred. exe。（×）

正确答案：上海新华系列 DEH 控制系统中，趋势软件的名称是 trend. exe。

159. 在变频器的起动设定中，其启动前制动电流的百分数是指直流制动电流与变频器额定电流之比。（×）

正确答案：在变频器的起动设定中，其启动前制动电流的百分数是指直流制动电流与电动机额定电流之比。

160. 采取 PLC 控制的保护，因 PLC 带记忆功能，投入保护前应先将 PLC 复位，否则保护易误动。（√）

161. 当汽轮机组的真空下降到第一限值时，应联射水泵，并发热工信号。（√）

162. 汽轮机低油压保护停机的压控从避免保护误动及拒动的原则至少应进行二选一的逻辑，最好能实现三选二的逻辑判断。（√）

163. 把$(2.625)_{10}$转换成二进制数是$(10.001)_2$。（×）

正确答案：把$(2.625)_{10}$转换成二进制数是$(10.101)_2$。

164. 微型计算机的字长并非一定是字节的整数倍。（×）

正确答案：微型计算机的字长一定是字节的整数倍。

165. CPU 的缓存分为 L1、L2 和 L3 三种。（×）

正确答案：CPU 的缓存分为 L1、L2 两种。

166. ROM 的中文名称是随机存储器。（×）

正确答案：ROM 的中文名称是只读存储器。

167. 操作系统是计算机系统中的应用软件。（×）

正确答案：操作系统是计算机系统中的系统软件。

168. 文件名中文件主名可以没有，不影响文件保存。（×）

正确答案：文件名中文件主名必须有，否则文件无法保存。

169. Windows2000 系统是真正的 64 位操作系统。（×）

正确答案：Windows2000 系统是真正的 32 位操作系统。

170. 使用应用程序 OutlookExpress 可以同时向多个地址发送电子邮件，也可以把收到的

邮件转发给第三者。（✓）

171. 在计算机应用软件 Excel 中的打印可实现放大或缩小比例打印。（✓）

172. 离子选择性电极的敏感膜能通过溶液。（×）

正确答案： 离子选择性电极的敏感膜不能通过溶液，能通过被选择的离子。

173. 玻璃离子选择性电极可以在含氟离子的水中使用。（×）

正确答案： 玻璃离子选择性电极不能在含氟离子的水中使用。

174. 参比电极使用的正确与否，不影响测量的误差。（×）

正确答案： 参比电极使用的正确与否，是影响测量误差的主要原因。

175. 原电池由单个电极和接触的电解质溶液组成。（×）

正确答案： 原电池由两个电极和接通两电极的电解质溶液组成。

176. 对于零电位为 pH7 的电极，当所测溶液 pH <7 时，测量电池输出电势为负电势。（×）

正确答案： 对于零电位为 pH7 的电极，当所测溶液 pH < 7 时，测量电池输出电势为正电势。

177. 当定位液与被测液温度不同且仪表的起点与测量电池的等电势点不重合，必须进行定位调节。（×）

正确答案： 当定位液与被测液温度不同且仪表的起点与测量电池的等电势点不重合，必须进行等电势调节。

178. 普通玻璃电极在测量 pH >10 的溶液时将产生“碱误差”，即测得的 pH 值比实际高。（×）

正确答案： 普通玻璃电极在测量 pH >10 的溶液时将产生“碱误差”，即测得的 pH 值比实际低。

179. pNa 测定中，对添加的碱试剂的要求是纯度高、碱性强。（✓）

180. 动态法测定水中钠时，参比电极可以使用 0.1mol/L 的 KCL 甘汞电极。（×）

正确答案： 动态法测定水中钠时，参比电极应使用饱和 KCL 甘汞电极。

181. 可以使用手操器对使用相应协议变送器的零点进行迁移。（✓）

182. 组合开关和控制开关的控制原理相同。（×）

正确答案： 组合开关和控制开关的控制原理不同。

183. 压力开关是开关量变送器的类型之一。（✓）

184. 对于“活塞型”的压力开关来说，选择死区过小会造成保护动作后无法及时返回。（×）

正确答案： 对于“活塞型”的压力开关来说，选择死区过大会造成保护动作后无法及时返回。

185. 差压开关安装时，规则是其膜片必须水平设置安装。（×）

正确答案： 差压开关安装时，规则是其膜片必须垂直设置安装。

186. 液位开关也称液位控制器或也称继电器。（✓）

187. 所有金属型和有色金属型接近开关都属于高频振荡性。（✓）

188. 机械式行程开关内部是由电子元件来实现控制的。（×）

正确答案： 机械式行程开关内部是由机械元件来实现控制的。

189. 接近式开关的响应频率是指按规定的 1min 内的时间间隔内，接近开关动作循环的次数。（×）

正确答案：接近式开关的响应频率是指按规定的 1s 的时间间隔内，接近开关动作循环的次数。

190. 电子计算机用屏蔽电缆，如果其总屏蔽采用铜丝编织屏蔽，则用字母 P_1 表示。 （×）

正确答案：电子计算机用屏蔽电缆，如果其总屏蔽采用铜丝缠绕屏蔽，则用字母 P_1 表示。

191. 电缆敷设在易积粉尘和易燃地方时，应采用封闭电缆槽盒或电缆保护管。 （√）

192. 电缆保护管的弯曲度不应小于 60°。 （×）

正确答案：电缆保护管的弯曲度不应小于 90°。

193. 大多数信号灯具的额定电压可任意调节。 （×）

正确答案：大多数信号灯具的额定电压不可任意调节。

194. 取压装置和测温元件在同一管段上装设时，按介质流向取压点应选在测温元件之后。 （×）

正确答案：取压装置和测温元件在同一管段上装设时，按介质流向取压点应选在测温元件之前。

195. 在仪表安装中，如没有特定的要求，应尽量减小安装管路长度，以减小仪表动态特性中的时滞。 （√）

196. 电接点液位开关的测量筒安装时，可以靠取样管路支撑。 （×）

正确答案：电接点液位开关的测量筒安装时，不可以靠取样管路支撑，应安装在专用的支架上。

197. 用来测量蒸汽压力的 1151 压力变送器，在排污后，不可立即投入变送器，以免造成测量膜盒损坏。 （√）

198. 安装压力变送器，环境温度应符合制造厂的规定，环境温度对变送器内半导体元件特性影响很大。 （√）

199. 差压变送器应安装排污阀门，排污门下应装有便于监视排污状态的排污漏斗或排污管，排污管应直接引至地面。 （×）

正确答案：差压变送器应安装排污阀门，排污门下应装有便于监视排污状态的排污漏斗或排污管，排污管应直接引至地沟

200. 热电阻温度计是基于金属导体或半导体电阻值与本身温度呈一定函数关系的原理实现温度测量的。 （√）

201. 安装在高温高压汽水管道上的热电偶，应与管道中心线垂直。 （√）

202. 在运行锅炉上安装或取出氧化锆探头时，应迅速进行。 （×）

正确答案：在运行锅炉上安装或取出氧化锆探头时，应缓慢进行。

203. 安装测量推力瓦块测温热电阻时，热电阻安装在推力瓦块的测孔内，测孔位置在轴的转动方向的回油侧，离乌金面约 0.5mm。 （√）

204. 双金属温度计安装时，应垫入金属垫片。 （√）

单选题

1. 劳动法规定用人单位应当保证劳动者每周至少休息（B）。

A. 半天　　B. 一天　　C. 一天半　　D. 两天

2. 因工作需要，用人单位安排劳动者延长工作时间的，支付不低于(B)工资报酬。

A. 100%　B. 150%　C. 200%　D. 300%

3. 消防法工作贯彻(C)方针。

A. 预防为主　B. 防消结合

C. 预防为主，防消结合　D. 安全第一

4. 消防工作由(D)领导，由地方各级人民政府负责。

A. 上级机关　B. 消防部门　C. 省政府　D. 国务院

5. 我国的火警电话是(D)。

A. 110　B. 112　C. 114　D. 119

6. 公安消防队扑救火灾，(A)。

A. 不得向发生火灾的单位、个人收取任何费用

B. 可以向发生火灾的单位、个人收取相关费用

C. 可以发生火灾的个人收取相关费用

D. 可以向发生火灾的单位收取相关费用

7. 国家法定计量检定机构的计量检定人员，必须经(C)考核合格，并取得计量检定证件。

A. 国务院计量行政部门　B. 省级以上人民政府计量行政部门

C. 县级以上人民政府计量行政部门　D. 其主管部门

8. 我国《计量法》规定，计量检定必须按照国家(A)进行。

A. 计量检定系统表　B. 计量检定规程

C. 计量检定标准　D. 计量检定基准

9. 我国《计量法》规定，计量检定必须执行(B)。

A. 计量检定系统表　B. 计量检定规程

C. 计量检定标准　D. 计量检定基准

10. 我国《计量法》规定，计量检定工作应遵循的原则是(B)。

A. 统一标准　B. 经济合理，就地就近进行

C. 严格执行《计量法》　D. 严格执行计量法

11. 计量标准考核的目的是(B)。

A. 确定其准确度　B. 确认其是否具有开展量值传递的资格

C. 评定其计量性能　D. 确认其计量标准

12. 把汽轮机高压缸做过部分功的蒸汽送回锅炉中重新加热，然后再送回汽轮机的中、低压缸继续做功的设备是(B)。

A. 过热器　B. 再热器　C. 预热器　D. 省煤器

13. 在汽水系统中，高压加热器安装于(D)。

A. 除氧器入口　B. 除氧器出口

C. 给水泵入口之前　D. 给水泵出口之后

14. 表示火电厂生产技术完善程度和经济效果的一项最有效的技术经济指标是标准(B)。

A. 热耗率　B. 煤耗率　C. 汽耗率　D. 能耗

15. 汽轮机采用给水回热加热的意义在于一方面提高了给水温度，另一方面(D)。

A. 减少了抽汽级数　　B. 减少了发电蒸汽量

C. 增加了发电蒸汽量　　D. 减少了冷源损失

16. 汽轮机打闸后，胀差有不同程度的增加，其中主要原因是(C)。

A. 蒸汽加热　　B. 鼓风摩擦热量

C. 泊桑效应　　D. 汽缸冷却

17. 高压胀差增大，说明高压转子的膨胀值(C)高压缸的膨胀值。

A. 等于　　B. 小于　　C. 大于　　D. 小于或等于

18. 汽轮机缸体的膨胀死点在任何工况下都是固定不动的，是汽缸(C)膨胀的分界点。

A. 横向与垂直　　B. 纵向与垂直　　C. 横向与纵向　　D. 横向

19. 电气工作开始前，必须完成(A)。

A. 工作许可手续　　B. 安全措施

C. 工作监护制度　　D. 停电工作

20. 监护人应有一定的安全技术经验能掌握工作现场的安全，技术工艺质量进度等要求有处理问题的应急能力，一般监护人的安全技术等级(D)。

A. 为高级　　B. 低于操作人

C. 与操作人员相同　　D. 高于操作人

21. 低压回路停电时将检修设备的各方面电源断开取下熔断器，刀闸把手上挂(A)标示牌。

A. 禁止合闸，有人工作!　　B. 止步，高压危险!

C. 在此工作!　　D. 禁止合闸，线路有人工作!

22. 验电顺序是(D)。

A. 没有要求　　B. 先验高压，后验低压

C. 高、低压可同时进行　　D. 先验低压，后验高压

23. 高压设备发生接地时，在室内及室外不得接近故障点分别为(C)m以内。

A. 2 和 4　　B. 3 和 6　　C. 4 和 8　　D. 5 和 10

24. 工作人员工作正常活动范围与10kV及以下的带电设备的安全距离最少为(A)m。

A. 0.35　　B. 0.50　　C. 0.60　　D. 0.90

25. 在低压带电导线未采取(B)时，工作人员不得穿越。

A. 安全措施　　B. 绝缘措施　　C. 专人监护　　D. 负责人许可

26. 对人体危害最大的频率是(C)Hz。

A. 2　　B. 20　　C. 30 ~ 100　　D. 220

27. 发现有人触电时，应(A)。

A. 首先脱离电源，后现场救护

B. 首先脱离电源，后通知调度等待处理

C. 首先脱离电源，后等待救护人员

D. 向调度汇报，再采用触电急救

28. 施行胸外心脏按压法时，每分钟的动作次数应为(B)次。

A. 16　　B. 80　　C. 90　　D. 120

29. 所有电气设备的金属外壳均应(B)。

A. 有绝缘漆　　B. 有良好的接地装置

C. 绝缘罩　　D. 有电源开关

30. 任何电气设备上的标示牌，除(D)外，其他任何人不准移动。

A. 主任　　B. 施工人员

C. 安全员　　D. 原来放置人员或负责的运行值班人员

31. 在没有脚手架或者在没有栏杆的脚手架上工作，高度超过(B)m 时，必须使用安全带，或采取其他可靠的安全措施。

A. 1　　B. 1.5　　C. 2.5　　D. 3

32. 在(D)级及以上的大风以及暴雨、打雷、大雾等恶劣天气，应停止露天高处作业。

A. 3　　B. 4　　C. 5　　D. 6

33. 公共场所发生火灾时，该公共场所的现场工作人员不履行组织、引导在场群众疏散的义务，造成人身伤亡，尚不构成犯罪的，予以(B)。

A. 警告　　B. 十五日以下拘留

C. 罚款　　D. 十日以下拘留

34. 消防管理处罚条例形式为(D)。

A. 教育为主　　B. 拘役

C. 追究刑事责任　　D. 警告、罚款、拘留

35. 在梯子上工作时，梯与地面的斜角应为(C)左右。

A. 30°　　B. 45°　　C. 60°　　D. 75°

36. 对生产中使用的梯子其梯阶的距离不应大于(B)cm。

A. 30　　B. 40　　C. 50　　D. 60

37. 触电人心脏跳动停止后，应采用(B)方法抢救。

A. 口对口呼吸　　B. 胸外心脏挤压

C. 打强心针　　D. 摇臂压胸

38. 少量的浓酸强碱溅入眼睛或皮肤上，首先应采用(D)方法清洗。

A. 0.5%的碳酸氢钠溶液清洗　　B. 2%稀碱液中和

C. 1%醋酸清洗　　D. 清水冲洗

39. ISO 14001 标准其主要特点有强调(D)、强调法律、法规的符合性、强调系统化管理、强调文件化、强调相关方的观点。

A. 污染预防　　B. 持续改进

C. 末端治理　　D. 污染预防、持续改进

40. 在 ISO 14001 标准体系中，为了确保环境因素评价的准确性，在识别环境因素时应考虑的三种时态是(A)。

A. 过去、现在和将来　　B. 开车、停机和检修

C. 正常、异常和紧急　　D. 上升、下降和停止

41. 公司 HSE 管理体系的审核分为内部审核、(C)。

A. 第一方审核　　B. 第二方审核　　C. 第三方审核　　D. 第四方审核

42. 公司HSE管理体系中的第三方审核一般每(C)年进行一次。

A. 一　　B. 二　　C. 三　　D. 四

43. HSE管理体系评审的主体是(C)。

A. 审核组　　B. 管理者代表　　C. 最高管理者　　D. 一般员工

44. HSE评审的目的是检验HSE管理体系的适宜性、(B)和有效性。

A. 充分性　　B. 公平性　　C. 权威性　　D. 必要性

45. 在HSE管理体系中，造成死亡、职业病、伤害、财产损失或环境破坏的事件称为(C)。

A. 灾害　　B. 毁坏　　C. 事故　　D. 不符合

46. 为了作好防冻防凝工作，停用的设备、管线与生产系统连接处要加好(B)，并把积水排放吹扫干净。

A. 阀门　　B. 盲板　　C. 法兰　　D. 保温层

47. 为了做好防冻防凝工作，低温处的阀门井、消火栓、管沟要逐个检查，排除积水，采取(C)措施。

A. 加固　　B. 疏导　　C. 防冻保温　　D. 吹扫

48. 标准化的重要意义是改进产品、过程或服务的(C)，防止贸易壁垒，并促进技术合作。

A. 品质　　B. 性能　　C. 适用性　　D. 功能性

49. 产品、过程或服务的适用性指的是产品、过程或服务在特定条件下适合(A)用途的能力。

A. 规定　　B. 期待　　C. 最佳　　D. 特殊

50. 企业质量体系认证是认证机构作为(C)对企业的质量保证和质量管理能力依据标准所作的综合评价。

A. 第一方　　B. 第二方　　C. 第三方　　D. 政府

51. 产品质量认证活动是(D)开展的活动。

A. 生产方　　B. 生产和购买双方

C. 购买方　　D. 独立与生产方和购买方之外的第三方机构

52. 全面质量管理与传统质量管理截然不同，它要求产品的质量必须符合(D)要求，这体现出全面质量管理的适用性特点。

A. 技术标准　　B. 规范

C. 企业事先预定的技术　　D. 用户

53. 全面质量管理强调以(B)质量为重点的观点。

A. 产品　　B. 工作　　C. 服务　　D. 工程

54. 广义的质量包括(B)质量。

A. 工序　　B. 产品　　C. 时间　　D. 设计

55. 蒸汽在汽轮机中的流动可近似看做是(C)。

A. 等熵过程　　B. 等压过程　　C. 绝热过程　　D. 等温过程

56. 发电机组的蒸汽参数主要是指过热器出口的(C)。

A. 汽压和蒸发量　　B. 汽温和蒸发量

C. 汽压和汽温　　D. 蒸发量和过热度

57. 定量工质在状态变化时，(C)始终保持不变的过程，称为定容过程。

A. 质量　B. 温度　C. 容积　D. 比体积

58. 定容过程的过程方程式中 v 等于(B)。

A. 负数　B. 常数　C. 正数　D. 0

59. 定容过程中，理想气体的压力与其热力学温度成(A)。

A. 正比　B. 反比　C. 线形　D. 非线性

60. 定量工质在状态变化时，(B)始终保持不变的过程，称为定压过程。

A. 温度　B. 压力　C. 容积　D. 比体积

61. 定压过程中，理想气体与热力学温度成(A)。

A. 正比　B. 反比　C. 线性　D. 非线性

62. 定量工质在状态变化时，(A)始终保持不变的过程，称为定温过程。

A. 温度　B. 压力　C. 容积　D. 比体积

63. 在定温过程中，理想气体的压力与(D)成正比。

A. 温度　B. 密度　C. 容积　D. 比体积

64. 工质在状态改变时，与外界没有(B)交换的过程，称为绝热过程。

A. 能量　B. 热量　C. 功　D. 内能

65. 绝热过程方程式为(C)。

A. pv = 常数　B. pv = 常数　C. pv = 常数　D. pv = 常数

66. 物体在单位时间内单位面积上所发射出去的辐射能称为(D)。

A. 流量　B. 对流换热　C. 导热系数　D. 辐射力

67. 反映物体表面辐射力强弱程度的量是(D)。

A. 反射率　B. 穿透率　C. 表面粗糙度　D. 黑度

68. 物质从液态变成气态的过程叫(C)。

A. 溶解　B. 凝固　C. 汽化　D. 液化

69. 定压沸腾时，气体和液体同时存在，气体和液体的温度(D)。

A. 液体温度大于气体温度　B. 气体温度大于液体温度

C. 不相等　D. 相等

70. 沸腾是在液体(D)进行的汽化。

A. 上部　B. 下部　C. 外部　D. 内部

71. 沸腾只能在(A)对应压力下的饱和温度下进行。

A. 等于　B. 大于　C. 小于　D. 大或等于

72. 液体从加热到(D)的过程中，有在液体内部开始形成小汽泡。

A. 蒸发　B. 饱和　C. 过热　D. 沸腾

73. 物质从汽态转变成液态的过程，称为(D)。

A. 凝固　B. 熔化　C. 溶解　D. 凝结

74. 凝结的过程中，物质(B)。

A. 吸热　B. 放热

C. 既不吸热也不放热　D. 大量吸热

75. 1kg 蒸汽完全凝结成同温度的液体所放出的热量称为(A)。

A. 凝结热　B. 凝固热　C. 冷却热　D. 汽化潜热

76. 一定压力下的蒸汽，必须降到一定的温度才开始凝结成液体，这个温度就是该压力下所对应的(D)。

A. 凝固点　B. 熔点　C. 沸点　D. 凝结度

77. 在一定压力下，液体的沸点温度和凝结温度(C)。

A. 沸点温度高　B. 凝结温度高　C. 相同　D. 不同

78. 在某一压力、某一温度下，1(A)过热蒸汽的热量称为过热蒸汽含热量。

A. 千克　B. 市斤　C. 立方米　D. 升

79. 过热蒸汽含热量一般由(B)、过热热量、饱和水热量三部分组成。

A. 未饱和水热量　B. 汽化潜热热量

C. 冷水热量　D. 干饱和蒸汽热量

80. 定压下，1kg 饱和水变成(A)kg 干饱和蒸汽所吸收的热量，称为汽化潜热。

A. 1　B. 2　C. 3　D. 4

81. 汽化潜热的单位是(C)。

A. kJ　B. kg/h　C. kJ/kg　D. m^3/kJ

82. 水的饱和蒸汽温度(C)该压力饱和水温度。

A. 高于　B. 低于　C. 等于　D. 略高于

83. 水的饱和温度随着压力的升高而(C)。

A. 降低　B. 不变　C. 升高　D. 可高可低

84. 饱和水与干饱和蒸汽的混合物称(B)。

A. 干饱和蒸汽　B. 湿饱和蒸汽　C. 干蒸汽　D. 蒸汽的干度

85. 凝汽器内蒸汽的凝结过程可以看做是(C)。

A. 等容过程　B. 等焓过程　C. 等压过程　D. 绝热过程

86. 从强化传热的角度看，蒸汽在(B)状凝结时有明显的优越性。

A. 膜　B. 珠　C. 片　D. 柱

87. 在饱和状态下，汽化速度和凝结速度(C)。

A. 汽化速度快　B. 凝结速度快　C. 相同　D. 不同

88. 在一定压力，处于饱和状态的液体和气体的(B)相同。

A. 饱和威力　B. 饱和温度　C. 汽化温度　D. 凝结温度

89. 回热系统是利用(A)的抽汽加热凝结水。

A. 汽轮机　B. 锅炉　C. 除氧器　D. 疏水扩容器

90. 采用回热循环后(D)比同参数朗肯循环高。

A. 流量　B. 压力　C. 温度　D. 热效率

91. 卡诺循环的热效率决定于热源温度和(A)温度。

A. 冷源　B. 新蒸汽　C. 给水　D. 抽汽

92. 卡诺循环的热效率永远小于(A)。

A. 1　B. 1.2　C. 1.5　D. 2

93. 蒸汽动力装置基本循环是(C)循环。
A. 复合　B. 卡诺　C. 朗肯　D. 回热

94. 朗肯循环中凝汽器的作用是将作过功的(D)凝结成水。
A. 湿饱和蒸汽　B. 水蒸气　C. 干饱和蒸汽　D. 乏汽

95. 朗肯循环与卡诺循环相比，主要优点是(B)。
A. 朗肯循环热效率比卡诺循环高　B. 朗肯循在实际应用中易于实现
C. 朗肯循环可提高做功能力　D. 朗肯循环能够改善工质质量

96. 采用朗肯循环时，(D)是从热源吸热的。
A. 绝热膨胀　B. 等温压缩　C. 绝热压缩　D. 等温膨胀

97. 朗肯循环中，进行绝热膨胀的设备是(B)。
A. 给水泵　B. 汽轮机　C. 凝汽器　D. 锅炉

98. 在朗肯循环中，将凝结水绝热压缩的设备是(A)。
A. 给水泵　B. 汽轮机　C. 凝汽器　D. 锅炉

99. 火力发电厂中最基本的汽－水循环是(B)。
A. 卡诺循环　B. 朗肯循环　C. 再热循环　D. 回热循环

100. 朗肯循环的热效率与(D)无关。
A. 初参数 P_1　B. 初参数 T_1　C. 终参数 P_2　D. 终参数 T_2

101. 朗肯循环热效率永远(C)1。
A. 大于　B. 等于　C. 小于　D. 不等于

102. 完成一条热力循环，至少由一个膨胀过程和一个(A)过程组成。
A. 压缩　B. 等压　C. 等容　D. 等温

103. 热力循环中蒸汽中间再热的目的是(A)。
A. 提高热效率　B. 提高排汽温度　C. 降低热效率　D. 提高蒸汽压力

104. 正向循环又称(A)循环。
A. 热机　B. 可逆　C. 制冷　D. 绝热

105. 逆向循环过程中，压缩功(A)膨胀功。
A. 大于　B. 等于　C. 小于　D. 大于或小于

106. 度量蒸汽动力循环的最主要指标是(C)。
A. 汽耗　B. 热耗　C. 热效率　D. 汽耗率

107. 当蒸汽初温、终压不变，提高初压可使热力循环的(D)迅速下降。
A. 进汽压力　B. 排汽压力　C. 排汽温度　D. 排汽干度

108. 通常一次中间再热可使循环效率提高(D)。
A. 3%　B. 4%　C. 4.5%　D. 5%

109. 在全电路中，负载电阻增大，端电压将(A)。
A. 增大　B. 减少　C. 不变　D. 非线性变化

110. 全电路欧姆定律的数学表达式为(D)。
A. $I=U/R$　B. $I=U/(R+R_0)$　C. $I=E/R$　D. $I=E/(R+R_0)$

111. 在直流电路中，并联的电阻可用一个等效电阻来代替，其总阻值(B)任一支路的电阻值。
A. 大于　B. 小于　C. 等于　D. 大于或小于

112. 在直流电路中，几个电阻相串联可用一个等效电阻来代替，其总阻值等于各电阻之(A)。

A. 和　　B. 商　　C. 积　　D. 差

113. 在直流电路中，通过电阻的串联可以实现分压的目的，电阻越大，分配的电压(D)。

A. 和电阻的阻值成正比　　B. 和电阻的阻值成反比

C. 越低　　D. 越高

114. 从正弦交流电的解析表达式中可以直接看出交流电的(B)。

A. 有效值　　B. 最大值　　C. 相位差　　D. 频率

115. 某交流电压为 $U=380\sin(314t+\pi/2)$ V，此交流电压的有效值为(A)V。

A. $380/\sqrt{2}$　　B. 220　　C. $380/\sqrt{3}$　　D. 380

116. 在正弦交流电的波形图上，若两个正弦交流电反相，则这两个正弦交流电的相位差是(A)。

A. π　　B. 2π　　C. $\pi/2$　　D. $-\pi/2$

117. 在正弦交流电的波形图上，若两个正弦交流电同相，则这两个正弦交流电的相位差是(B)

A. π　　B. 0　　C. $\pi/2$　　D. $-\pi/2$

118. 在交流电的符号法中，能称为向量的参数是(A)。

A. $\dot{U}$　　B. $\overline{E}$　　C. $\bar{I}$　　D. $\overline{Z}$

119. 一个正弦量可以准确地用一个(C)矢量表示。

A. 正弦　　B. 平行四边形　　C. 旋转　　D. 夹角

120. 在星形连接中，线电流与相电流有效值的关系是(B)。

A. 线电流大于相电流　　B. 线电流等于相电流

C. 相电流大于线电流　　D. 相位差为90°

121. 在三角形连接中，线电压与相电压的关系是(D)。

A. 线电压大于相电压　　B. 相电压大于线电压

C. 相位差为90°　　D. 线电压等于相电压

122. 交流电路的功率因数在数值上应等于(C)。

A. 瞬时功率与视在功率之比　　B. 有功功率与无功功率之比

C. 有功功率与视在功率之比　　D. 无功功率与视在功率之比

123. 当电源电压和负载有功功率一定时，功率因数越低，电源提供的电流就越大，线路的压降就(D)。

A. 不变　　B. 越小　　C. 不定　　D. 越大

124. 在电阻、电感串联的交流电路中，电路中的总电流 $\dot{I}$ 与总电压 $\dot{U}$ 之间的相位关系是(B)。

A. $\dot{U}$ 超前 $\dot{I}$ 90°　　B. $\dot{U}$ 超前 $\dot{I}$ 的角度为大于0°小于90°

C. $\dot{U}$ 与 $\dot{I}$ 同相位　　D. $\dot{U}$ 滞后 $\dot{I}$ 的角度为大于0°小于90°

125. 在电阻、电感串联交流电路中，下列各式中正确的是(C)。

A. $U=u_R+u_L$　　B. $u=U_R+U_L$　　C. $\dot{U}=\dot{U}_R+\dot{U}_L$　　D. $I=U/Z$

126. 在电阻、电感串联交流电路中，正确的是(B)。

A. $Z = R + X_L$　　B. $Z = \sqrt{R^2 + (\omega L)^2}$

C. $Z = R^2 + (\omega L)^2$　　D. $Z = \sqrt{R + (\omega L)^2}$

127. 在电阻、电容串联的正弦交流电路中，增大电源频率时，其他条件不变，电路中电流将(A)。

A. 增大　　B. 减小　　C. 不变　　D. 亦能确定

128. 已知交流电路中，电容的阻抗与频率成(C)关系。

A. 非线性　　B. 线性　　C. 反比　　D. 正比

129. R、L、C 串联交流电路的功率因数等于(B)。

A. $\frac{U_R}{U_L}$　　B. $\frac{U_R}{U}$　　C. $\frac{R}{X_L + X_C}$　　D. $\frac{R}{R + X_L + X_C}$

130. 在 R、L、C 串联交流电路中，电流的有效值等于外加电压的(D)与电路的阻抗 z 之比。

A. 瞬时值　　B. 平均值　　C. 最大值　　D. 有效值

131. 若单相桥式整流电路中有一只二极管已断路，则该电路(C)。

A. 不能工作　　B. 仍能正常工作　　C. 输出电压下降　　D. 输出电压上升

132. 单相全波整流二极管承受反向电压最大值为变压器二次电压有效值的(D)倍。

A. 0.45　　B. 0.9　　C. $\sqrt{2}$　　D. $2\sqrt{2}$

133. 单相桥式整流二极管承受反向电压最大值为变压器二次电压有效值的(C)倍。

A. 0.45　　B. 0.9　　C. $\sqrt{2}$　　D. $2\sqrt{2}$

134. 三极管的三个区分别是：发射区、集电区和(A)。

A. 基区　　B. 饱和区　　C. 截止区　　D. 放大区

135. 三极管由三个区、两个(A)、三个极及外壳构成。

A. PN 结　　B. 字母　　C. 集电极　　D. 发射极

136. 晶体三极管的反向饱和电流随温度而(B)。

A. 不变　　B. 升高　　C. 降低　　D. 时高时低

137. 作为放大电路，三极管工作在(C)。

A. 截止区　　B. 饱和区　　C. 放大区　　D. 集电区

138. 三极管开关应用时，相当于开关断开时，该三极管处于(A)。

A. 截止区　　B. 饱和区　　C. 放大区　　D. 过损耗区

139. 工作在(D)的三极管会损坏。

A. 截止区　　B. 饱和区　　C. 放大区　　D. 过损耗区

140. 晶体三极管极性判断可依据三极管的(C)。

A. 电流稳定性　　B. 电压稳定性

C. 电流放大特性　　D. 电压放大特性

141. 用万用表测得三极管的任意两极间的电阻均很小，说明该管(A)。

A. 二个 PN 结均击穿　　B. 发射结击穿，集电结正常

C. 二个 PN 结均正常　　D. 集电结击穿发射结正常

142. 晶体三极管的(C)无法用万用表测试。

A. 电流放大倍数　B. 穿透电流　C. 截至频率　D. 晶体管的管型

143. 如果三极管的集电极电流 I_c 大于它的集电集最大允许电流 I_{cm}，则该管(C)。

A. 被烧坏　B. 被击穿

C. 电流放大能力下降　D. 正常工作状态

144. 三极管交流电流放大系数 β 一般选在(A)之间，过大性能不稳定，过小电流放大能力低。

A. 60~100　B. 70~100　C. 80~90　D. 80~120

145. 放大器的电压放大倍数在(A)时增大。

A. 负载电阻增大　B. 负载电阻减小

C. 负载电阻不变　D. 与负载电阻无关

146. 在直流放大器中，零点漂移对放大电路中影响最大的是(A)。

A. 第一级　B. 第二极　C. 第三极　D. 末级

147. 推挽功率放大电路若不设置偏置电路，输出信号将会出现(C)。

A. 饱和失真　B. 截止失真　C. 交越失真　D. 线性失真

148. 乙类功率放大电路，静态时晶体管工作在(D)状态。

A. 放大区　B. 放大与饱和交界

C. 饱和与截止交界　D. 放大与截止交界

149. 硅稳压管稳压电路适用于(C)的电气设备。

A. 输出电流大　B. 输出电流小

C. 电压稳定度要求不高　D. 电压稳定度要求高

150. 稳压二极管是晶体二极管的一种，是用来对电子电路的(A)起稳定作用的。

A. 电压　B. 电流　C. 电阻　D. 频率

151. 喷嘴塞尺适用于测量(C)mm 以下孔径及缝隙。

A. 8　B. 10　C. 12　D. 15

152. 楔形塞尺适用与现场测量(C)mm 以下孔径及缝隙。

A. 35　B. 40　C. 45　D. 50

153. 游标卡尺的主尺和(A)制成一体。

A. 固定卡角　B. 活动卡角　C. 副尺　D. 滑块

154. 游标卡尺的副尺和(B)制成一体。

A. 固定卡角　B. 活动卡角　C. 主尺　D. 滑块

155. 内径千分尺用于进行(A)测量。

A. 内径尺寸　B. 外径尺寸　C. 钻头沟槽　D. 微米级别

156. 对于加工精度要求(C)的工件，要用千分尺来测量尺寸。

A. 一般　B. 较低　C. 较高　D. 最高

157. 内径千分尺的刻线方向与外径千分尺的刻线方向是(D)的。

A. 垂直　B. 交叉　C. 相同　D. 相反

158. 内径百分表的测量范围是通过更换(D)来改变的。

A. 表盘　B. 量杆　C. 长指针　D. 可换触头

159. 内径百分表可用来测量工件的(A)和孔的形位误差。

A. 孔径　B. 长度　C. 锥度　D. 大小

160. 便携式交流电压表，通常采用(A)仪表测量机构。

A. 电动系　B. 电磁系　C. 静电系　D. 磁电系

161. 要扩大直流电压表的量程应采用(A)电阻。

A. 串联分压　B. 并联分流　C. 串联分流　D. 并联分压

162. 安装式交流电流表通常采用(D)仪表测量机构。

A. 静电系　B. 感应系　C. 磁电系　D. 电磁系

163. 扩大直流电流表量程的方法是(B)。

A. 串联分流电阻　B. 并联分流电阻

C. 电压—电流法　D. 配用互感器

164. 指针式万用表欧姆挡的标尺是(C)。

A. 反向且均匀　B. 正向且均匀

C. 反向且不均匀　D. 正向且均匀

165. 万用表是由表头(B)和转换开关等基本部分组成。

A. 电阻　B. 测量线路　C. 电感　D. 测量元件

166. 兆欧表的标尺是(D)。

A. 正向均匀　B. 反向均匀　C. 正向不均匀　D. 反向不均匀

167. 兆欧表由(D)手摇直流发电机和测量线路组成。

A. 电流表　B. 电流互感器

C. 电磁系比率表　D. 磁电系比率表

168. 计量的主要特点和计量技术的核心是(D)。

A. 法制性　B. 一致性　C. 溯源性　D. 精确性

169. 计量的(D)指出，不论在任何时间、地点用何种仪器，采用何种方法由何人来进行工作，只要他按照计量规定去做，不仅是单位上的统一，还要对所得出的计量结果都应在给定的误差范围内一致，是否符合技术指标。

A. 精确性　B. 一致性　C. 溯源性　D. 法制性

170. 进行测量时所用的，按类别叙述的一组操作逻辑次序称为(C)。

A. 测量　B. 计量　C. 测量方法　D. 计量方法

171. 不是被测量，但对测量结果有影响的量是(C)。

A. 误差　B. 量值　C. 影响量　D. 量纲

172. 有计量器具所显示的示值就是被测量的值得测量方法是(A)。

A. 直接测量法　B. 间接测量法　C. 组合测量法　D. 比较测量法

173. 仅适合用于可叠加量测量的方法是(C)。

A. 直接测量法　B. 间接测量法　C. 组合测量法　D. 比较测量法

174. 从左起第一个非零的数字算起一直到最末位，均是(C)。

A. 误差　B. 数字　C. 有效位数　D. 数据

175. 对于数值0.923，要保留三位有效数字是(C)。

A. 0.92　B. 0.920　C. 0.923　D. 0.9230

176. 在一个测量列中，测量值与它们的算术平均值之差叫(B)。

A. 方差　　B. 残差　　C. 均差　　D. 实际平均差

177. 假想用一剖切平面，将机件全部剖切，以图形对称中心线为界，一半画成视图，一半画成剖视图，这样得到的剖视图叫(C)。

A. 全剖视图　　B. 局部视图　　C. 半剖视图　　D. 斜剖视图

178. 具体表明一零件的局部结构一般采用(B)。

A. 全剖视图　　B. 局部剖视图　　C. 半剖视图　　D. 局部放大图

179. 假想用一剖切平面，将机件全部剖切，这样得到的剖视图叫(A)。

A. 全剖视图　　B. 局部视图　　C. 半剖视图　　D. 斜剖视图

180. 在金属材料图样中剖面线用(B)线表示。

A. 粗实　　B. 细实　　C. 点划　　D. 虚

181. 在半剖视图中(D)不可省略。

A. 孔的边缘虚线　　B. 槽的虚线　　C. 虚线　　D. 孔的中心线

182. 国家标准对零、部件的结构和尺寸作出相应的规定，这些零、部件称为(D)件。

A. 零部　　B. 非标准　　C. 常用　　D. 标准

183. 标准件应符合国家标准，国标的代号为(C)。

A. GZ　　B. GA　　C. GB　　D. GJ

184. 标准件中键宽的尺寸由传递的(B)决定。

A. 温度　　B. 动力　　C. 压力　　D. 热量

185. 在圆柱表面形成的螺纹叫(A)。

A. 圆柱螺纹　　B. 圆锥螺纹　　C. 外螺纹　　D. 内螺纹

186. 在内表面形成的螺纹叫(D)。

A. 圆柱螺纹　　B. 圆锥螺纹　　C. 外螺纹　　D. 内螺纹

187. G1/2 表示的螺纹为(B)。

A. 普通螺纹　　B. 管螺纹　　C. 梯形螺纹　　D. 矩形螺纹

188. M20×1.5 表示的螺纹为(A)。

A. 普通螺纹　　B. 管螺纹　　C. 梯形螺纹　　D. 矩形螺纹

189. 内螺纹的画法中，在投影为圆的试图上，大径画(C)个细实线圆。

A. 1/4　　B. 1/2　　C. 3/4　　D. 1

190. 对于可见螺纹，其牙顶可用(C)线表示。

A. 虚　　B. 点划　　C. 粗实　　D. 细实

191. 允许尺寸的变动量是指(A)。

A. 公差　　B. 配合　　C. 表面粗糙度　　D. 误差

192. 最小极限尺寸与基本尺寸的代数差，叫(C)。

A. 极限偏差　　B. 上偏差　　C. 下偏差　　D. 公差

193. 形状和位置公差简称(A)。

A. 形位公差　　B. 形状误差　　C. 基本公差　　D. 基本误差

194. 通常用(C)符号表示平行度。

A. ⊥　　B. ∠　　C. //　　D. ⌒

195. 当零件大部分表面具有相同的表面粗糙度要求时，对其中使用最多的一种代号，可统一注在图样右上角，并加(B)二字。

A. 其他　　B. 其余　　C. 其中　　D. 其间

196. 在同一图样上，每一表面一般标注(A)次表面粗糙度。

A. 1　　B. 2　　C. 3　　D. 4

197. 熔断器的文字符号是(C)。

A. F　　B. T　　C. FU　　D. TU

198. “　　”是(B)的图形符号。

A. 动断触点　　B. 动合触点

C. 动断延时打开触点　　D. 动合延时闭合触点

199. 原理图中，各电器元件不画实际的外形图，而采用国家规定的(C)符号画出。

A. 图形　　B. 文字　　C. 统一国标　　D. 标志

200. 原理图中，对有直接联系的交叉导线连接点，要用(D)表示。

A. 小圆点　　B. 同心圆环　　C. 十字线　　D. 小黑点同心圆环

201. 原理图中，各电器元件是按其线路中所起作用分画在不同电路中，但它们的动作却是相互关联的，必须标以相同的(D)符号。

A. 线路　　B. 图像　　C. 字体　　D. 文字

202. DKJ 系列电动执行器的两相伺服电动机(D)。

A. 启动力矩较小　　B. 启动电流很大

C. 堵转特性较差　　D. 启动电流较小

203. DKJ 系列电动执行器的机械减速器能够输出(C)。

A. 高转速　　B. 小力矩　　C. 低转速　　D. 大电流

204. DKJ 系列电动执行器采用电磁式制动机构时，(B)。

A. 制动线圈与定子绕组的分相电容相串联

B. 制动线圈与定子绕组的分相电容相并联

C. 电机断电时，制动线圈带电

D. 电机通电时，制动线圈则断电

205. 目前应用较多的三种铂热电阻，其分度号分别是 Pt50、(B)、Pt300。

A. Pt75　　B. Pt100　　C. Pt150　　D. Pt200

206. 目前应用较多的两种铜热电阻，其分度号分别是 Cu100、(D)。

A. Cu20　　B. G　　C. Cu150　　D. Cu50

207. 铂铑 10 - 铂的分度号是(C)。

A. K　　B. B　　C. S　　D. T

208. 镍铬 - 镍硅的分度号是(C)。

A. S　　B. B　　C. K　　D. T

209. 铁 - 康铜的分度号是(D)。

A. S　　B. B　　C. K　　D. T

210. 在非标准化热电偶中，(C)热电偶专用于核反应堆测温。

A. 钨铼系　　B. 铱铑系　　C. 双铂钼　　D. 镍铬 - 考铜

211. 钨铼系热电偶的测温上限可达(D)℃。

A. 1000　　B. 1500　　C. 2000　　D. 2500

212. 测量管内流体的温度时，为减少导热误差，可将感温元件(C)。

A. 插入深度增大，并增大其外露长度　　B. 插入深度减小，并增大其外露长度

C. 插入深度增大，并减小其外露长度　　D. 插入深度减小，并减小其外露长度

213. 测量管内流体的温度时，为减少导热误差，对将感温元件的外径及壁厚的要求是(A)。

A. 外径减小，壁厚减小　　B. 外径增大，壁厚增大

C. 外径减小，壁厚增大　　D. 外径增大，壁厚减小

214. 壁面温度测量一般都采用(A)或半导体热敏电阻作为感温件。

A. 热电偶　　B. 热电阻

C. 双金属温度计　　D. 一体化温度变送器

215. 热电偶热端与壁面间的焊接方式中，(C)焊的误差最小。

A. 交叉　　B. 角形　　C. 平行　　D. 球形

216. 任何物体都会以(A)形式向外放射能量，这就是热辐射。

A. 电磁波　　B. 放热　　C. 磁力线　　D. 光

217. 黑体单色辐射力随(D)而变化。

A. 温度　　B. 压力　　C. 波长　　D. 温度及波长

218. 黑体全辐射力与绝对温度的(C)次方成正比。

A. 2　　B. 3　　C. 4　　D. 5

219. 温度变送器的校验时，应用的标准仪器的误差限为被校表误差限的(A)。

A. $\frac{1}{10}\sim\frac{1}{3}$　　B. $\frac{1}{5}\sim\frac{1}{3}$　　C. $\frac{1}{5}\sim\frac{1}{2}$　　D. $\frac{1}{2}\sim\frac{2}{3}$

220. 校验温度变送器时，当输出信号为12mA时，对应温度量程的(B)。

A. 40%　　B. 50%　　C. 60%　　D. 40%或60%

221. 对于非生产关键部位，用于监测的双金属温度计，属于(C)类计量器具。

A. A　　B. B　　C. C　　D. 强检

222. 测温时选择双金属温度计最大允许误差时，通常应为所测量对象所要求误差的(B)。

A. $\frac{1}{10}\sim\frac{1}{5}$　　B. $\frac{1}{5}\sim\frac{1}{3}$　　C. $\frac{1}{3}\sim\frac{1}{2}$　　D. $\frac{1}{2}\sim 1$

223. U形管差压计安装位置偏斜，将使其指示值(C)。

A. 偏小　　B. 不变　　C. 偏大　　D. 不变或偏小

224. 双波纹管差压计是基于(B)原理而实际工作的。

A. 力平衡　　B. 位移　　C. 压力平衡　　D. 能量平衡

225. 高阻电位差计，测量回路电阻时，电阻应满足(D)。

A. 在100Ω/V以上，工作电流在1mA以下

B. 在100Ω/V以上，工作电流在10mA以下

C. 在1000Ω/V以下，工作电流在10mA以下

D. 在1000Ω/V以下，工作电流在1mA以下

226. 直流电位差计的最大特点是不从被测对象中取用(A)。

A. 电流　B. 电压　C. 电势　D. 电阻

227. 直流电位差计的测量范围一般小于等于(D)。

A. 1V　B. 20mA　C. 4mA　D. 2V

228. 电子平衡电桥的测量桥路上支路通过电流不得大于 6mA，一般桥路设计时选取(B)mA。

A. 2　B. 3　C. 5　D. 6

229. 单臂电桥适于测量(A)的电阻。

A. 大于 1Ω　B. 小于 10Ω　C. 大于 50Ω　D. 大于 100Ω

230. 用电子电位差计测热电偶的温度，如果热端温度升高 2℃，室温下降 2℃，则仪表的指示(A)。

A. 升高 2℃　B. 下降 2℃　C. 不变　D. 升高 4℃

231. 一台测量范围为 200 ~ 800℃ 的 XWD 系列电位差计，若它的桥路电压增加，则该仪表的测量上、下限分别为(B)。

A. 大于 800℃；等于 200℃　B. 大于 800℃；大于 200℃

C. 小于 800℃；大于 200℃　D. 小于 800℃；小于 200℃

232. 气动压力变送器将压力转换成(D)的标准信号输出。

A. 0 ~ 10mA　B. 4 ~ 20MPa　C. 0 ~ 100kPa　D. 20 ~ 100kPa

233. 气动压力变送器以(D)为能源。

A. 电压　B. 电流　C. 电势　D. 压缩空气

234. 质量流量计的输出信号与(B)成比例。

A. 压力　B. 质量流量　C. 密度　D. 雷诺数

235. 科氏力式质量流量计适用于(D)的测量。

A. 高压气体　B. 各种液体

C. 低压气体　D. 高压气体和各种液体

236. 质量流量计测量质量流量的方法有(A)。

A. 直接式和推导式　B. 直接式和间接式

C. 电容式和电压式　D. 间接式和推导式

237. 由霍尔压力传感器的原理可知，测压范围决定于(B)。

A. 霍尔元件　B. 弹性元件　C. 二次仪表　D. 磁钢

238. 霍尔压力传感器的原理决定了其(C)。

A. 受温度影响小　B. 精度高

C. 灵敏度高　D. 不受工作电流影响

239. 电感式压力传感器的缺点是(C)。

A. 输出功率小　B. 结构复杂

C. 线性范围不大　D. 不可采用工频电源

240. 差动电感式传感器和螺管式电感传感器相比，其(D)。

A. 输出功率大　B. 线性范围小

C. 简单可靠　D. 误差小且能反映被测量极性

241. 当弹性元件受压力作用后产生位移，带动铁芯移动，使线圈中的(C)发生改变。

A. 电流　B. 电压　C. 电感　D. 电流和电压

242. 属于单活塞式压力计测量部分的是(D)。

A. 手轮　B. 丝杆　C. 工作活塞　D. 活塞缸

243. 单活塞式压力计在拧动手轮时，线杆推动(B)使工作液压力提高。

A. 测量活塞　B. 工作活塞　C. 工作液　D. 活塞缸

244. 差压变送器校验点一般选择(C)点。

A. 3　B. 4　C. 5　D. 10

245. 差压变送器校验时电流全量程的指示是(D)mA。

A. 4~10　B. 0~10　C. 0~20　D. 4~20

246. 差压变送器的基本误差是(B)。

A. 检定点的差压最大误差除以表计的上限差压

B. 检定点的输出电流最大误差除以16mA

C. 检定点的流量误差除以表计的上限流量

D. 检定点的输出电流误差除以20mA

247. 数字式显示仪表校验前，需要检查仪表的外观应符合(C)要求。

A. 规定　B. 检修　C. 规程　D. 校准

248. 数字式显示仪表的校验点应不少于(D)个。

A. 2　B. 3　C. 4　D. 5

249. 数字显示仪表的核心部件是(C)。

A. 数码显示管　B. 键盘　C. 模-数转换器　D. 放大电路

250. 显示仪表按显示方式不同可分为(D)。

A. 模拟式　B. 数字式

C. 模拟式、数字式　D. 模拟式、数字式和屏幕显示

251. 对闭环式仪表的说法中，(C)的说法是不正确的。

A. 闭环式仪表，除了有一个正向通道还有一个反馈回路，

B. 在闭环式仪表中，信号不再是单方向递送，而是有正反两个方向通道

C. 闭环式仪表利用负反馈，往往加大了各环节产生的误差

D. 要求精度较高的仪表常采用闭环形式

252. 磁电系仪表中产生反作用力矩的机构，通常指的是(B)。

A. 指针　B. 游丝　C. 铝框　D. 线圈

253. 磁电系仪表中，通过动圈的电流越大，则(D)。

A. 仪表指针偏转角度越小　B. 游丝反作用力矩越小

C. 指针的反作用力矩越大　D. 游丝反作用力矩越大

254. 在使用标准电流表时应注意，其所在试验室温度必须保持在(A)℃范围之内。

A. 20±5　B. 20±2　C. 30±2　D. 30±5

255. 在使用标准电流表时应注意，其所在试验室相对湿度不大于(C)。

A. 55%　B. 70%　C. 85%　D. 40%

256. SXHL 系列回路校验仪是(D)信号源。

A. 电压　B. 电阻　C. 毫伏　D. 毫安

257. SXHL 系列回路校验仪可测量(C)信号。

A. 电压　B. 电阻　C. 0~20mA　D. 1~5V

258. 常用校验直流分压箱的电压为(D)。

A. 5V 或 15V　B. 5V 或 24V　C. 15V 或 24V　D. 150V 或 300V

259. 当被测电压高于电位差计的测量上限时，应(A)。

A. 采用定阻输入式分压箱

B. 采用定阻输出式分压箱

C. 可采用输入式分压箱或输出式分压箱

D. 不可以采用直流分压箱

260. 电子皮带秤应变电阻荷重传感器是通过粘贴在弹性元件上的应变电阻转换为(D)来实现信号间转换的。

A. 功率值　B. 电压值　C. 电流值　D. 电阻值

261. 电子皮带秤的测速传感器产生一系列脉冲信号其脉冲输出频率与皮带机的实际速度(A)。

A. 成正比　B. 成反比　C. 不成比例　D. 成平方关系

262. 配电器在校验前必须预热(C)min。

A. 5　B. 10　C. 30　D. 60

263. 配电器的校验点最少应选取(C)点。

A. 3　B. 4　C. 5　D. 6

264. 配电器的校验过程中，若发现输出 100% 时超出允许误差，则应(A)。

A. 调整零点电位器　B. 调整量程电位器

C. 调整零点电位器或量程电位器　D. 无法调整

265. 校验时，压力控制器的接线端子或引线接外壳的绝缘电阻应大于(B)MΩ。

A. 30　B. 20　C. 10　D. 5

266. 压力控制器所附有的差动调节装置是用来调节参数(C)。

A. 回差　B. 公差　C. 变差　D. 交差

267. 氧化锆热态检查时应注意烟气中含氧量升高，氧化锆传感器输出的氧浓度差电压(B)。

A. 变高　B. 变低　C. 不变　D. 先升高后变低

268. 氧化锆探头冷态阻值检查时，冷态锆管内阻的大小和锆管负极与外壳的关系分别为(C)。

A. 0、相通　B. 无穷大、不相通

C. 无穷大、相通　D. 0、不相通

269. 氧化锆传感器原理是利用感受元件能传递(B)的性质。

A. 锆离子　B. 氧离子　C. 氧化锆分子　D. 氧离子空穴

270. 氧化锆传感器输出电压与烟气中含氧量呈(A)关系。

A. 对数　B. 正比　C. 反比　D. 线性

271. 配电器用以向现场安装的(B)变送器提供电源。

A. 一线制　B. 两线制　C. 三线制　D. 四线制

272. 配电器用以向现场安装的变送器提供电源，其供电电压为(A)。

A. DC24V　B. DC220V　C. AC24V　D. AC220V

273. 一般将(D)总称为物位。

A. 液位、料位、电位　B. 料位、电位、界位

C. 液位、料位、吨位　D. 液位、料位、界位

274. 按照工作原理分，物位仪表不包括(D)。

A. 直读式　B. 浮力式　C. 核辐射式　D. 分析式

275. 在压力表式温度计中，一般在弹簧管自由端与仪表指针之间插入一条双金属片，此金属片的作用是(D)。

A. 固定弹簧管自由端

B. 固定仪表指针

C. 减小弹簧管与仪表指针之间的缝隙

D. 补偿弹簧管周围环境温度变化引起的误差

276. 液体压力式温度计的液体受热后(A)，压力经毛细管传递给弹簧管，使之变形。

A. 压力升高　B. 压力降低　C. 容积变大　D. 容积变小

277. 各种压力式温度计在测温时(D)会对外散失热量，热量的损失会减小所测得的温度值。

A. 温包　B. 毛细管　C. 保护管　D. 毛细管或保护管

278. 各种压力式温度计在测温时毛细管或保护管会对外散失热量，热量的损失会(A)所测得的温度值。

A. 减小　B. 增加　C. 不改变　D. 不影响

279. 对于气体压力式温度计可采用(B)补偿法来消除大气压力产生的附加误差。

A. 温包　B. 辅助弹性元件　C. 毛细管　D. 加装连杆

280. 温度变送器的校验时，应用的标准仪器的误差限为被校表误差限的(D)。

A. $\frac{1}{5}\sim\frac{1}{2}$　B. $\frac{1}{5}\sim\frac{1}{3}$　C. $\frac{1}{2}\sim\frac{2}{3}$　D. $\frac{1}{10}\sim\frac{1}{3}$

281. 一体化温度变送器的校验周期是(B)个月。

A. 3　B. 6　C. 10　D. 12

282. 校验温度变送器时，温度变送器与标准电阻箱的连接应采用(C)线制连接法。

A. 一　B. 二　C. 三　D. 四

283. DBW 系列安全火花型温度变送器使用时可使任意两点间的短路电流在(B)mA 以内。

A. 10　B. 100　C. 200　D. 300

284. DBW 系列温度变送器主要由测量桥路以及(C)转换部分组成。

A. 位移—电流　B. 位移—电压　C. 电压—电流　D. 电流—电压

285. 与 DBW－100 型温度变送器连接的热电偶断线时，则 DBW 的输出为(D)mA。

A. 0　B. 4　C. 20　D. 10

286. 在电容式物位计中，电极一般由(B)制成。

A. 铁　B. 不锈钢　C. 铜　D. 石墨

287. 在电容式物位计常用的绝缘材料聚乙烯的使用温度为(B)。

A. 小于30℃　B. 小于60℃　C. 小于100℃　D. 小于200℃

288. 被测量介质为导电液时，电容式物位计的电极要用绝缘物覆盖，用(D)作为外电极。

A. 导电液位　B. 另取一种导体

C. 外圆筒　D. 导电液体和外圆筒一起

289. 工业核辐射仪表中，被测介质不同，吸收射线的能力也不同，一般(A)吸收能力最强。

A. 固体　B. 液体　C. 气体　D. 蒸汽

290. 应用最广泛的工业核仪表有料位计、厚度计、(D)计和核子称。

A. 质量　B. 体积　C. 压力　D. 密度

291. 料位最高时，料位计指示也最高，这时探头接收到的射线(B)。

A. 最强　B. 最弱　C. 比较强　D. 没有

292. 双波纹管差压计中差压与位移成(A)。

A. 正比　B. 反比　C. 平方　D. 开方

293. 当有差压时双波纹管差压计的连接轴向(B)方向移动。

A. 正压室　B. 负压室　C. 正压室或负压室　D. 任意

294. 当有差压时双波纹管差压计的(C)产生一个反作用力。

A. 弹簧管　B. 波纹管　C. 量程弹簧　D. 膜片

295. 1151系列电容式压力变送器的标准输出信号为(B)。

A. 1~5V　B. 4~20mA　C. 0~100kPa　D. 0~10mA

296. 1151系列电容式压力变送器的主要性能指标中，负载电阻为(B)Ω。

A. 0~100　B. 0~500　C. 0~1650　D. 0~2000

297. 1151系列电容式压力变送器输出信号通常采用(D)。

A. 一线制　B. 四线制　C. 三线制　D. 两线制

298. 容积式流量计的上限流量 Q_{max} 一般为下限流量 Q_{min} (B)倍。

A. 1~5　B. 5~10　C. 10~20　D. 20~30

299. 容积式流量计在(D)流量下，流量计转子转速较低，泄漏量相对于被测量来说比较大。

A. 大　B. 中

C. 最大流量与最小流量之间　D. 小

300. 流体(B)过高，会使容积式流量计转动部件热膨胀，造成流量计“卡死”现象。

A. 压力　B. 温度　C. 流量　D. 体积

301. 转子流量计中有流体自下而上流经锥形管时，由于流体在转子与锥管间的流通面积减小而产生(D)作用。

A. 静压　B. 扩张　C. 升压　D. 节流

302. 转子流量计在测量过程中，其“转子”上的(A)始终保持不变所以被称为恒压差压式流量计。

A. 全压差　B. 流通面积　C. 静压差　D. 动压力

303. 转子流量计中有流体自下而上流经锥形管时，流体在转子与锥管间的流通面积(A)。

A. 减小　B. 增大　C. 增大或减小　D. 不变

304. 一只测液位仪表上标有GZS，说明该仪表是(A)式液位计。

A. 石英玻璃管　B. 玻璃板　C. 磁浮球液位计　D. 磁翻板

305. 玻璃管液位计是根据(A)原理工作的。

A. 连通器　B. 阿基米德定律

C. 浮力　D. 电阻值随液位变化

306. 玻璃管液位计的安装要点是防止法兰泄漏，汽、水两个旋塞在同一中心线上，且(D)。

A. 相互平行　B. 相互垂直　C. 垂直锅筒　D. 垂直地面

307. 电极式液位计的电极在使用前必须测量其绝缘电阻，绝缘电阻的数值应大于(C)MΩ。

A. 20　B. 50　C. 100　D. 150

308. 电极式液位计补偿管的作用是对(B)进行补偿。

A. 压力　B. 温度　C. 流量　D. 压力和温度

309. 电极式液位计为适应高温高压条件下工作，可采用(D)电极。

A. 铜　B. 银　C. 氧化锌　D. 氧化铝

310. 静压式液位计设计的依据是因为不可压缩的液体高度和静压力成(B)关系。

A. 反比　B. 正比　C. 斜率　D. 对数

311. 静差压式液位计测敞口容器时，则气相压力为(A)

A. 大气压力　B. 0　C. 2kPa　D. 6kPa

312. 压力控制器主要是采用(A)的传感器

A. 膜盒式　B. 孔板式　C. 文丘利管式　D. 波纹管式

313. 压力控制器的主要核心元件是膜盒和(D)。

A. 调整机构　B. 壳体　C. 接点　D. 微动开关

314. 对于有脉冲压力的液体介质进行测量时应在控制器接口安装一个(B)。

A. 隔离罐　B. 压力冲击阻尼器

C. 孔板　D. 截流装置

315. 压力控制器的输出接点为(A)接点。

A. 无源　B. 有源　C. 光电耦合　D. 磁电耦合

316. 压力控制器的最大允许压力(D)设定压力。

A. 大于　B. 小于　C. 等于　D. 远大于

317. 压力控制器的接点通过的工作电流应(B)额定电流。

A. 大于　B. 小于　C. 等于　D. 远大于

318. 临界比例带法是以调节系统的边界稳定为前提，先用纯比例作用试验求出(D)，然后整定调节器参数。

A. 积分时间　B. 微分时间　C. 衰减时间　D. 临界比例带

319. 衰减曲线法的具体步骤第一项为(A)。

A. 积分时间最大，微分时间最小，比例带稍微大的值

B. 积分时间最小，微分时间最小，比例带稍微小的值

C. 积分时间最大，微分时间最小，比例带稍微小的值

D. 积分时间最大，微分时间较大，比例带稍微大的值

320. 调整SIPOS系列电动执行器的时候，如果出现"sign. gear ratio increase it!"则应该(A)。

A. 增加减速比　B. 减小减速比　C. 增加量程　D. 降低零点位置

321. SIPOS系列电动执行器在选择扭矩开方式后的全开位置是靠(B)调整的。

A. 调整零点电位器　B. 自动寻找开扭矩

C. 人为设定　D. 机械限位

322. 调整SIPOS系列电动执行器的时候，如果反馈量程不够，应该调整(A)。

A. 齿轮减速比　B. 电位器　C. 输出角　D. 端位

323. 系统调节过程中，对于过渡过程可以从三方面进行分析，其中(D)不属于其分析指标。

A. 稳定性　B. 快速性　C. 准确性　D. 随机性

324. 系统调节过程结束后，被调量的实际值与给定值之间存在一定的偏差，该偏差称为(B)。

A. 动态偏差　B. 静态偏差　C. 实际偏差　D. 调节偏差

325. 系统调节过程中，衰减率等于0，则过渡过程为(C)。

A. 不振荡过程　B. 渐扩振荡过程

C. 等幅振荡过程　D. 衰减振荡过程

326. 一阶惯性环节的时间常数，就是在阶跃输入下，输出信号(D)所需要的时间。

A. 以初始速度变化到被调量峰值　B. 以最快速度变化到稳态值

C. 以最快速度变化到被调量峰值　D. 以初始速度变化到稳态值

327. 一阶惯性环节的时间常数愈小，则其愈接近于(C)环节。

A. 积分　B. 微分　C. 比例　D. 延迟

328. 一阶惯性环节的时间常数愈大，则其愈接近于(B)环节。

A. 微分　B. 积分　C. 比例　D. 延迟

329. 自动调节系统中的静差是(D)。

A. 包括系统元件的不灵敏区

B. 包括系统元件的零点漂移造成的永久性偏差

C. 调节中间过程中测量与给定的偏差

D. 系统工作原理上由扰动或给定值变化引起的偏差

330. 根据系统静差是相对于输入种类来说，可分为(A)静差。

A. 给定和扰动　B. 阶跃和脉冲

C. 扰动和脉冲　D. 给定和脉冲

331. 有一些自动调节系统的给定值是阶跃变化的，则其对应的静差称为(B)。

A. 给定速度静差　　B. 给定位置静差

C. 给定加速度静差　　D. 阶跃给定

332. 锅炉火焰检测器的探头采用凸透镜的目的，是为了它能将探头的视角限定在(B)。

A. 2°　　B. 3°　　C. 4°　　D. 5°

333. 通过测燃料燃烧时发出的可见光来检测火焰的装置是根据火焰的(D)来判断不同火焰的。

A. 亮度　　B. 色彩　　C. 形状　　D. 频率

334. 火焰检测器安装位置的原则是：视角合适。也就是在火焰检测器探头安装时，一定要通过计算机调整试验，使探头视野始终落在(B)才能保证火焰信号检测效果。

A. 预热区　　B. 初始燃烧区　　C. 完全燃烧区　　D. 燃烬区

335. 在电涡流传感器的调频调幅式测量中，高频振荡器输出的(C)经检波后由跟随器输出电压信号。

A. 调幅波　　B. 调频波　　C. 调幅调频波　　D. 直流信号

336. 电涡流传感器的调频式测量是将回路中的(B)作为输出量。

A. 工频频率　　B. 谐振频率　　C. 固定频率　　D. 设定频率

337. 电涡流传感器配以相应的(C)就可将被测的非电量信号转换成电压信号。

A. 中继器　　B. 信号放大器　　C. 前置放大器　　D. 阻抗放大器

338. 电涡流传感器结构形式比较简单，主要由(D)和框架组成。

A. 接点　　B. 导线　　C. 磁铁　　D. 线圈

339. 电涡流传感器对线圈的设计要求为(D)稳定性好。

A. 灵敏度高、线性范围小　　B. 灵敏度低、线性范围小

C. 灵敏度低、线性范围大　　D. 灵敏度高、线性范围大

340. 电涡流传感器对于圆形截面的线圈而言，其(A)但灵敏度降低。

A. 外径越大，线性范围越大　　B. 外径越大，线性范围越小

C. 外径越小，线性范围越小　　D. 外径越小，线性范围越大

341. 电涡流传感器由于测量线性范围大、灵敏度高、结构简单、抗干扰能力强、不受油污等介质影响，特别是(C)测量的优点，而得到了广泛的应用。

A. 热感应　　B. 光电感应　　C. 无接触　　D. 接触

342. 对于电涡流传感器来说，如被测体为圆柱体，当其直径为传感器直径的(D)倍以上时不会影响测量结果。

A. 1/3　　B. 1/2　　C. 2　　D. 3

343. 电涡流传感器，被测体的面积与传感器线对应的面积(B)时，传感器的灵敏度不受影响。

A. 大　　B. 大得多　　C. 小　　D. 小得多

344. 电涡流传感器在长期使用中应对其(A)、动态线性范围进行标定。

A. 灵敏度　　B. 稳定性　　C. 输出电压　　D. 输出电流

345. 电涡流传感器的标定分为(B)两种。

A. 冷态和热态　　B. 静态和动态　　C. 静态和稳态　　D. 动态和稳态

346. 电涡流传感器的静态标定可以得出传感器的(D)曲线。

A. 电阻—位移　B. 电流—位移　C. 电压—电流　D. 电压—位移

347. 在汽轮机的轴振动测量中所测到的与瞬时位移成正比的输出信号，包含有(A)。

A. 直流分量和交流分量　B. 直流分量和位移分量

C. 交流分量和位移分量　D. 谐振频率和位移分量

348. 汽轮机组的瓦振监测系统主要监测轴承在安装点上的(C)。

A. 振动频率　B. 振动相位　C. 振动幅值　D. 谐振频率

349. 机械式行程开关与非接触式行程开关相比，接点容量(A)。

A. 大　B. 小　C. 相等　D. 远远小于

350. 机械式行程开关的触点是(C)触点。

A. 磁感应　B. 电感应　C. 有源　D. 无源

351. 接近式开关在检测方式上最突出的特点是(B)。

A. 接触检测　B. 非接触检测　C. 不连续检测　D. 无源检测

352. 接近式开关是(D)开关

A. 无源检测　B. 不连续检测　C. 有触点输出　D. 无触点输出

353. 接近式开关是(D)检测

A. 无源　B. 不连续　C. 有触点输出　D. 有源

354. 补偿导线是一对在一般为(C)℃范围内热电特性与某种热电偶相同或十分相近的导线。

A. 10 ~ 50　B. 20 ~ 100　C. 0 ~ 100　D. 0 ~ 150

355. 常用的自动冷端温度补偿器是利用(B)构成的。

A. 平衡电桥原理　B. 不平衡电桥原理

C. 机械零点调整原理　D. 冷端恒温法

356. 在热电偶测温系统中采用补偿电桥后，相当于冷端温度稳定在(C)。

A. 0℃　B. 补偿电桥所处温度

C. 补偿电桥平衡温度　D. 环境温度

357. 补偿导线只能与分度号相同的热电偶配合使用，通常补偿导线的补偿接点温度为(B)。

A. 0℃以下　B. 100℃以下　C. 100 ~ 200℃　D. 200 ~ 300℃

358. 热敏电阻的阻值与温度的关系是(A)。

A. $R_T = Ae^{B/T}$　B. $R_T = Ae^{T/B}$　C. $R_T = Ae^{T/d}$　D. $R_T = Ae^{d/T}$

359. 半导体热敏电阻具有(D)的电阻温度系数。

A. 大　B. 小　C. 正　D. 负

360. 配热电偶动圈表的量程电阻应为(C)Ω。

A. 5 ~ 10　B. 10 ~ 100　C. 200 ~ 1000　D. 200 ~ 1500

361. 配热电阻动圈表的电阻组成(D)桥臂。

A. 1　B. 2　C. 3　D. 4

362. 配热电阻动圈表的热电阻与桥路连接采用(B)线制接法。

A. 2　B. 3　C. 4　D. 5

363. 阀门按压力分类时，$PN=1.6$MPa 的阀门是属于(A)阀门。

A. 低压　B. 常压　C. 中压　D. 高压

364. 安全阀的类型代号是(D)。

A. Z　B. Q　C. J　D. A

365. 阀门型号中的第一单元"J"表示为(B)。

A. 闸阀　B. 截止阀　C. 减压阀　D. 球阀

366. 阀体材料代号"K"代表(B)铸铁。

A. 灰口　B. 可锻　C. 球墨　D. 高硅

367. J41H－16 中的"H"表示(B)。

A. 黄铜　B. 钢合金　C. 铜合金　D. 碳钢

368. Y41T－16 型减压阀的进口压力为(B)MPa。

A. 0.16　B. 1.6　C. 4.1　D. 16

369. 对于允许超调量大、偏差小的调节对象，则衰减率的取值可以(B)。

A. 大些　B. 小一些　C. 应等于1　D. 应大于1

370. 衰减率等于1，则过渡过程为(A)。

A. 不振荡过程　B. 渐扩振荡过程

C. 等幅振荡过程　D. 衰减振荡过程

371. 单容对象在比例调节器的作用下，控制过程是非周期的，(B)产生振荡现象。

A. 经常　B. 不会　C. 偶尔　D. 周期性

372. 在一定程度上，适当增强比例作用，则系统的稳态偏差(C)。

A. 变大　B. 保持不变　C. 变小　D. 会产生过调

373. 系统调节器的比例系数和比例带的关系是(A)的。

A. 成反比　B. 成正比　C. 相同　D. 没有可比性

374. 浮筒式液位计是根据悬挂于容器中其空间位置未变的物体所受(D)的大小来求得物体被浸没的高度(即液位)的原理来进行测量。

A. 压力　B. 温度　C. 弹力　D. 浮力

375. 浮筒式液位计的浮筒一般是由不锈钢制成的(B)。

A. 空心球体　B. 空心长圆柱体

C. 实心球体　D. 实心长圆柱体

376. 一台浮筒式液位计，(A)。

A. 其液位越高，扭力簧所产生的扭力越小

B. 液位变化时，浮球说产生的浮力发生变化，因而可测出液位高低

C. 液位示值与被测介质密度有关

D. 其测量量程决定于其重量

377. 当浮筒式液位计的浮筒被腐蚀穿孔或压扁时，其输出指示液位比实际液位(D)。

A. 偏高　B. 偏高或偏低　C. 不变　D. 偏低

378. 当浮筒式液位计的浮筒脱落时，其输出应(D)。

A. 偏高　B. 偏低　C. 不变　D. 指示最大

379. ICS 系列电子皮带秤的称重范围在(D)t/h。

A. 0~1000　B. 0~2000　C. 1~4000　D. 1~6000

380. ICS 系列电子皮带秤载荷传感器的激励电压为(B)。

A. DC24V　B. DC10V　C. DC36V　D. AC220V

381. 对于积分调节环节而言，调节阀的动作速度的大小及方向只决定于(A)。

A. 偏差的大小及正负　B. 偏差变化速度的大小及方向

C. 积分时间的长短　D. 偏差的方向

382. 积分时间越小，积分作用越强，(C)。

A. 调节效果越好　B. 达到稳态所需时间越短

C. 越容易造成振荡　D. 才能够解决过调现象

383. 积分调节过程被调量的波动幅度较大，调节过程时间较长，这是因为(B)引起的。

A. 积分时间太长　B. 过调

C. 积分时间为零　D. 给定值设置不当

384. 针对(D)的对象，为了提高调节质量，需要在调节器中加入微分作用。

A. 容量无迟延　B. 惯性较小

C. 容量无迟延和惯性较大　D. 容量迟延和惯性较大

385. 纯微分调节器的调节过程结束后，被调量的变化速度为零，这时调节器输出(D)。

A. 最大　B. 最小

C. 与偏差大小有关　D. 保持不变

386. 针对纯微分调节器，如果被调量的变化速度一直小于调节器的死区，调节器(C)。

A. 仍能够正确动作　B. 能否动作要看偏差的积累程度

C. 不能动作　D. 动作与否与死区无关

387. 串级调节系统中，主调节器一般采用(A)调节规律。

A. PI 或 PID　B. P 或 D　C. PD 或 I　D. D 或 PD

388. 串级调节系统副调节器的调节规律可以采用(C)作用。

A. 纯积分　B. 纯微分　C. 纯比例　D. 积分+微分

389. 串级调节系统与单回路调节系统相比，工作频率(D)。

A. 基本不变　B. 有所降低　C. 降低为零　D. 有所提高

390. 导前微分控制系统中，引入导前微分信号的目的是(A)。

A. 缩短迟延时间　B. 减小被调量的扰动

C. 减少脉冲扰动量　D. 改善调节对象的静态特性

391. 导前微分控制系统之所以具有很强的抗内扰能力，是因为它可以等效为(B)调节系统。

A. 单回路　B. 串级　C. 开环　D. 微分

392. 用串级控制系统代替导前微分系统时，如果主调节器采用 PID 调节规律时，则(C)。

A. 其性能不会优越于导前微分调节系统

B. 很容易就可以用导前微分系统代替

C. 很难用导前微分系统代替

D. 互换不需要条件

393. 前馈控制调节器的传递函数取决于对象控制通道和(B)的特性。

A. 执行　　B. 干扰　　C. 前馈　　D. 反馈

394. 前馈控制与反馈控制相比较，前馈控制对于干扰的克服比反馈控制(B)。

A. 滞后　　B. 及时

C. 没有可比性　　D. 有时会超前，有时也可能滞后

395. 前馈控制规律完全是由对象特性决定的，它是干扰通道和控制通道传递函数的(C)。

A. 和　　B. 积　　C. 商　　D. 差

396. DCS 系统安装时对电源设备的供电质量有较高的要求，电压变化不允许超过额定电压的(A)。

A. ±10%　　B. ±15%　　C. ±12%　　D. ±1%

397. DCS 系统安装时对电源设备的电源频率要求在工频的(D)。

A. ±5%　　B. ±4%　　C. ±3%　　D. ±2%

398. DCS 系统电缆敷设时应注意(C)。

A. 动力电缆在下层，信号和控制电缆在上层

B. 动力电缆和控制电缆在上层，信号电缆在下层

C. 动力电缆在上层，信号和控制电缆在下层

D. 动力电缆和信号电缆在下层，控制电缆在上层

399. DCS 系统中的过程控制级的主要功能有(A)。

A. 数据采集　　B. 存档功能　　C. 自适应控制　　D. 管理功能

400. DCS 系统中的(A)是整个工艺系统的协调者和控制者。

A. 功能卡件　　B. 生产管理级　　C. 操作员站　　D. 过程管理级

401. DCS 系统基本控制器的核心部件是(B)，它是控制器的处理和指挥中心。

A. 存储器　　B. CPU　　C. 通信接口　　D. 自诊断系统

402. 在 DCS 系统基本控制器中，I/O 通道由(B)组成。

A. 模拟量输入、输出两部分

B. 模拟量输入、输出和开关量输入、输出四部分

C. 开关量输入、输出两部分

D. 并行数据输入、输出端口

403. 在 DCS 系统基本控制器中，通信接口中的并行数据输入、输出端口包括有(A)。

A. 相应缓冲存储器　　B. 调制解调器

C. 同步检查控制器　　D. 接收、发送器

404. 上海新华系列 DEH 系统的 DPU 是 XDPS 系统的(D)。

A. 功能块　　B. 逻辑块　　C. 计算块　　D. 控制器

405. 上海新华系列 DEH 系统的 DPU 运行后，显示画面有三种状态，即(C)。

A. 主控态、副控态、故障态　　B. 主控态、跟踪态、故障态

C. 主控态、跟踪态、初始态　　D. 主控态、初始态、故障态

406. XDPS 规定，冗余配置 DPU 占用的节点号与相应冗余 DPU 的节点号应该相差(B)。

A. 10　　B. 20　　C. 30　　D. 40

407. 上海新华系列 DEH 系统的组态软件中，总控软件是(A)。

A. NETWIN　　B. DPU　　C. MAKER　　D. ALMHIS

408. 上海新华系列 DEH 系统中的报警一览软件名称是(D)。

A. GTW　　B. WIN－OS　　C. DPU　　D. ALMLST

409. 上海新华系列 DEH 系统中，如果要新增加一个点，首先必须在(D)文件里做组态。

A. GTW　　B. 画面　　C. ALMHIS　　D. 点目录

410. 在变频器的启动过程中，其参数的设定原则是：在(C)不超过允许值的前提下，尽可能地缩短升速时间。

A. 电动机启动电压　　B. 变频器启动频率

C. 电动机启动电流　　D. 电动机额定转速

411. 在变频器的启动设定中，各种变频器所提供的加速方式主要有线性方式、S 形方式和(A)几种。

A. 半 S 形方式　　B. 抛物线性方式

C. 双曲线性方式　　D. 正弦波方式

412. 在变频器的启动设定中，对于惯性较大的负载，必须合理设定(C)，电动机才易于开始转动。

A. 基本频率　　B. 上限频率　　C. 启动频率　　D. 点动频率

413. 高加保护在运行期间，如需测量筒与设备解列，必须关严汽水侧截门，再缓慢开启(C)泄压冷却后，方可进行检修。

A. 一次门　　B. 二次门　　C. 排污门　　D. 排水门

414. 高加保护测量筒解列后，热态投运时应先开(A)。

A. 汽侧截门　　B. 水侧截门　　C. 排污门　　D. 排水门

415. 汽轮机瓦振保护应在(D)投入，因汽轮机冲转时瓦振可能会瞬间过大，易引起保护动作。

A. 盘车前　　B. 定速后　　C. 冲转前　　D. 冲转后

416. ETS 中凝汽器真空低信号取自(A)。

A. 就地真空开关　　B. TSI 柜　　C. 就地真空表　　D. DCS 柜

417. 凝汽器真空低保护采用的是(D)逻辑输出。

A. 六取四　　B. 四取二　　C. 四取三　　D. 三取二

418. 汽轮机低油压保护应在(A)投入。

A. 盘车前　　B. 定速后　　C. 冲动前　　D. 冲动后

419. 低油压保护以及其他所有信号、保护、程控系统的电缆必须使用(B)电缆。

A. 通信　　B. 铜芯　　C. 铝芯　　D. 光芯

420. 汽轮机运行时，起转速最大一般不允许超过额定转速的(A)。

A. 10%　　B. 20%　　C. 25%　　D. 30%

421. 在盘车时，(A)是引起转速信号干扰大致使转速表显示偏大的原因之一。

A. 屏蔽线接地不正确　　B. 有断路的地方

C. 探头损坏　　D. 测速探头安装间隙大。

422. 当安装 Epro 公司的 PR9376 转速传感器时，传感器上的定位标记点方向与轴(B)。

A. 平行　B. 垂直　C. 垂直或平行　D. 任何方向

423. 汽轮机轴向保护应在(B)投入。

A. 定速后　B. 冲转前　C. 带部分负荷时　D. 冲转后

424. 轴向位移与转换器(前置放大器)输出信号中的(B)相对应。

A. 交流分量的有效值　B. 直流分量

C. 交流分量的峰－峰值　D. 交流分量的峰值

425. 汽轮机的串轴保护的作用是(C)。

A. 保持汽轮机动静中心不变

B. 引导轴承座或汽缸沿轴向滑动

C. 汽轮机轴向位移增大时，防止损坏设备

D. 保持汽轮机轴向位移不变

426. 二进制数 110102 相当于十进制数(A)。

A. 1310　B. 1210　C. 13　D. 12

427. 二进制数 110102 相当于十六进制数(A)。

A. 1316　B. 1216　C. 13　D. 12

428. 计算机中 1kB 字节表示的二进制位数是(C)。

A. 1000　B. 8×1000　C. 1024　D. 8×1024

429. 能作为存储容量单位的是(C)。

A. bit　B. MIPS　C. MB　D. bate

430. 存储 1GB 等于(D)。

A. 1024B　B. 1024KB　C. 128MB　D. 1024MB

431. 到目前为止，CPU 已经发展了(D)代。

A. 3　B. 4　C. 5　D. 6

432. 决定微型计算机系统性能指标的是(D)性能指标。

A. ROM　B. RAM　C. CD－ROM　D. CPU

433. 下面列出的四种存储器中，易失性存储是(D)。

A. ROM　B. CD－ROM　C. PROM　D. RAM

434. 下列存储器存取速度最快的是(A)。

A. 内存　B. 硬盘　C. 光盘　D. 软盘

435. 操作系统是计算机系统中的一个(B)，它是一组程序模块的集合。

A. 应用软件　B. 系统软件　C. 工具软件　D. 数据库软件

436. 操作系统是直接运行在计算机硬件上最基本的(A)。

A. 系统软件　B. 应用软件　C. 工具软件　D. 数据库软件

437. 由文件主名和扩展名两部分组成，中间用一个圆点分隔开的是(B)。

A. 文件　B. 文件名　C. 程序名　D. 目录

438. 文件在目录树上的位置为文件的(B)。

A. 地址　B. 路径　C. 存储地点　D. 目标

439. Windows 2000 系统式(D)操作系统。

A. 单任务、多用户　　B. 单任务、单用户

C. 多任务、多用户　　D. 多任务、单用户

440. 下列(D)系统是真正的32位操作系统。

A. Win95　　B. Win98　　C. Winme　　D. Win2000

441. 在【关闭计算机】对话框中，如果按下键盘上的(C)键。则对话框中【待机】按钮将变成【休眠】按钮。

A. Ctrl　　B. Alt　　C. Shift　　D. Del

442. Windows 2000 的桌面是指(B)。

A. 全部窗口　　B. 整个屏幕

C. 某个应用程序窗口　　D. 一个活动窗口

443. 单选钮是一个下凹的小圆圈，一组中的单选钮在选择时，说法正确的是(A)。

A. 有一个被选择　　B. 有两个被选择

C. 允许多个被选择　　D. 允许全部选择

444. 在 DOS 下安装 Windows 2000 进入 BIOS 设置程序，把 First Boot Device 项设为(C)，保存后退出 BIOS。

A. Hard Disk　　B. Floppy　　C. CDROM　　D. LS120

445. 不同的操作系统使用的分区格式可以不完全一样，通常 Windows 2000 下使用(D)分区。

A. FAT　　B. FAT16　　C. FAT32　　D. NTFS

446. 在打开"工作组或计算机域"对话框，默认的工作组名为(C)。

A. work　　B. group　　C. workgroup　　D. groupwork

447. 发送电子邮件时，不可作为附件内容的是(B)。

A. 可执行文件　　B. 文件夹　　C. 压缩文件　　D. 图像文件

448. 在应用程序 Outlook Express 中，用来保存往来邮件的人名和邮箱地址的是(D)。

A. 地址簿　　B. 通讯录　　C. 收件箱　　D. 通讯簿

449. 单击【开始】按钮，打开【开始】菜单(A)子菜单单击"Microsoft Word"。

A.【程序】　　B.【文档】　　C.【设置】　　D.【运行】

450. Word2000 退出的方法有(D)种。

A. 1　　B. 2　　C. 3　　D. 4

451. 按下(A)组合键，在英文输入法和中文输入法之间可快速切换。

A. Ctrl + space　　B. Ctrl + Shift

C. Alt + space　　D. Alt + space

452. 启动 Excel 2000 的正确启动方法(A)。

A. 单击【开始】/【程序】/Microsoft Excel 命令

B. 单击【开始】/【文档】/Microsoft Excel 命令

C. 按 Ctrl + O 组合键

D. 按 Alt + O 组合键

453. 按住键盘上的(A)键的同时，按下鼠标并拖动单元格的数据，可以快速复制单元格的内容。

A. Ctrl　　B. Shift　　C. Alt　　D. Tab

454. 当一份演示文稿应经打开后，屏幕通常处于(A)模式。

A. 普通视图　　B. 大纲视图　　C. 备注视图　　D. 幻灯片视图

455. 退出 PowerPoint2000 使用的组合键是(D)。

A. Ctrl + F1　　B. Shift + F4　　C. Alt + F1　　D. Alt + F4

456. PowerPoint2000 中，在(D)视图下不可以进行插入新幻灯片的操作。

A. 大纲　　B. 幻灯片　　C. 幻灯片浏览　　D. 幻灯片放映

457. 具有将溶液中某种特定离子的活度转变为一定电位功能的电极称为(C)。

A. 玻璃电极　　B. 参比电极

C. 离子选择性电极　　D. 敏化电极

458. 离子选择性电极的敏感膜都具有(B)。

A. 导电性　　B. 渗透性　　C. 阻断性　　D. 绝缘性

459. 晶体电极是离子选择性电极中的(A)电极。

A. 基本　　B. 敏化　　C. 刚性基质　　D. 均相膜

460. 玻璃膜电极属于(D)电极。

A. 晶体　　B. 流动载体　　C. 均相膜　　D. 刚性基质

461. 氟离子选择性电极是典型的(C)电极。

A. 敏化　　B. 非晶体　　C. 单晶均相晶体　　D. 非均相膜

462. 离子选择性电极的电阻包括敏感膜的体电阻、内充液和(C)的电阻。

A. 外膜　　B. 外参比电极　　C. 内参比电极　　D. 液接界面

463. 电极内阻越大，要求与之配套的测量仪器的输入阻抗(B)。

A. 越低　　B. 越高　　C. 不变　　D. 越低或不变

464. 电极的(C)是用电极电位的漂移来衡量的。

A. 选择性　　B. 重复性　　C. 稳定性　　D. 可逆性

465. 在压力，温度一定的条件下，当被测溶液的组成改变时，(B)的电极电位应保持恒定。

A. 玻璃电极　　B. 参比电极　　C. 敏化电极　　D. 晶体电极

466. 指通过测量电极系统与被测溶液构成的测量电池的电动势，获知被测溶液离子浓度的分析方法称为(C)。

A. 电导式分析法　　B. 电流式分析法

C. 电位式分析法　　D. 光学分析法

467. 用于电位式分析法的仪器称为(C)。

A. 电导式分析仪器　　B. 电流式分析仪器

C. 电位式分析仪器　　D. 光学分析仪器

468. 工业 pH 计主要由 pH 发送器和(D)组成。

A. 电流转换器　　B. 电压转换器

C. 频率转换器　　D. 高阻转换器

469. 目前测量溶液 pH 值所使用的指示电极多为(A)。
A. 玻璃膜电极　　B. 甘汞电极
C. 银 - 氯化银电极　　D. 固体参比电极

470. 工业 pH 计使用时，将测量电池电动势 E 中的 E_0 减去的操作叫(C)。
A. 调零　　B. 调线形　　C. 定位　　D. 调量程

471. 工业 pH 计中，为消除温度对(A)的影响，使信号标准化，仪表内部都设有温度补偿电路。
A. 转换斜率　　B. 线性　　C. 测量　　D. 电极

472. 为保证工业 pH 计正常工作，必须确保仪器具有良好的(C)。
A. 绝缘　　B. 外观　　C. 接地　　D. 环境

473. 使用工业 pH 计时，避免(A)球泡与测量杯及硬物相碰，防止球泡破碎或擦伤。
A. 玻璃电极　　B. 敏化电极　　C. 参比电极　　D. 铂电极

474. 新玻璃电极使用前必须(B)。
A. 清洗　　B. 活化　　C. 调整　　D. 检查

475. 对 pNa 值测定中的离子干扰主要是(B)。
A. Ag^+　　B. H^+　　C. Ca^{2+}　　D. Mg^{2+}

476. 为了抑制 H^+ 的干扰作用，通常采用加(A)试剂调节 pH 值的方法来解决。
A. 碱　　B. 酸　　C. 盐　　D. 酶

477. 在安装或拆卸电极传感器是，若(B)接触到油性物质时，应立即冲洗。
A. 电极　　B. 电机球泡　　C. 电极插头　　D. 电极插口

478. 在 pNa 计工作时，应保持玻璃电极插口、插头和引线连接部分的清洁干燥，要保证输入端处于(D)状态，以免引起测量误差。
A. 开路　　B. 短路　　C. 低阻　　D. 高阻

479. 玻璃电极错误的放置方式是(C)。
A. 平放　　B. 竖放　　C. 倒置　　D. 斜放

480. 手操器使用中，手操器与电源之间必须至少(D)Ω 的电阻以保持通讯。
A. 50　　B. 150　　C. 200　　D. 250

481. 不可以用手操器设置现场变送器的(C)。
A. 量程　　B. 显示单位
C. 膜盒最大工作压力　　D. 迁移量

482. 以下四种低压电器中，(C)可用来控制联锁回路的接通和断开。
A. 按钮　　B. 组合开关　　C. 控制开关　　D. 交流接触器

483. 对于开关量变送器，其输入量是(A)。
A. 连续变化的物理量　　B. 间断变化的物理量
C. 连续变化的模拟量　　D. 间断变化的模拟量

484. 两位式压力开关的(A)有膜片式、波纹式和活塞式三种类型。
A. 传感器部件　　B. 压力源部件　　C. 耐压部件　　D. 防爆部件

485. 压力开关的(D)有普通和防爆两种类型。
A. 触点部件　　B. 密封部件　　C. 耐压部件　　D. 开关部件

486. 在压力开关的选取时，必须注意其最大工作压力应(D)最大调解范围。

A. 大于　B. 小于　C. 远远小于　D. 远远大于

487. 通常保护调解范围与压力开关的(A)有关。

A. 动作值　B. 准确值　C. 耐压值　D. 恢复值

488. 压力开关动作值的设定范围应大于压力开关调节范围上限的(D)。

A. 5%　B. 10%　C. 20%　D. 30%

489. 对于差压开关来说，当设定点在压力开关量程(B)时，死区最小。

A. 最高端　B. 最低端　C. 中点　D. 3/4 量程

490. 差压开关在量程选择时，(C)尽可能靠近总调解范围的中点。

A. 准确值　B. 耐压值　C. 动作值　D. 恢复值

491. 液位开关中，(A)浮子强度高，不易受液面波动的影响。

A. 球形　B. 矩形　C. 筒形　D. 圆锥形

492. 液位开关的种类很多，有浮子式、电接触式、音叉式和(C)。

A. 电流式　B. 电感式　C. 电容式　D. 电压式

493. UQK 浮球式液位开关被测介质液面的波动频率不能太大，且不应含有(A)物质。

A. 导磁　B. 导电　C. 绝缘　D. 非绝缘

494. 行程开关按接触方式分为(D)两种。

A. 光电式和电容式　B. 直动式和滚轮式

C. 电容式和电感式　D. 接触式和接近式

495. 常用的机械式行程开关有(A)和直动式两种。

A. 滚动式　B. 接触式　C. 非接触式　D. 电动式

496. 机械式行程开关和非接触式行程开关都是用(D)来转化成电信号，以控制运动部件的行程。

A. 差压信号　B. 压力信号

C. 温度信号　D. 机械位移信号

497. 机械行程开关是利用(A)的方法来检测物体的机械位移。

A. 直接接触　B. 间接接触

C. 非接触　D. 直接接触或非接触

498. 接近开关中有色金属传感器，当铜或铝之类的有色金属目标接近传感器时(C)。

A. 振荡幅值增大　B. 振荡幅值减小

C. 振荡频率增大　D. 振荡频率减小

499. 电感式接近传开关感器在测量时，振荡器的振荡及停振转换为电信号后通过整形放大转换成(D)的开关信号。

A. 十六进制　B. 八进制　C. 十进制　D. 二进制

500. 接近开关中有色金属传感器，当铁的黑色金属目标接近传感器时(D)。

A. 振荡幅值增大　B. 振荡幅值减小

C. 振荡频率增大　D. 振荡频率减小

501. 电子计算机用屏蔽电缆，其系列代号用字母(B)表示。

A. DZ　B. DJ　C. KVV　D. PVP

502. 电子计算机用屏蔽电缆，如果其绝缘层类型为聚乙烯，用字母(C)表示。

A. V B. X C. Y D. J

503. 电缆敷设时，其距保温层表面应保持一定距离，平行时一般不小于(D)mm。

A. 200 B. 300 C. 400 D. 500

504. 电缆敷设时，其距保温层表面应保持一定距离，交叉时一般不小于(A)mm。

A. 200 B. 300 C. 400 D. 500

505. 电缆分层敷设，由上至下为(C)。

A. 控制电缆、电力电缆、信号电缆 B. 信号电缆、电力电缆、控制电缆

C. 电力电缆、控制电缆、信号电缆 D. 信号电缆、控制电缆、电力电缆

506. 电缆保护管的内径一般至少应大于电缆外径的(A)倍。

A. 1.5 B. 2.5 C. 3 D. 3.5

507. 保护管的弯头最多不超过(C)个。

A. 1 B. 2 C. 3 D. 4

508. 在氢站热控系统中，信号灯具电压的选择时，必须选择(B)。

A. 防水型 B. 防暴型 C. 高亮型 D. 节能型

509. 在选择电动门就地控制系统中，开、关、停三个状态指示信号灯具时，三个指示灯的颜色应(D)。

A. 一致 B. 关、停颜色一致

C. 开、停颜色一致 D. 三者不同

510. 电接点液位开关只适用于(A)液体测量。

A. 导电率较高 B. 导电率较低

C. 导磁率较高 D. 导磁率较低

511. 在水平管道上测量气体压力时，取压点应选在(A)。

A. 管道上部、垂直中心线两侧45°范围内

B. 管道下部、垂直中心线两侧45°范围内

C. 管道水平中心线以下45°范围内

D. 管道水平中心线以上45°范围内

512. 当需要在阀门附近取压时，若取压点选在阀门前，则与阀门的距离必须大于(C)倍管道直径。

A. 0.5 B. 1 C. 2 D. 3

513. 安装取样管路时，测量压力的引压管的长度一般不应超过(B)m。

A. 25 B. 50 C. 75 D. 100

514. 安装取样管路时，对于水平敷设的压力取样管路应有(A)以上的坡度。

A. 3% B. 5% C. 6% D. 8%

515. 取样管路的弯曲度不宜太小否则会使导管的椭圆度增大，造成损坏导管，金属导管的弯曲半径不应小于其外径的(C)倍。

A. 1 B. 2 C. 3 D. 4

516. 电接点液位开关的水位计电极安装时应加淬火(C)垫片。

A. 铝合金　B. 黄铜　C. 紫铜　D. 铝

517. 电接点液位开关的测量筒安装时，为了确保电极不挂水，测量筒轴心线应与铅垂线(B)。

A. 垂直　B. 平行　C. 成15°角　D. 成30°角

518. 若变送器接线有接地现象，则会(C)。

A. 电流增高　B. 电压增高　C. 电流降低　D. 电压为零

519. 若压力变送器接头安装有泄漏，则会(B)。

A. 指示偏大　B. 指示偏小

C. 指示不变　D. 指示偏大或偏小

520. 测量蒸汽或液体微工作压力的压力变送器，其安装位置与测点的标高差引起的水柱压力应(B)。

A. 大于变送器的量程　B. 小于变送器的零点迁移最大值

C. 大于变送器的零点迁移最大值　D. 无具体要求

521. 安装一台测量蒸汽的压力变送器，若工作压力为20kPa，选用35kPa的1151型压力变送器，则测点与变送器的标高差最大为(B)m。

A. 2　B. 3. 5　C. 20　D. 35

522. 被测介质为液体时，使用差压变送器测量流量，如果差压计安装高于节流装置，应将信号导管(A)。

A. 向下敷设一段，然后向上至仪表

B. 向左或向右侧敷设一段，然后向上至仪表

C. 水平敷设一段，然后向上至仪表

D. 斜向上安装

523. 差压变送器的安装必须(B)，并且尽量靠近测量点。

A. 水平安装　B. 垂直安装　C. 径向安装　D. 斜向安装

524. 在测温范围(B)℃内，铜电阻的电阻与温度呈线性关系。

A. -50~100　B. -50~150　C. -200~300　D. -150~450

525. 铜热电阻与铂热电阻比，铜热电阻用于测量(C)的场合。

A. 准确度高，温度较低　B. 准确度高，温度较高

C. 准确度不高，温度较低　D. 准确度不高，温度较高

526. 铂热电阻的不足之处是(B)。

A. 物理性质不稳定　B. 化学性质不稳定

C. 测量精度低　D. 电阻与温度线性度较差

527. 热电偶的套管插入介质的有效深度(从管道内壁算起)，介质为高温高压主蒸汽，当管道公称通径等于或小于250mm时，有效深度为(B)mm。

A. 50　B. 70　C. 100　D. 125

528. 水平装设的热电偶的接线盒进线口一般应(A)。

A. 朝下　B. 朝上　C. 水平　D. 任意方向

529. 热电偶的套管插入介质的有效深度(从管道内壁算起)，介质为高温高压主蒸汽，当管道公称通径大于250mm时，有效深度为(D)mm。

A. 50　　B. 70　　C. 80　　D. 100

530. 氧化锆探头一般为(C)安装方式。

A. 电焊　　B. 气焊　　C. 法兰　　D. 氩弧焊

531. 对于旁路式氧化锆探头安装在旁路烟道的扩大管上，其取样管插入烟道部分的材质应根据(A)选取。

A. 烟气温度　　B. 烟气压力　　C. 烟气流速　　D. 环境温度

532. 对于旁路式氧化锆探头安装在旁路烟道的扩大管上，其取样管插入深度应(C)。

A. 大于烟道内径的1/2　　B. 小于烟道内径的1/2

C. 大于烟道内径的2/3　　D. 小于烟道内径的2/3

533. 水平装设的热电阻的接线盒进线口一般应(A)。

A. 朝下　　B. 朝上　　C. 水平　　D. 任意方向

534. 铠装热电阻采用卡套装置安装时，铠装热电阻浸入被测介质的长度不应小于其外径的(D)倍。

A. 2 ~4　　B. 3 ~5　　C. 4 ~8　　D. 8 ~10

535. 双金属温度计的感温元件应(D)浸入被测介质。

A. 1/2　　B. 2/3　　C. 3/4　　D. 全部

536. 双金属温度计安装在较小管径的管道时，双金属温度计应(C)。

A. 水平插入　　B. 垂直插入

C. 倾斜迎着被测介质流向插入　　D. 倾斜顺着被测介质流向插入

多选题

1. 用人单位在(A，B，C，D)期间和法律、法规规定的其他休假日，应当依法安排劳动者休息。

A. 元旦　　B. 春节　　C. 国际劳动节　　D. 国庆节

2. 为了(A，B)，保护公民人身、公共财产和公民财产的安全，维护公共安全，保障社会主义现代化建设的顺利进行，制定本法。

A. 预防火灾　　B. 减少火灾危害　　C. 及时灭火　　D. 消灭火灾

3. 计量检定人员应具备(A，B，C)业务条件。

A. 具有中专(高中)或相当于中专(高中)以上文化程度

B. 熟悉计量法律法规

C. 能熟练地掌握所从事检定项目的操作技能

D. 能熟练地掌握所有从事检定项目的操作技能

4. 计量标准是计量标准器具的简称，是指准确度低于计量基准的用于检定(B，C)的计量器具。

A. 社会公用计量器具　　B. 其他计量标准

C. 工作计量器具　　D. 工作计量标准

5. 由(A，B，C，D)等组成的系统叫做汽水系统。

A. 锅炉　　B. 汽轮机　　C. 凝汽器　　D. 给水泵

6. 汽轮机热态启动时若出现负胀差不是其主要原因的是(A，C，D)。

A. 冲转时蒸汽温度过高　　B. 冲转时主蒸汽温度过低

C. 暖机时间过长　　D. 暖机时间过短

7. 高压设备发生接地时，在室内及室外不得接近故障点分别为(B，D)m以内。

A. 3　　B. 4　　C. 5　　D. 8

8. 高低压同杆架设，在低压带电线路上工作时，应检查(A，B，C，D)。

A. 与高压线的距离　　B. 是否做了绝缘措施

C. 是否做了防止误碰高压措施　　D. 是否装设围栏

9. 常见触电方式有(A，D)。

A. 直接触电　　B. 接触电压

C. 跨步电压触电　　D. 感应电压触电

10. 对可能带电的电气设备以及发电机、电动机等，应使用(B，C，D)灭火。

A. 干砂　　B. 干式灭火器

C. 二氧化碳灭火器　　D. 1211灭火器

11. 凡发现工作人员有(A，B，C，D)时，禁止登高作业。

A. 饮酒　　B. 精神不振　　C. 高血压　　D. 心脏病

12. 消防工作的方针是(A，B)。

A. 以防为主　　B. 消防结合

C. 消防为主、结合奖惩　　D. 预防为主，防消结合

13. 人字梯须具有(A，B)。

A. 坚固的绞链　　B. 限制开度的拉链

C. 防爆措施　　D. 防腐措施

14. 在HSE管理体系中，审核是判别管理活动和有关的过程(A，B)，并系统地验证企业实施安全、环境与健康方针和战略目标的过程。

A. 是否符合计划安排　　B. 是否得到有效实施

C. 是否已经完成　　D. 是否符合标准

15. 定压过程中，理想气体方程式中的变量是(B，C)。

A. P　　B. V　　C. T　　D. R

16. 在定温过程中，理想气体方程式中变量的是(A，B)。

A. P　　B. V　　C. T　　D. R

17. 理想气体在绝热膨胀时，(B，C，D)。

A. 比体积减小　　B. 比体积增大

C. 压力降低　　D. 温度降低

18. 同压力下(A，C)二者相等。

A. 凝结热　　B. 过热热　　C. 汽化潜热　　D. 凝固热

19. 双金属温度计为就地指示仪表，应装在(A，B，C)的地方。

A. 便于观察　　B. 不受机械损伤

C. 振动较小　　D. 环境恶劣

20. 在一定压力下，液体的(A，B)相同。

A. 沸点温度　　B. 凝结温度　　C. 过热蒸汽温度　　D. 凝固温度

21. 朗肯循环的主要设备有锅炉、汽轮机、凝汽器、给水泵及(A，B，D)组成。

A. 发电机　　B. 凝结水泵　　C. 灰渣泵　　D. 水箱

22. 由(A，B，C)、给水泵等组成的基本循环是朗肯循环。

A. 汽轮机　　B. 锅炉　　C. 凝汽器　　D. 除氧器

23. 在全电路欧姆定律中电流 I(A，D)。

A. 与电动势 E 成正比

B. 与电动势 E 成反比

C. 与电路中负载电阻 R 及电源内阻 r_0 之和成正比

D. 与电路中负载电阻 R 及电源内阻 r_0 之和成反比

24. 正弦交流电的旋转相量表示法中，(B，C，D)不能用代表交流电的最大值。

A. 相量的长度　　B. 相量的角度　　C. 相量旋转速度　　D. 相量旋转方向

25. 晶体三极管基区、集电区和发射区的特点，下面描述正确的是(A，C)。

A. 三个区的掺杂浓度排序为：发射区 > 集电区 > 基区

B. 三个区的掺杂浓度排序为：集电区 > 发射区 > 基区

C. 三个区的面积排序为：集电区 > 发射区 > 基区

D. 三个区的面积排序为：发射区 > 集电区 > 基区

26. 测试三极管时，发射结与集电结(A，D)。

A. 正向电阻较低　　B. 正向电阻较高，

C. 反向电阻也较低　　D. 反向电阻较高

27. 一种列检专用塞尺，用于探测车辆轴瓦故障。它由旋转插座、(A，B，C，D)等组成。

A. 主尺　　B. 加长尺　　C. 塞片　　D. 塞钩

28. 微米外径千分尺用来测量(A，B，D)。

A. 工件尺寸　　B. 工件外径　　C. 钻头沟槽　　D. 微米级别

29. 零件表面粗糙度值越大，(A，C)。

A. 零件的工作性能就愈差　　B. 零件的工作性能就愈好

C. 寿命也愈短　　D. 寿命也愈长

30. 电动执行器要求伺服放大器(A，C)。

A. 具有足够大的增益　　B. 具有较小的增益

C. 有很小的时间常数　　D. 有很大的时间常数

31. 标准化热电偶要尽量满足热电特性接近线性、物理化学性质稳定、(A，B，C，D)等要求。

A. 电导率高　　B. 易于复制

C. 机械加工性好　　D. 价格低廉

32. 新型热电偶的发展方向是(A，B，C)等要求。

A. 更高范围　　B. 更低范围

C. 适用于一些特殊测温条件　　D. 价格低廉

33. 热电偶热端与壁面间的焊接方式有(A，C，D)。
A. 交叉焊 B. 角形焊 C. 平行焊 D. 球形焊

34. 用差压计测量液位时，其差压计的量程由(A，B)决定。
A. 介质密度 B. 液位高度
C. 容器内的压力 D. 容器内的温度

35. 直流电位差计的检流计是检测(B，C)的高灵敏度仪表。
A. 电流 B. 微小电流的有无
C. 微小电流的方向 D. 电压

36. 活塞式压力计活塞系统由(A，B，C)组成。
A. 活塞 B. 承重底盘
C. 与其相配合的活塞筒 D. 丝杆

37. 校验差压变送器一般应进行(A，B，C，D)。
A. 基本误差检定 B. 回程误差检定
C. 密封性检查 D. 绝缘电阻测定

38. 按输入信号形式分，数字显示仪表有(A，D)。
A. 电压型 B. 开环型 C. 电流型 D. 频率型

39. 在使用标准电流表校验设备时，电源电压必须保持稳定，24V 直流电压的电压波动不超过(B，D)。
A. ±2% B. ±5% C. ±0.5V D. ±1.2V

40. 压力控制器校验时，校验环境条件要求是(A，D)。
A. 室温(20±5)℃ B. 室温(25+5)℃
C. 相对湿度≥85% D. 相对湿度≤85%

41. 物位测量仪表包括(A，B，C)
A. 电磁式 B. 声波式 C. 静压式 D. 推导式

42. 对充液体的压力式温度计，应考虑(A，B)影响。
A. 环境温度变化 B. 静压误差
C. 介质流速 D. 介质压力

43. 双波纹管差压计的量程调整可在差压测量范围基础上(A，B)。
A. 增加 10% B. 减少 10% C. 增加 20% D. 减少 20%

44. 转子流量计也称为(A，B)。
A. 恒压差式流量计 B. 面积式流量计
C. 体积式流量计 D. 动压力式流量计

45. 调节系统的性能分析中，主要以(A，B，C)为依据。
A. 稳定性 B. 快速性 C. 准确性 D. 随机性

46. 一阶惯性环节的特性是(A，D)。
A. 时间常数愈小，则其愈接近于比例环节
B. 时间常数愈大，则其愈接近于比例环节
C. 时间常数愈小，则其愈接近于积分环节
D. 时间常数愈大，则其愈接近于积分环节

47. 根据系统静差是相对于输入种类来说，可分为(C，D)静差。

A. 阶跃　B. 脉冲　C. 给定　D. 扰动

48. 火焰检测器的(A，D)的正确设置直接关系到灭火保护装置是否正常投运。

A. 亮度　B. 色彩　C. 形状　D. 频率

49. 电涡流传感器的线圈与金属导体间距离的变化可以变换成(A，B，C)参量的变化。

A. 等效电感　B. 等效阻抗　C. 品质因素　D. 等效电容

50. 在汽轮机组的轴振动测量中可以得到振动的(C，D)。

A. 直流电流　B. 交流电流　C. 位移　D. 速度和加速度

51. 常用的机械式行程开关有(A，C)。

A. 滚动式　B. 磁电式　C. 直动式　D. 光电式

52. 电容式接近开关的检测物体可以是(A，B，C)。

A. 金属导体　B. 绝缘的液体

C. 绝缘的粉状物体　D. 非金属导体

53. 通常采用的冷端温度补偿方法有(A，B，C)。

A. 计算法　B. 机械零点调整法

C. 冷端恒温法　D. 补偿导线

54. 某些温度显示仪表，如(A，D)等，仪表本身已包含有冷端补偿电路，则不需另装冷端补偿器。

A. 电子自动电位差计　B. 自动平衡电桥

C. 动圈表　D. 温度变送器

55. 阀门按照结构划分包括(A，C)。

A. 闸阀　B. 低温阀门　C. 截止阀　D. 大口径阀门

56. 比例调节规律是(B，C)。

A. 无差调节　B. 有差调节　C. 有稳态无差　D. 不能单独使用

57. 浮筒式液位计校验可采用(A，C)。

A. 挂重法　B. 估算法　C. 水校法　D. 比对法

58. ICS 系列电子皮带秤积算器的重量输入信号是(A，B)。

A. 一只或多只来自称重传感器的信号

B. 毫伏信号

C. 一只或多只来自速度传感器的信号

D. 脉冲信号

59. 积分调节规律是(A，C)。

A. 无差调节　B. 有差调节　C. 易产生过调　D. 不易过调

60. 微分调节规律是(A，C)。

A. 不可单独使用　B. 可以单独使用

C. 超前调节　D. 滞后调剂

61. 导前微分控制系统(C，D)。

A. 无法缩短迟延时间　B. 无法改善控制对象动态特性

C. 能够减小动态偏差　D. 能够缩短迟延时间

62. 前馈控制系统(C，D)。

A. 是不及时控制　　B. 落后于干扰作用

C. 对干扰的克服比较及时　　D. 控制规律由对象特性决定

63. DCS 系统安装时，要注意接地环节中，必须采取(A，B，D)措施。

A. 屏蔽接地　　B. 安全接地

C. 信号两端接地　　D. 参考电位接地

64. 上海新华系列 DEH 系统中，每个 DPU 实际上就是一个(B，C)。

A. 自保持电源　　B. 独立的子系统

C. 分散的控制站　　D. 数据高速公路

65. 上海新华系列 DEH 系统的自检软件由(C，D)组成。

A. TEST. EXE　　B. TEST. INI

C. SELFTEST. EXE　　D. SELFTEST. INI

66. 有的变频器在启动初期，针对惯性较大的负载设定了暂停升速功能，需要设定的项目有(A，C)。

A. 暂停时间　　B. 暂停电压　　C. 暂停频率　　D. 暂停幅度

67. 灭火保护装置投入前，必须(A，B，C，D)。

A. 对装置复位　　B. 对装置吹扫

C. 检查火焰运行情况　　D. 检查装置是否异常

68. 当汽轮机组的真空由第一限值继续下降到第二限值时，低真空保护应动作，(A，B)并发出“灯光音响”报警。

A. 自动关闭主汽门　　B. 真空低跳闸

C. 联射水泵　　D. 联凝结水泵

69. 霍尔压力传感器主要包括(A，B，C)。

A. 弹性元件　　B. 霍尔元件　　C. 定压电源　　D. 电阻

70. 汽轮机转子在(B，C，D)的情况下，不容易产生共振。

A. 临界转速　　B. 机组过负荷

C. 凝汽器真空下降　　D. 机组甩全负荷

71. 在计算机中，采用二进制是因为(A，B，C)。

A. 可降低硬件成本　　B. 两个状态的系统具有稳定性

C. 二进制的运算法则简单　　D. 易提高计算机速度

72. 在计算机中，CPU 主频与(A，B)有关。

A. 外频　　B. 倍频　　C. 主板　　D. 内存

73. 下列存储器中，只能读取数据，不能写入数据的存储器是(A，C，D)。

A. ROM　　B. RAM　　C. PROM　　D. CD－ROM

74. 操作系统按用户数量可分为(A，B)。

A. 单用户系统　　B. 多用户系统　　C. 单机系统　　D. 联机系统

75. 要打开文档正确操作的是(A，B，D)。

A. 单击【文件】/【打开】命令　　B. 按下 Ctrl + O 组合键

C. 按下 Ctrl + N 组合键　　D. 单击常用工具栏上的【打开】按钮

76. 离子选择性电极的膜电位由(A，B，C，D)组成。

A. 扩散电位　　B. 不对称电位　　C. 相界面电位　　D. 对称电位

77. 离子选择性电极的性能主要取决于(A，D)两点。

A. 离子选择性膜　　B. 参考电极

C. 氧化还原过程　　D. 制备技术

78. 测量电池有(A，B，C)构成原电池。

A. 指示电极　　B. 参比电极　　C. 被测溶液　　D. 测量回路

79. 在工业连续测量中，被测液的温度常常要发生变化，消除截距误差的两法是(A，C)。

A. 测量电池恒温　　B. 测量电池恒压

C. 设置等电势调节电路　　D. 设置定位调节电路

80. pNa 测量时，常用的碱试剂有(A，B)。

A. 二乙丙胺　　B. 氢氧化钡　　C. 氢氧化钠　　D. 磷酸三钠

81. 开关量变送器主要用来检测介质的(A，B，C，D)和温差等物理量。

A. 压力　　B. 压差　　C. 流量　　D. 液位

82. 通常保护调解范围与压力开关的(A，B)有关。

A. 动作值　　B. 设定值　　C. 耐压值　　D. 恢复值

83. 电容式接近开关传感器主要由(A，C)组成。

A. 振荡器　　B. 前置器　　C. 放大器　　D. 中继器

84. 当电缆与热控导管上下平行敷设时，则(B，C)。

A. 间距至少应大于 100mm　　B. 间距至少应大于 200mm

C. 一般敷设在导管上方　　D. 一般敷设在导管下方

85. 选择取压点时应避开(A，B，C)。

A. 阀门　　B. 弯头

C. 可能形成涡流的地方　　D. 流速稳定的地方

86. 取样管路安装前应检查(A，B，C)。

A. 导管外表无裂纹、伤痕　　B. 导管的平整度

C. 管路无机械损伤　　D. 导管外径大于 16mm

87. 差压变送器安装时(A，B，C)。

A. 安装位置应处在振动较小的位置　　B. 不能安装在电磁干扰较大的地方

C. 应尽量远离热源　　D. 不能安装在压力变送器的旁边

四、技能操作鉴定要素细目表

鉴定范围						鉴定点	
一级		二级		三级		代码	名称
代码	名称	代码	名称	代码	名称		
A	技能要求	A	测量与绘识	A	测量	001	螺母尺寸的测量
						002	压力表罗纹接头尺寸的测量
						003	垫片尺寸的测量

续表

鉴定范围						鉴定点	
一级		二级		三级		代码	名称
代码	名称	代码	名称	代码	名称		
				B	绘识图	001	安全门保护原理图的绘制
						002	转换接头加工图的绘制
						003	电子记录仪原理框图的绘制
		B	校验调整	A	校验仪表	001	配电器的校验
						002	压力控制器的校验
						003	差压变送器的校验
						004	温度变送器的校验
				B	调整设备	001	配电器零点和线性的调整
						002	行程开关位置的调整
						003	温度测量回路的调试
		C	维护更换安装	A	维护设备	001	三极管特性的判断
						002	差压变送器的投运
						003	热电阻、热电偶信号的检查
				B	更换设备	001	热工信号报警装置试验按钮的更换
						002	pH 电极的更换
				C	安装设备	001	温度元件的安装
						002	压力变送器的安装

五、技能操作试题

试题1：螺母尺寸的测量(实际操作)

(考核时间：20min)

序号	考核内容	考核要点	配分	评分标准	检测结果	扣分	得分	备注
1	准备工作	穿戴劳保用品规范	3	穿戴不规范扣3分				
		准备工具、用具	2	未准备扣2分，少一件扣1分				
		检查螺纹规	2	未检查扣2分				
		检查游标卡尺	2	未检查扣2分				
2	测量	判断游标卡尺分辨率	2	判断错误扣2分				
		测量螺母内径(D)	12	未测量或测量错误扣12分；四个方向各测量一次，少一次扣3分				
		测量螺母厚度(m)	8	未测量或测量错误扣8分；测量两个方向长度，少一次扣4分				

续表

序号	考核内容	考核要点	配分	评分标准	检测结果	扣分	得分	备注
		测量螺母对角长度(c)	9	未测量或测量错误扣9分；测量三个方向长度，少一次扣3分				
		测量螺母对边长度(s)	9	未测量或测量错误扣9分；测量三个方向长度，少一次扣3分				
		测量螺纹	6	未测量或测量错误扣6分				
		读数据	12	读数据错误一次扣1分				
		使用测量工具	6	使用错误扣6分，卡尺测量内径及长度错误一次扣2分				
3	计算数据	计算内径	5	未计算或计算错误扣5分				
		计算螺母厚度	5	未计算或计算错误扣5分				
		计算螺母对角长度	5	未计算或计算错误扣5分				
		计算螺母对边长度	5	未计算或计算错误扣5分				
		修约	4	修约错误一个扣1分				
4	填写数据	数据正确	3	数据错误扣3分				
5	清理	清理现场		未清理现场从总分中扣5分			—	
6	其他	字迹清晰		字迹不清晰从总分中扣2分			—	
		在规定时间内完成		超时停止操作			—	
		合　计	100					

试题2：压力表螺纹接头尺寸的测量（实际操作）

（考核时间：20min）

序号	考核内容	考核要点	配分	评分标准	检测结果	扣分	得分	备注
1	准备工作	穿戴劳保用品规范	3	穿戴不规范扣3分				
		准备工具、用具	2	未准备扣2分，少一件扣1分				
		检查螺纹规	2	未检查扣2分				
		检查游标卡尺	2	未检查扣2分				
2	测量	判断游标卡尺分辨率	2	判断错误扣2分				
		测量接头螺纹内径(D)	8	未测量或测量错误扣8分；四个方向各测量一次，少一次扣2分				
		测量接头圆孔内径(d)	8	未测量或测量错误扣8分；四个方向各测量一次，少一次扣2分				

续表

序号	考核内容	考核要点	配分	评分标准	检测结果	扣分	得分	备注
		测量接头长度(L)	4	未测量或测量错误扣4分；测量两个方向长度，少一次扣2分				
		测量接头对角长度(c)	6	未测量或测量错误扣6分；测量三个方向长度，少一次扣2分				
		测量接头对边长度(s)	6	未测量或测量错误扣6分；测量三个方向长度，少一次扣2分				
		测量接头深度(l)	6	未测量或测量错误扣6分；测量三个方向长度，少一次扣2分				
		测量螺纹	3	未测量或测量错误扣3分				
		读数据	19	读数据错误一次扣1分				
		使用测量工具	4	使用错误扣4分，卡尺测量内径及长度错误一次扣2分				
3	计算数据	计算接头螺纹内径	3	未计算或计算错误扣3分				
		计算接头圆孔内径	3	未计算或计算错误扣3分				
		计算接头长度	3	未计算或计算错误扣3分				
		计算接头对角长度	3	未计算或计算错误扣3分				
		计算接头对边长度	3	未计算或计算错误扣3分				
		计算接头深度	3	未计算或计算错误扣3分				
		修约	5	修约错误一个扣1分				
4	填写数据	数据正确	2	数据错误扣2分				
5	清理	清理现场		未清理现场从总分中扣5分			—	
6	其他	字迹清晰		字迹不清晰从总分中扣2分			—	
		在规定时间内完成		超时停止操作			—	
		合　计	100					

试题3：垫片尺寸的测量(实际操作)

（考核时间：20min）

序号	考核内容	考核要点	配分	评分标准	检测结果	扣分	得分	备注
1	准备工作	穿戴劳保用品规范	3	穿戴不规范扣3分				
		准备工具、用具	2	未准备扣2分，少一件扣1分				
		检查游标卡尺	3	未检查扣3分				

续表

序号	考核内容	考核要点	配分	评分标准	检测结果	扣分	得分	备注
2	测量	判断游标卡尺分辨率	2	判断错误扣2分				
		测量垫片外径(D)	20	未测量或测量错误扣20分；四个方向各测量一次，少一次扣5分				
		测量垫片内径(d)	20	未测量或测量错误扣20分；四个方向各测量一次，少一次扣5分				
		测量垫片厚度(h)	10	未测量或测量错误扣20分；测量两个方向长度，少一次扣5分				
		读数据	10	读数据错误一次扣1分				
		使用测量工具	6	使用错误扣6分，卡尺测量内径及长度错误一次扣2分				
3	计算数据	计算垫片外径	5	未计算或计算错误扣5分				
		计算垫片内径	5	未计算或计算错误扣5分				
		计算垫片厚度	5	未计算或计算错误扣5分				
		修约	6	修约错误一个扣2分				
4	填写数据	数据正确	3	数据错误扣3分				
5	清理	清理现场		未清理现场从总分中扣5分			—	
6	其他	字迹清晰		字迹不清晰从总分中扣2分			—	
		在规定时间内完成		超时停止操作			—	
		合　计	100					

试题4：安全门保护原理图的绘制(技能笔试)

（考核时间：20min）

序号	考核内容	考核要点	配分	评分标准	检测结果	扣分	得分	备注
1	准备工作	准备工具、用具	2	未准备扣2分，少一件扣1分				
2	绘制电源回路	绘制电源保险	8	未绘制或绘制错误扣8分，少绘制一个扣4分				
		绘制电源监视	8	未绘制或绘制错误扣8分				
3	绘制开接触器回路	绘制开接触器	5	未绘制或绘制错误扣5分				
		绘制开接触器联锁接点	8	未绘制扣8分，错一项扣4分				
4	绘制关接触器回路	绘制关接触器	5	未绘制或绘制错误扣5分				
		绘制关接触器联锁接点	8	未绘制扣8分，错一项扣4分				

续表

序号	考核内容	考核要点	配分	评分标准	检测结果	扣分	得分	备注
5	绘制开控制线圈回路	绘制开线圈	5	未绘制或绘制错误扣5分				
		绘制开接触器接点	5	未绘制或绘制错误扣5分				
6	绘制关控制线圈	绘制关线圈	10	未绘制或绘制错误扣10分，少一项扣5分				
		绘制关接触器接点	10	未绘制或绘制错误扣10分，少一项扣5分				
7	绘制输出接点	绘制电源输出接点	4	未绘制或绘制错误扣4分				
		绘制安全门开接点	4	未绘制或绘制错误扣4分				
		绘制安全门关接点	4	未绘制或绘制错误扣4				
8	描述	描述名称	14	描述错误一项扣1分，少一项扣1分				
9	清理	清理现场		未清理现场从总分中扣5分			—	
10	其他	卷面整洁		卷面不整洁扣从总分中扣5分			—	
		在规定时间内完成		超时停止笔试			—	
		合　计	100					

试题5：转换接头加工图的绘制（技能笔试）

（考核时间：20min）

序号	考核内容	考核要点	配分	评分标准	检测结果	扣分	得分	备注
1	准备工作	准备工具、用具	5	未准备扣5分，少一件扣1分				
2	绘图	按比例绘制主视图	8	不画或未按比例画扣8分				
		绘制主视图中心线	5	未画或画错中心线扣5分				
		主视图位置应符合标准	5	主视图的位置不对扣5分				
		主视图能反映零件的基本形状和特征	5	主视图不能反映零件的基本形状和特征扣5分				
		主视图可见轮廓线完整	5	可见轮廓线不完整或错一处扣1分				
		按比例绘制左视图	8	不画或未按比例画扣8分				
		绘制左视图中心线	5	中心线未画或画错扣5分				
		左视图位置符合标准	5	左视图位置不对扣5分				
		左视图能基本反映零件的形状和特征	5	左视图不能基本反映零件的形状和特征扣5分				

续表

序号	考核内容	考核要点	配分	评分标准	检测结果	扣分	得分	备注
		左视图可见轮廓线完整	5	轮廓线不完整或错一处扣1分				
		尺寸线和尺寸界线清晰完整	5	尺寸线和尺寸界线画错一处扣0.5分，扣完5分为止				
3	标柱尺寸	标出接头长度尺寸	4	未标或标错长度扣4分				
		标出接头头部外径尺寸	4	未标或标错头部外径扣4分				
		标出接头尾部部外径尺寸	4	未标或标错尾部外径扣4分				
		标出接头内径尺寸	3	未标或标错内径扣3分				
		标出接头头部厚度尺寸	3	未标或标错厚度扣3分				
		标出接头倒角尺寸	6	未标或标错倒角扣6分				
4	标注粗糙度	标出粗糙度(2处)	4	未标或少标一处扣2分				
5	填写标题栏	标题栏主要内容(名称、材料、比例)	6	标题栏主要内容少填一项扣2分				
6	清理	清理现场		未清理现场从总分中扣5分			—	
7	其他	图面整洁		图面不整洁从总分中扣2分			—	
		在规定时间内完成		超时停止笔试			—	
	合计		100					

试题6：电子记录仪原理框图的绘制(技能笔试)

(考核时间：20min)

序号	考核内容	考核要点	配分	评分标准	检测结果	扣分	得分	备注
1	准备工作	准备工具、用具	3	未准备扣3分，少一件扣1分				
2	绘制原理图	绘制输入信号	4	未绘制或绘制错误扣4分				
		绘制切换开关	10	未绘制或绘制错误扣10分				
		绘制前置放大器	10	未绘制或绘制错误扣10分				
		绘制前置放大器输出的统一的0～4V	10	未绘制或绘制错误扣10分				
		绘制比较器	10	未绘制或绘制错误扣10分				
		绘制伺服放大器	10	未绘制或绘制错误扣10分				
		绘制伺服电机	10	未绘制或绘制错误扣10分				
		绘制交流220V电源	5	未绘制或绘制错误扣5分				
		绘制两路电源变换	10	少画一路电源变换扣5分扣完10分为止				

续表

序号	考核内容	考核要点	配分	评分标准	检测结果	扣分	得分	备注
		绘制分频	4	未绘制或绘制错误扣4分				
		绘制走纸电机	4	未绘制或绘制错误扣4分				
3	描述	按框图讲述电子记录仪原理	10	未描述或描述错误扣10分				
4	清理	清理现场		未清理现场从总分中扣5分			—	
5	其他	卷面整洁		卷面不整洁扣从总分中扣5分			—	
		在规定时间内完成		超时停止笔试			—	
		合　计	100					

试题7：配电器的校验（实际操作）

（考核时间：20min）

序号	考核内容	考核要点	配分	评分标准	检测结果	扣分	得分	备注
1	准备工作	穿戴劳保用品规范	3	穿戴不规范扣3分				
		选择工、用具	4	未准备扣4分，少一件扣1分				
		检查标准表	8	未检查扣8分，少检查一项扣4分				
		检查被校表	8	未检查扣8分				
2	接线	连接线路	10	接线错误扣10分，未紧固一次扣5分				
		送电	7	未送电扣7分				
3	检验	选择检定点	10	≥5点，选择错误一点扣2分				
		校验上行程各点	10	未进行上行程校验扣10分；少校验一点扣2分				
		校验下行程各点	10	未进行下行程校验扣10分；少校验一点扣2分				
		调整调零螺钉	10	调整方法错误扣10分				
		判断误差	10	判断错误扣10分				
4	处理数据	填写校验记录	10	未填写校验记录扣10分 少填写或错填一项扣2分				
5	清理现场	使用工具		使用错误一次从总分中扣2分			—	
		清理现场		未清理现场从总分中扣5分			—	
6	安全及其他	按国家或企业有关安全规定执行操作		违规一次从总分中扣5分；严重违规停止操作			—	
		在规定时间内完成		超时停止操作			—	
		合　计	100					

试题8：压力控制器的校验（实际操作）

（考核时间：30min）

序号	考核内容	考核要点	配分	评分标准	检测结果	扣分	得分	备注
1	准备工作	穿戴劳保用品规范	3	穿戴不规范扣3分				
		准备工具、用具	6	未准备扣6分，少一件扣1分				
2	检查	检查万用表	3	未检查扣3分				
		选取标准压力表	3	选取错误扣3分				
		检查标准压力表	10	未检查扣10分				
		检查校验台	10	未检查扣10分，少一项扣5分				
		检查压力控制器	10	未检查扣10分，少一项扣5分				
3	安装	安装标准压力表	10	安装错误扣10分，位置错误一次扣2分，出现泄漏一次扣3分				
		安装压力控制器	10	安装错误扣10分，位置错误一次扣2分，出现泄漏一次扣3分				
4	校验	检查校验前定值	5	未检查扣5分				
		调整定值	10	未调整或调整错误扣10分				
		检查压控接点电阻	10	未检查扣10分，少一项扣5分				
		判断校验结果	5	未判断或判断错误扣5分				
5	填写记录	填写校验记录单	5	未填写记录扣5分，填写错误一处扣1分				
6	清理现场	使用工具		使用错误一次从总分中扣2分			—	
		清理现场		未清理从总分中扣5分			—	
7	安全及其他	按国家或企业有关安全规定执行操作		每违反一项规定从总分中扣5分；严重违规停止操作			—	
		在规定时间内完成		超时停止操作			—	
		合　计	100					

试题9：差压变送器的校验（模拟操作）

（考核时间：20min）

序号	考核内容	考核要点	配分	评分标准	检测结果	扣分	得分	备注
1	准备工作	穿戴劳保用品规范	3	穿戴不规范扣3分				
		准备工具、用具	5	未准备扣5分，少一件扣1分				
		检查标准表	2	未检查扣2分，少一项扣1分				
		检查被校表	2	未检查扣2分				

续表

序号	考核内容	考核要点	配分	评分标准	检测结果	扣分	得分	备注
2	安装	接头无泄漏	5	出现泄漏扣5分				
		接线	5	接线错误扣5分				
3	校验	选择检定点	5	≥5点，选择错误一点扣1分				
		检查校验前示值	5	未进行该项扣5分				
		零点调整	10	未进行该项扣10分，调整超差扣10分				
		量程调整	10	未进行该项扣10分，调整超差扣10分				
		线性调整	10	未进行该项扣10分，调整超差扣10分				
		上行程校验	10	未进行该项扣10分，少一点扣2分				
		下行程校验	10	未进行该项扣10分，少一点扣2分				
		判断示值误差	5	判断错误扣5分				
4	处理数据	修约	5	修约错误扣5分				
		填写校验记录	8	未填写校验记录扣8分少填写或错填一项扣1分				
5	清理现场	使用工具		使用错误一次从总分中扣2分			—	
		清理现场		未清理现场从总分中扣5分			—	
6	安全及其他	按国家或企业有关安全规定执行操作		违规一次从总分中扣5分，严重违规停止操作			—	
		在规定时间内完成		超时停止操作			—	
	合计		100					

试题10：温度变送器的校验(模拟操作)

（考核时间：20min）

序号	考核内容	考核要点	配分	评分标准	检测结果	扣分	得分	备注
1	准备工作	穿戴劳保用品规范	3	穿戴不规范扣3分				
		准备材料、工具、用具	4	未准备扣4分，少一件扣1分				
		检查标准仪器	8	未检查扣8分，少一项扣4分				
		检查被校表	4	未检查扣4分				

续表

序号	考核内容	考核要点	配分	评分标准	检测结果	扣分	得分	备注
2	接线	输入信号线（三线制）	6	接错扣6分				
		电源线	5	接错扣5分				
3	通电预热	通电前检查线路	5	未检查扣5分，接线松动出现一次扣2分				
		预热10分钟	5	少于5分钟扣5分，多于5分钟，不够10分钟扣2分				
4	校验	输出电压信号接线	10	接错线扣5分，电流输出端子短路，未短路扣5分				
		选择检定点	5	≥5点，选择错误一点扣1分				
		输出电压上行程校验	5	未进行上行程校验扣5分，少校验一点扣1分				
		输出电压下行程校验	5	未进行下行程校验扣5分，少校验一点扣1分				
		输出电流信号接线	10	接错线扣5分，电压输出端子短路，未短路扣5分				
		选择检定点	5	≥5点，选择错误一点扣1分				
		上行程校验5点	5	未进行上行程校验扣5分，少校验一点扣1分				
		下行程校验5点	5	未进行下行程校验扣5分，少校验一点扣1分				
		误差判断	5	判断错误扣5分				
5	处理数据	填写校验记录	5	无校验报告扣5分，校验报告错一处扣1分				
6	清理现场	使用工具		使用不正确一次从总分中扣2分			—	
		清理现场		未清理现场从总分中扣5分			—	
7	安全及其他	按国家或企业有关安全规定执行操作		违规一次从总分中扣5分；严重违规停止操作			—	
		在规定时间内完成		超时停止操作			—	
		合　计	100					

试题11：配电器零点和线性的调整（实际操作）

（考核时间：20min）

序号	考核内容	考核要点	配分	评分标准	检测结果	扣分	得分	备注
1	准备工作	穿戴劳保用品规范	3	穿戴不规范扣3分				
		选择工、用具	5	未准备扣5分，少一件扣1分				
		检查标准表	8	未检查扣8分，少一项扣2分				
		检查被校表	8	未检查扣8分，少一项扣2分				
2	校验	连接线路	10	接线错误扣10分				
		送电	6	未送电扣6分				
		选择检定点	5	≥5点，选择错误一点扣1分				
		检查校验前示值	5	未进行该项扣5分				
		零点调整	10	未进行该项扣10分，调整超差扣5分				
		量程调整	10	未进行该项扣10分，调整超差扣5分				
		线性调整	10	未进行该项扣10分，调整超差扣5分				
		上行程校验	5	未进行该项扣5分，少一点扣1分				
		下行程校验	5	未进行该项扣5分，少一点扣1分				
		判断示值误差	5	判断错误扣5分				
3	整理数据	填写记录	5	未填写记录扣5分，少填写或错填一项扣1分				
4	清理现场	使用工具		工具使用错误一次从总分中扣2分			—	
		清理现场		未清理现场从总分中扣5分			—	
5	安全及其他	按国家或企业有关安全规定执行操作		违规一次从总分中扣5分；严重违规停止操作			—	
		在规定时间内完成		超时停止操作			—	
		合　计	100					

试题12：行程开关位置的调整(实际操作)

(考核时间：20min)

序号	考核内容	考核要点	配分	评分标准	检测结果	扣分	得分	备注
1	准备工作	穿戴劳保用品规范	3	穿戴不规范扣3分				
		准备工具、用具	5	未准备扣5分，少一件扣1分				
2	检查设备及参数	检查兆欧表	4	未检查扣4分				
		检查万用表	4	未检查扣4分				
		检查行程开关外观	4	未检查扣4分				
		检查行程开关参数	5	未检查扣5分				
		检查行程开关接点状态	5	未检查扣5分				
		检查行程开关接点对壳体、接点间绝缘	10	未检查扣10分，缺少一项扣5分				
3	安装设备	安装行程开关	10	未固定或固定不牢扣10分				
		安装行程开关压板	10	未安装扣10分，松动一次扣5分				
4	调整设备	调整行程开关压合位置	10	调整不到位扣10分，调整过大或过小一次扣5				
		检查行程开关接点状态	10	未检查扣10分，缺一项(常开、常闭接点)扣5分				
		调整行程开关脱开位置	10	调整不到位扣10分				
		检查脱开时行程开关接点状态	10	未检查扣10分，缺一项(常开、常闭接点)扣5分				
5	清理现场	使用工具		使用错误一次从总分中扣2分			—	
		清理现场		未清理现场从总分中扣5分			—	
6	安全及其他	按国家或企业有关安全规定执行操作		违规一次从总分中扣5分；严重违规停止操作			—	
		在规定时间内完成		超时停止操作			—	
	合计		100					

试题13：温度测量回路的调试(实际操作)

(考核时间：20min)

序号	考核内容	考核要点	配分	评分标准	检测结果	扣分	得分	备注
1	准备工作	穿戴劳保用品规范	3	穿戴不规范扣3分				
		准备工具、用具	5	未准备扣5分，少一件扣1分				

续表

序号	考核内容	考核要点	配分	评分标准	检测结果	扣分	得分	备注
2	调试	检查仪表型号	5	未检查扣6分				
		检查热电偶型号	5	未检查扣6分				
		检查热电偶电极接线	5	未检查扣6分				
		检查热电偶绝缘	6	未检查扣6分				
		检查热电偶电阻值	6	未检查扣6分				
		检查补偿导线型号	6	未检查扣6分				
		检查补偿导线绝缘	6	未检查扣6分				
		校线	8	未校线扣8分				
		打磨补偿导线氧化层	8	未打磨扣8分				
		接线	10	接线错误或松动扣10分				
		仪表送电	5	未送电扣5分				
		测量室温	6	未测量或测量结果错误扣6分				
		对比温度值	6	未作此项扣6分				
		升温试验	5	未作试验扣5分				
3	整理数据	填写记录	5	未填写扣5分，填写错误一处扣1分				
4	清理现场	使用工具		使用错误一次从总分中扣2分			—	
		清理现场		未清理现场从总分中扣5分			—	
5	安全及其他	按国家或企业有关安全规定执行操作		违规一次从总分中扣5分；严重违规停止操作			—	
		在规定时间内完成		超时停止操作			—	
		合　计	100					

试题14：三极管特性的判断(实际操作)

（考核时间：10min）

序号	考核内容	考核要点	配分	评分标准	检测结果	扣分	得分	备注
1	准备工作	穿戴劳保用品规范	3	穿戴不规范扣3分				
		检查万用表	8	未检查扣8分，少一项扣2分				
2	测量	选择表笔插孔	7	表笔插错扣7分				
		选择表笔极性	9	选择错误扣9分				
		选择万用表挡位	9	选择错误扣9分				
		测PN结正向电阻	16	表笔错接一次扣2分				

续表

序号	考核内容	考核要点	配分	评分标准	检测结果	扣分	得分	备注
		测 PN 结反向电阻	16	表笔错接一次扣 2 分				
		判断管型	10	判断错误扣 10 分				
		判断三极管好坏	10	判断错误扣 10 分				
		禁止手接触表笔金属部分或三极管管脚	12	接触一次扣 3 分				
3	清理现场	收拾工具、材料		少收一件从总分中扣 2 分			—	
		清理现场		未清理现场从总分中扣 5 分			—	
4	其他	在规定时间内完成		超时停止操作			—	
		合　　计	100					

试题 15：差压变送器的投运（实际操作）

（考核时间：20min）

序号	考核内容	考核要点	配分	评分标准	检测结果	扣分	得分	备注
1	准备工作	穿戴劳保用品规范	3	穿戴不规范扣 3 分				
		准备工具、用具	5	未准备扣 5 分，少一件扣 1 分				
2	投运前检查	检查三阀组	4	未检查三阀组扣 4 分				
		检查取样管路	4	未检查取样管路扣 4 分				
		检查变送器接线	4	未检查扣 4 分				
		检查变送器供电电压	10	未检查扣 10 分，万用表挡位选错扣 6 分，供电电压极性判断错误扣 4 分				
		检查变送器排气螺钉	5	未检查排气螺钉扣 5 分				
3	投运变送器	通知运行人员开启一次门	10	未通知扣 10 分				
		打开排污门进行排污	10	未进行排污扣 10 分，排污后未关闭排污门扣 5 分，未检查排污门泄漏扣 5 分				
		打开正压侧二次门，关平衡门，开负压侧二次门	15	未首先打开正压侧二次门扣 5 分，平衡门未关严扣 5 分，二次门同时处于开启位置扣 5 分				
4	检查运行状况	差压变送器指示正常	10	未检查扣 10 分				
		检查变送器排气螺钉泄漏情况	10	未检查扣 10 分				
		接头无泄漏	10	未检查扣 10 分				

续表

序号	考核内容	考核要点	配分	评分标准	检测结果	扣分	得分	备注
5	清理现场	使用工具		使用错误一次从总分中扣2分			—	
		清理现场		未清理现场从总分中扣5分			—	
6	安全及其他	按国家或企业有关安全规定执行操作		违规一次从总分中扣5分；严重违规停止操作			—	
		在规定时间内完成		超时停止操作			—	
		合　计	100					

试题16：热电阻、热电偶信号的检查（模拟操作）

（考核时间：30min）

序号	考核内容	考核要点	配分	评分标准	检测结果	扣分	得分	备注
1	准备工作	穿戴劳保用品规范	3	穿戴不规范扣3分				
		准备工具	5	未准备扣5分，少一件扣1分				
		万用表检查	2	未检查万用表扣2分				
		选择挡位	2	选择错误扣2分				
2	检查热电阻	切断电源	4	未切断电源扣4分				
		检查接线	4	未检查接线扣4分				
		检查插入深度	4	未检查插入深度扣4分				
		拆线	4	未拆线扣4分				
		测量热电阻阻值	6	未测量扣6分，测量错误一次扣3分				
		估算环境温度	3	未估算环境温度扣3分				
		查出热电阻分度号	2	未查找分度号扣2分				
		对应分度号	4	分度号不对应扣4分				
		对应电阻值	3	电阻值不对应扣3分				
		说出结果	3	结果错误扣3分				
		判断热电阻正常	3	判断错误扣3分				
		接线	5	未接线扣5分				
		闭合电源	5	未闭合电源扣5分				
3	检查热电偶	切断仪表电源	5	仪表电源未切断扣5分				
		检查接线	5	未检查扣5分				
		检查插入深度	5	未检查插入深度扣5分				
		测量热电偶电势	6	未测量扣5分，测量错误一次扣3分				

续表

序号	考核内容	考核要点	配分	评分标准	检测结果	扣分	得分	备注
		测量环境温度	3	未测量扣5分，测量错误一次扣3分				
		查热电偶分度号	3	未进行此项操作扣3分，类型查错扣3分				
		计算热电偶对应的温度	5	计算错误扣5分，未查找扣5分				
		判断热电偶正常	3	判断错误扣3分				
		投入仪表电源	3	未投入仪表电源扣3分				
4	清理现场	使用工具		使用错误一次从总分中扣2分			—	
		清理现场		未清理现场从总分中扣5分			—	
5	安全及其他	按国家或企业有关安全规定执行操作		违规一次从总分中扣5分，严重违规停止操作			—	
		在规定时间内完成		超时停止操作			—	
		合　计	100					

试题17：热工信号报警装置试验按钮更换(实际操作)

（考核时间：20min）

序号	考核内容	考核要点	配分	评分标准	检测结果	扣分	得分	备注
1	准备工作	穿戴劳保用品规范	3	穿戴不规范扣3分				
		设备或用具的准备	5	未准备扣5分，少一件扣1分				
2	检查设备	检查万用表	4	未检查扣4分				
		检查按钮外观	3	未检查扣3分				
		检查按钮参数	10	安装错误扣10分				
		检查按钮接点状态	10	不检查扣10分				
3	拆除设备	停电	5	未停电扣5分				
		验电	5	未验电扣5分				
		拆除按钮接线	10	未拆除扣5分，标记错误一次扣5分				
		拆卸故障按钮	5	未拆除扣5分				
4	安装设备	安装按钮	10	未安装扣10分，安装松动一次扣5分				
		按钮接线	10	未接线或接线错误扣10分				

续表

序号	考核内容	考核要点	配分	评分标准	检测结果	扣分	得分	备注
5	试验	回路检查	5	未检查扣5分				
		装置送电	10	未送电扣10分				
		试验	5	未做试验扣10分				
6	清理场地	使用工具		工具使用错误一次从总分中扣2分			—	
		工具摆放整齐		少收一件工具扣2分，场地不清洁扣2分			—	
7	安全及其他	按国家或企业颁发有关安全规定执行操作		每违反一项规定从总分中扣5分；严重违规停止操作			—	
		在规定时间内完成		超时停止操作			—	
		合　计	100					

试题18：pH表电极的更换(模拟操作)

（考核时间：15min）

序号	考核内容	考核要点	配分	评分标准	检测结果	扣分	得分	备注
1	准备工作	穿戴劳保用品规范	3	穿戴不规范扣3分				
		准备工具、用具	6	未准备扣6分，少一件扣1分				
2	检查仪表	检查表头	2	未检查扣2分				
		检查pH电极	4	未检查扣4分				
3	更换电极	停该仪表电源	5	未操作此项扣5分				
		拆卸电极与表头的连接线	8	未操作此项扣8分，拆错线每根扣2分				
		关闭取样门	8	未关闭扣8分				
		拆卸旧电极	10	未操作此项扣10分				
		检查并清洗电极杯	10	未操作此项扣10分				
		安装pH电极	8	未操作此项扣8分，安装过程中震荡电极扣8分				
		连接电极信号线	10	接线错误扣10分，接线不牢固一处扣2分				

续表

序号	考核内容	考核要点	配分	评分标准	检测结果	扣分	得分	备注
4	投运仪表	仪表送电	5	未操作此项扣5分，通电前未查接线扣3分				
		开启水样门	5	未操作此项扣5分				
		检查有无泄漏	6	未操作此项扣6分，出现泄漏扣3分				
		调整水样流速	5	流速调整不正确扣5分				
		检查仪表指示	5	未操作此项扣5分				
5	清理现场	使用工具		使用错误一次从总分中扣2分			—	
		清理现场		未清理现场总分扣5分			—	
6	安全及其他	按国家或企业有关安全规定执行操作		违规一次从总分中扣5分，严重违规停止操作			—	
		在规定时间内完成		超时停止操作			—	
		合　计	100					

试题19：温度元件的安装（模拟操作）

（考核时间：20min）

序号	考核内容	考核要点	配分	评分标准	检测结果	扣分	得分	备注
1	准备工作	穿戴劳保用品规范	3	穿戴不规范扣3分				
		准备材料、工具、用具	5	未准备扣5分，少一件扣1分				
2	选择安装位置	安装位置便于检验	6	不知道此项要求的扣6分				
		安装位置远离热源	6	不知道此项要求的扣6分				
		安装位置避开强磁场和强电流	6	不知道此项要求的扣6分				
3	安装热电偶	插座安装	6	未安装插座扣6分				
		测高温时热电偶垂直安装	6	未垂直安装扣6分				
		朝上安装接线盒	6	未朝上安装接线盒扣6分				
		热电偶与被测介质逆向安装	6	不符合扣6分				
		与被测介质流向成90°角	6	不符合扣6分				

续表

序号	考核内容	考核要点	配分	评分标准	检测结果	扣分	得分	备注
		管径较小装在拐弯处，逆着流体流向沿着管道中心线插入	6	不符合扣6分				
		保护套管插入深度满足工况要求	6	插入深度不符合要求扣6分				
		保护套管末端露出设备上外套的长度应为100～150mm	6	外露长度不符合要求扣6分				
		保护套管要保证其密封性	6	保护套管密封不符合要求扣6分				
		热电偶插入保护管顶端	6	未插入顶端扣6分				
		连接补偿导线	6	未连接补偿导线或接错极性扣6分				
4	检查绝缘	选择兆欧表	3	选择错误扣3分				
		检查热电偶绝缘	5	未检查或检查错误扣5分				
5	清理现场	使用工具		工具使用错误一次从总分中扣2分			—	
		清理现场		未清理现场从总分中扣5分			—	
6	安全及其他	按国家或企业有关安全规定执行操作		违规一次从总分中扣5分；严重违规停止操作			—	
		在规定时间内完成		超时停止操作			—	
		合　计	100					

试题20：压力变送器的安装（实际操作）

（考核时间：15min）

序号	考核内容	考核要点	配分	评分标准	检测结果	扣分	得分	备注
1	准备工作	穿戴劳保用品规范	3	穿戴不规范扣3分				
		工具、用具准备	6	未准备扣6分，少选一件扣1分				
		检查新变送器	2	未检查扣2分，少一项扣1分				

续表

序号	考核内容	考核要点	配分	评分标准	检测结果	扣分	得分	备注
2	安装变送器	将变送器安装在拖架上，拧上固定螺丝	5	未操作此项扣5分				
		检查垫片	6	未检查或选择错误扣6分				
		加装垫片	6	未加装垫片扣6分，垫片加偏一次扣3分				
		安装过程连接块	6	未安装扣6分，安装方法错误扣3分				
		紧固过程连接块	6	未紧固扣6分，平行面加偏扣3分				
		紧固安装拖架上的螺母	5	未紧固扣5分				
3	接线	剥线	6	未剥线扣6分，裸露长度1~1.5cm，短于或多于此长度扣3分				
		检查供电电压极性	6	未检查扣6分				
		停供电电源	6	未停电扣6分				
		变送器与供电电源连接	6	正负接错扣6分，接线不牢固一点扣3分				
4	投运变送器	检查关闭排污门	5	未检查关闭排污门扣5分				
		通知运行人员开启一次门	5	未开启扣5分				
		开启二次门	5	未开启扣5分				
		检查接头无泄漏	6	未检查扣6分，出现泄漏一次扣3分				
		变送器送电	5	未送电扣5分				
		检查变送器指示	5	未检查扣5分				
5	清理现场	使用工具		使用错误一次从总分中扣2分			—	
		清理现场		未清理现场从总分中扣5分			—	

续表

序号	考核内容	考核要点	配分	评分标准	检测结果	扣分	得分	备注
6	安全及其他	按国家或企业有关安全规定执行操作		违规一次从总分中扣5分，严重违规停止操作			—	
		在规定时间内完成		超时停止操作			—	
合 计			100					

第三部分

高 级 工

一、石油石化职业资格等级标准(高级工工作要求)

职业功能	工作内容	技 能 要 求	相 关 知 识
一、测量与绘识	(一)绘图	1. 能绘制零件装配图 2. 能绘制热工自动装置原理图、安装接线图 3. 能绘制热工信号、顺控和保护工作原理图、电气原理图和安装接线图	1. 组合体的画法特点 2. 热工控制图例画法、逻辑图绘图方法 3. 程控保护原理与逻辑绘图方法
	(二)识图	能读识热控系统图、热工调节系统组成图、设备原理图、安装图	1. 热控系统图例标准 2. 热工调节系统基本原理与组成
二、校验调整	(一)校验仪表	1. 能校验化学分析仪表、智能化仪表 2. 能校验汽轮机监视保护装置	1. 化学分析仪表、智能化仪表校验方法 2. 汽轮机监视保护系统校验方法
	(二)调整设备	1. 能调整电接点压力表的定值 2. 能调整程控保护传感器 3. 能调整电动执行机构 4. 能整定调节器参数 5. 能进行差压式变送器正负迁移操作 6. 能调整压力控制器误差 7. 能调整电子记录仪量程	1. 电接点压力表的结构性能 2. 涡流传感器、电动传感器的应用特点 3. 执行机构的调整方法与性能特点 4. 调节器参数整定方法 5. 差压式变送器性能特点 6. 压力控制器性能特点 7. 电子记录仪的特点与调整方法
三、维护更换安装	(一)维护设备	1. 能组装工业控制计算机 2. 能进行仪表的解体清扫和组装操作 3. 能启动、停止差压变送器 4. 能保养压力校验台 5. 能制作电缆头 6. 能修改变频器参数 7. 能进行程控保护试验	1. 计算机硬件特点 2. 仪表设备的检修方法与标准 3. 差压变送器的启停方法 4. 压力校验台的保养方法 5. 电缆头的制作方法和工艺要求 6. 变频器特性与修改方法 7. 程控保护的功能与特点
	(二)更换设备	1. 能更换电接点水位计电极 2. 能更换可编程控制器模块 3. 能更换自动控制系统模件 4. 能更换仪表截止阀盘根	1. 电接点水位计电极特点与更换注意事项 2. 可编程控制器性能参数和特点 3. DCS、DEH 控制系统硬件特点 4. 仪表截止阀检修方法
	(三)安装设备	1. 能进行仪表柜、电子计算机柜热控装置的电缆接线操作 2. 能进行仪表管路安装 3. 能进行台、盘、柜底坐安装	1. 控制电缆的接线方法 2. 仪表管路的安装方法与规范 3. 热工台、盘、柜的安装方法与规范
四、钳工技术	钳工操作	1. 能进行划线操作 2. 能进行锉、锯操作	1. 划线方法 2. 锯削、锉削的操作方法

二、理论知识鉴定要素细目表

鉴定范围						鉴定点		
一级		二级		三级		代码	名称	重要程度
代码	名称	代码	名称	代码	名称			
A	基本要求	B	基础知识	A	电力生产知识	001	燃烧系统的组成	X
						002	电气系统的组成	X
						003	锅炉本体的组成	X
						004	火力发电厂的供水系统	X
						005	汽轮机的供热系统	X
						006	热电联产的特点	Y
						007	反动式汽轮机的工作原理	X
						008	冲动式汽轮机的工作原理	X
						009	冲动式汽轮机的特点	X
				B	安全质量环保知识	001	防尘防毒的措施	X
						002	HSE 管理体系文件架构	X
						003	HSE 危害辨识	X
						004	HSE 风险评价的概念	X
						005	ISO 9001 标准质量管理审核的特点	X
						006	ISO 9000 族标准第一、第二、第三方审核的区别	X
				C	电工、电子学基础知识	001	基尔霍夫电流定律的内容	X
						002	基尔霍夫电压定律的内容	X
						003	叠加原理的内容	X
						004	戴维南定律的内容	X
						005	复杂直流电路的计算方法	X
						006	R、L、C、串联交流电路的计算方法	X
						007	R、L、C、并联交流电路的计算方法	Y
						008	三相交流电路的基础知识	X
						009	半导体二极管的整流滤波电路特点	X
						010	稳压管稳压电路的组成特点	X
						011	负反馈的类型	X
						012	放大器中的负反馈特点	X
						013	负反馈对放大倍数的影响因素	X
						014	三极管射极输出器的组成特点	X
						015	三极管信号放大电路的计算方法	Z

续表

鉴定范围						鉴定点		
一级		二级		三级		代码	名称	重要程度
代码	名称	代码	名称	代码	名称			
						016	集成运算放大器基础知识	X
						017	集成运算放大器的应用特点	X
						018	脉冲放大电路的应用特点	X
				D	工器具的使用与维护方法	001	千分尺的使用方法	X
						002	外径千分尺的特点	X
						003	塞尺的特点	X
						004	绞刀的种类	X
						005	电动工具的使用要求	X
						006	百分表的维护保养知识	X
						007	量具的维护保养常识	X
						008	示波器的结构	X
B	相关知识	A	测量与绘识	A	绘图	001	零件图的表示方法	X
						002	识零件图的方法	X
						003	装配图的基本内容	X
						004	识装配图的方法	X
						005	热工调节的逻辑图	X
						006	自动调节系统的组成内容	Y
						007	调节系统的方框图	X
						008	CAD 绘制二维图的方法	X
				B	识图	001	热工控制原理	X
						002	热工控制的特点	X
						003	热控系统图例标准	X
		B	校验调整	A	校验仪表	001	工业 pH 计的标定方法	X
						002	工业电导率仪的标定方法	X
						003	智能变送器的校验方法	Y
						004	转速测量仪表的工作原理	X
						005	转速测量仪表的校验方法	X
				B	调整设备	001	电接点压力表的结构	X
						002	电接点压力表的特点	X
						003	电接点压力表的检定内容	X
						004	辐射式测温方法	X
						005	辐射式温度表性能特点	X

续表

鉴定范围						鉴定点		
一级		二级		三级		代码	名称	重要程度
代码	名称	代码	名称	代码	名称			
						006	涡轮流量计的特点	Y
						007	旋涡流量计的特点	Y
						008	弯管流量计的特性	X
						009	超声波流量计的特性	X
						010	椭圆齿轮流量计的特点	X
						011	差压变送器的使用注意事项	Z
						012	自动调节系统的试验方法	X
						013	时域试验建模的方法	Z
						014	由阶跃响应曲线求取被控对象传递函数的方法	Y
						015	调节阀选择方法	X
						016	单元机组负荷控制的基本方案	X
						017	ZJM 系列气动执行器的调整方法	X
						018	DKJ 系列电动执行器的调整方法	X
						019	调节器参数的整定方法	X
						020	涡流传感器的应用特点	X
						021	电动式传感器的应用特点	X
						022	汽轮机复合振动传感器的特点	X
						023	无纸电子记录仪的使用特点	X
						024	无纸电子记录仪的使用要求	X
						025	无纸电子式记录仪的调整方法	X
						026	MMS6110 模块的测量调试内容	X
						027	锅炉安全门保护调试的要求	Y
		C	维护更换安装	A	维护设备	001	温度测点的选择方法	X
						002	TLM 系列温度巡检表的使用要点	X
						003	TLM 系列温度巡检表的故障分析	X
						004	温度仪表的选用要求	X
						005	电磁流量计的应用原则	X
						006	温度仪表的安装要求	X
						007	容积式流量计测量方法	X
						008	容积式流量计的应用范围	X
						009	电接点电极特点	X

续表

鉴定范围						鉴定点		
一级		二级		三级		代码	名称	重要程度
代码	名称	代码	名称	代码	名称			
						010	系统调节过程的品质指标	Y
						011	调节系统传递函数的特性	Y
						012	积分作用的属性	X
						013	微分作用的属性	X
						014	串级调节调节系统的特性	X
						015	导前微分控制系统的特性	X
						016	复合控制系统的特性	X
						017	协调控制系统的特性	X
						018	自动调节系统的基本环节	X
						019	单回路反馈控制系统的特性	X
						020	调节阀在管路中的流量特性	X
						021	燃烧控制过程被控对象的动态特性	X
						022	被控对象对控制质量的影响内容	Y
						023	阀门定位器的特性	X
						024	DCS 系统的网络结构	X
						025	DEH 系统的功能	X
						026	DEH 控制系统的特性	X
						027	DEH 系统的故障处理方法	Z
						028	变频器的主体电路	X
						029	变频器输入电路的功率因数	X
						030	变频器安装注意事项	X
						031	变频器 V/F 控制时电动机的电流特性	X
						032	变频器的逆变器件	X
						033	变频器功能键的使用方法	X
						034	变频器的频率特性	Z
						035	ETS 的应用特点	X
						036	FSSS 的主要功能	X
						037	FSSS 的系统的组成	X
						038	锅炉等离子点火系统的工作原理	X
						039	锅炉等离子点火系统的技术特点	X
						040	计算机主板类型	X
						041	计算机主板结构	X

续表

鉴定范围						鉴定点		
一级		二级		三级		代码	名称	重要程度
代码	名称	代码	名称	代码	名称			
						042	主板的技术性能	X
						043	计算机内存储器的技术性能	X
						044	硬盘的技术性能	X
						045	显卡的结构	X
						046	显卡的主要性能指标	X
						047	主板 BIOS 基本设置	X
						048	Windows 2000 的文件管理	X
						049	Windows 2000 高级操作方法	X
						050	Word2000 应用	X
						051	Excel2000 应用	X
						052	PowerPoint2000 应用	X
						053	AutoCAD 基本应用	Y
						054	计算机网络基础	X
						055	计算机网络分类	X
						056	计算机网络特点	X
						057	阀门的特点	X
						058	阀门的应用方法	X
						059	活塞式压力计的特点	X
						060	活塞式压力计的使用方法	X
						061	压力校验台的保养方法	X
				B	更换设备	001	电接点水位计测量筒安装要求	X
						002	电接点水位计电极更换的注意事项	X
						003	DCS 控制系统硬件特性	X
						004	DEH 控制系统硬件特性	X
						005	PLC 的定义	X
						006	PLC 的特点	Y
						007	PLC 的扫描时间、响应时间	X
						008	PLC 的应用领域	X
						009	PLC 分类	X
						010	PLC 的发展概况	Z
						011	PLC 的主要性能指标	X

续表

鉴定范围						鉴定点		
一级		二级		三级		代码	名 称	重要程度
代码	名 称	代码	名 称	代码	名 称			
				C	安装设备	001	PLC 的工作原理	X
						002	PLC 的基本指令	Y
						003	超声波流量计的安装要求	X
						004	容积式流量计的安装要求	X
						005	差压信号管路的安装要求	Y
						006	仪表盘安装方法	X
						007	就地仪表安装规范	X
						008	盘装仪表安装方法	X
						009	仪表管路安装规范	Y
						010	盘内布线规范	X
						011	电涡流传感器的安装要求	X
		D	钳工技术	A	钳工操作	001	划线工具的种类	X
						002	划线工具的应用	X
						003	划线的方法	X
						004	锉削的方法	X
						005	锉削的注意事项	X

三、理论知识试题

判断题

1\. 为燃烧提供空气动力的设备是空气预热器。（×）

正确答案：为燃烧提供空气动力的设备是送风机。

2\. 电力系统的负荷可分为有功负荷和无功负荷两种。（√）

3\. 装设了避雷线的线路可以避免遭受雷击。（×）

正确答案：装设了避雷线的线路，仍然有雷绕过避雷线而击于导线的可能。

4\. 省煤器是锅炉本体的组成部分。（√）

5\. 循环供水系统按冷却设备的不同，可以分为冷却水池、喷水池和冷却塔三种类型。（√）

6\. 局部用热系统包括热用户。（√）

7\. 反动级的做功能力较大，效率比冲动级高。（×）

正确答案：反动级的做功能力较小，效率比冲动级高。

8\. 蒸汽在反动级中的膨胀一半在喷嘴中进行，一半在动叶片中进行。（√）

9\. 纯冲动级的蒸汽仅在动叶栅中膨胀，而在喷嘴叶栅中不膨胀，只是改变流动方向。（×）

正确答案： 纯冲动级的蒸汽仅在喷嘴叶栅中膨胀，而在动叶栅中不膨胀，只是改变流动方向。

10. 单级冲动式汽轮机的功率较小，一般在500～800kW以下，常用来带动功率不大的汽动油泵及汽动给水泵。（✓）

11. 对于纯冲动级，当速度比为零时，叶轮的旋转速度最快。（×）

正确答案： 对于纯冲动级，当速度比为零时，叶轮不旋转。

12. 当尘毒物质浓度超过国家卫生标准时，可采用通风净化方法使尘毒物质尽快排出。（✓）

13. 采取隔离操作，实现微机控制不属于防尘防毒的技术措施。（×）

正确答案： 采取隔离操作，实现微机控制属于防尘防毒的技术措施。

14. 在HSE管理体系中，作业指导书是管理手册的支持性文件，上接管理手册，是管理手册规定的具体展开。（×）

正确答案： 在HSE管理体系中，程序文件是管理手册的支持性文件，上接管理手册，是管理手册规定的具体展开。

15. 在HSE管理体系中，危害识别是认知危害的存在并确定其特性的过程。（✓）

16. HSE管理体系中风险评价的目的是全面识别危害因素、准确评价、控制重大风险。（✓）

17. 在ISO 9001族标准中，内部质量审核有不独立性特点。（×）

正确答案： 在ISO 9001族标准中，内部质量审核有独立性特点。

18. 第一方审核又称为外部审核。（×）

正确答案： 第一方审核又称为内部审核。

19. 应用基尔霍夫电流定律列电流定律方程，无须事先标出各支路中电流的参考方向。（×）

正确答案： 应用基尔霍夫电流定律列电流定律方程，必须事先标出各支路中电流的参考方向。

20. 在多电源作用的线性电路中，可以用叠加原理计算电路中的功率。（×）

正确答案： 在多电源作用的线性电路中，可以用戴维南定理计算电路中的功率。

21. 电容元件贮存磁场能，电感元件贮存电场能。（×）

正确答案： 电容元件贮存电场能，电感元件贮存磁场能。

22. RLC串联电路发生谐振时，R、L、C之间相互进行能量交换。（×）

正确答案： RLC电路发生串联谐振时，R、L、C之间相互无能量交换。

23. 在RLC并联电路中，总电流的瞬时值时刻都等于各元件中电流瞬时值之和；总电流的有效值总会大于各元件上的电流有效值。（×）

正确答案： 在RLC并联电路中，总电流的瞬时值时刻都等于各元件中瞬时值之和；有效值则不一定总大于各元件上的电流有效值。

24. 在同一供电系统中，三相负载接成Y形和接成△形所吸收的功率是相等的。（×）

正确答案： 在同一供电系统中，三相负载接成Y形和接成△形所吸收的功率不相等。

25. 二极管正向动态电阻的大小，和流过二极管电流没有关系。（×）

正确答案：二极管正向动态电阻的大小，随流过二极管电流的变化而改变，是不固定的。

26. 稳压二极管的动态电阻是指稳压管的稳定电压与额定工作电流之比。 (×)

正确答案：稳压二极管的动态电阻是指稳压管的稳定电压变化量与工作电流变化量之比。

27. 在串联负反馈中电压负反馈是单级负反馈，电流负反馈是两级负反馈。 (×)

正确答案：在串联负反馈中电流负反馈是单级负反馈，电压负反馈是两级负反馈。

28. 并联负反馈是把反馈电压并联起来，以削减输入电压。 (×)

正确答案：并联负反馈是把反馈电压并联起来，以削减输入电流。

29. 放大电路引入负反馈后，放大倍数将要降低。 (✓)

30. 负反馈放大器电压的改善是以牺牲放大倍数为代价的。 (×)

正确答案：负反馈放大器性能的改善是以牺牲放大倍数为代价的。

31. 集成运算放大器的输入失调电压值大，比较好。 (×)

正确答案：集成运算放大器的输入失调电压值小，比较好。

32. 集成运算放大器输入级采用的是差动放大器。 (✓)

33. 施密特触发器能产生频率可调的矩形波。 (×)

正确答案：多谐振荡器能产生频率可调的矩形波。

34. 施密特触发器可将其他形式的波形，如正弦波、三角波，变换成整齐的矩形波，还可以作为鉴幅器使用。 (✓)

35. 千分尺转向刻度为 50 格，每转 1 个为 0.01mm。 (✓)

36. 用千分尺测量蠕变时，应在管道壁温小 100℃ 的情况下进行，否则会产生较大误差。 (×)

正确答案：用千分尺测量蠕变时，应在管道壁温小于 50℃ 的情况下进行，否则会产生较大误差。

37. 塞尺是用来测量缝隙的大小，适用于配合零部件之间不能用其他测量器的检测。 (✓)

38. 在不使用指示表时，要解除其所有负荷，让测量杆处于自由状态。 (✓)

39. 若发现量具误差增大、损伤等，使用者应及时检修。 (×)

正确答案：若发现量具误差增大、损伤等，使用者应送计量部门及时检修。

40. 零件图的内容包括能完整、清晰地表达出零件结构形状的一组视图。 (✓)

41. 零件图中注写的各项技术要求只包括表面粗糙度、允许加工误差 2 种。 (×)

正确答案：零件图中注写各项技术要求只包括表面粗糙度、允许加工误差、热处理、表面修饰、检验方法和其他特殊要求等。

42. 识读零件图时首先分析尺寸。 (×)

正确答案：识读零件图时首先分析零件的形状结构、尺寸大小和制造要求等。

43. 读零件图的最后步骤是全面总结、归纳。 (✓)

44. 装配图是表达机器、部件或组件的图样。表达机器中某个部件或组件的装配图，称为部件装配图。 (✓)

45. 装配图中相同的各组成部分只应有一个序号或代号，一般标注两次。 (×)

正确答案：装配图中相同的各组成部分只应有一个序号或代号，一般标注一次。

46. 热工调节逻辑图中，“PID”是一个多段经验函数。（×）

正确答案： 逻辑图中，“PID”是一个比例积分微分调节器。

47. 调节器和被调对象构成的具有调节功能的统一体称为自动调节系统。（×）

正确答案： 调节设备和被调对象构成的具有调节功能的统一体称为自动调节系统。

48. 同一个元件或系统只能画出一种方框图。（×）

正确答案： 同一个元件或系统只能画出繁简不同的方框图。

49. 调节系统的方框图是用图解形式表示系统中各元件的功能和信号传递关系的。（√）

50. AUTOCAD 可以使用命令行直接输入命令，也可以使用菜单启动命令或在工具栏上单击图标按钮启动命令。（√）

51. AUTOCAD 可以用 4 种方式来定点。（×）

正确答案： AUTOCAD 可以用 5 种方式来定点。

52. 前馈控制系统无法补偿因扰动而引起的对被调量的影响。（×）

正确答案： 前馈控制系统能够补偿因扰动而引起的对被调量的影响。

53. 燃烧过程调节系统，其原理是必须要确保燃料、送风、引风等参数协调变化。（√）

54. 前馈控制系统的特点是，它对于系统的稳定性有一定影响。（×）

正确答案： 前馈控制系统的特点是，它对于系统的稳定性没有影响。

55. 串级调节系统是在单回路反馈系统基础上增加一个导前信号和一个副回路。（√）

56. 工业用 pH 计，若温度电极损坏，将对标定结果造成影响。（√）

57. 工业用 pH 计，在更换电极时后，不需重新进行标定。（×）

正确答案： 工业用 pH 计，在更换电极时后，需重新进行标定。

58. 智能差压变送器测量流量可直接调整变送器进行开方运算。（√）

59. 智能转速表能输出高Ⅰ值和高Ⅱ值两个报警接点。（√）

60. 智能转速表没有自检功能。（×）

正确答案： 智能转速表均有自检功能。

61. 带有撞击子显示的转速表校验时只记录击出转速即可。（×）

正确答案： 带有撞击子显示的转速表校验时要记录击出和缩回转速。

62. 智能转速表校验时，首先应进行自检。（√）

63. 电接点压力表的电器部分与外壳之间的绝缘电阻在环境温度 5～35℃，相对温度不大于 85% 时，应不小于 20MΩ。（√）

64. 当使用功率超过电接点压力表的触点的允许功率，会使触点烧坏。（√）

65. 电接点压力表的触点不需要进行打磨。（×）

正确答案： 为保证电接点压力表正常动作，电接点压力表的触点需要进行打磨。

66. 测量电接点压力表绝缘电阻，应使用兆欧表。（√）

67. 不能使用数字万用表的二极管挡设置电接点压力表的高低限报警值。（×）

正确答案： 可以使用数字万用表的二极管挡设置电接点压力表的高低限报警值。

68. 红外热像仪是按普朗克定律以黑体为参考，利用红外成像原理来测量物体表面的温度分布。（√）

69. 辐射式测温法的特点是理论上测温上限不受限制、动态特性好、灵敏度低、可测量

处于运动状态对象的温度，因此被广泛应用。（×）

正确答案：辐射式测温法的特点是理论上测温上限不受限制、动态特性好、灵敏度高、可测量处于运动状态对象的温度，因此被广泛应用。

70. 使用弯管流量计测量管中无流动阻力部件，不能利用管系现成弯管。（×）

正确答案：使用弯管流量计测量管中无流动阻力部件，可以利用管系现成弯管。

71. 弯管流量计无压力损失，运行能耗低。（√）

72. 椭圆齿轮流量计测量流体流量需要较长的直管段。（×）

正确答案：椭圆齿轮流量计测量流体流量，可以不需要直管段。

73. 利用迭替代原理将脉冲特性曲线转换为飞升曲线，即可求出对象的动态特性参数。（×）

正确答案：利用迭加原理将脉冲特性曲线转换为飞升曲线，即可求出对象的动态特性参数。

74. 阶跃扰动试验的曲线起始段和接近稳态部分要准确，否则不能较准确地求出对象的动态特性参数。（√）

75. 时域试验建模方法中，测定阶跃响应曲线时，只有在足够低的信噪比条件下，测试结果才是有效的。（×）

正确答案：时域试验建模方法中，测定阶跃响应曲线时，只有在足够高的信噪比条件下，测试结果才是有效的。

76. 时域试验建模方法中，应测定输入信号上升和下降两个方向变化的阶跃响应曲线。（√）

77. 在热工自动控制中，广泛采用一个 n 阶等容比例环节来近似表征有自平衡力的被控对象，其传递函数有三个待定参数。（×）

正确答案：在热工自动控制中，广泛采用一个 n 阶等容惯性环节来近似表征有自平衡力的被控对象，其传递函数有三个待定参数。

78. 在工程上，为了减少计算工作量，常用近似的方法确定被控对象的传递函数。（√）

79. 调节阀的流量特性应满足调节对象静态特性的要求。（×）

正确答案：调节阀的流量特性应满足调节对象动态特性的要求。

80. 单回路控制系统的控制通道，在实际系统中是由执行器、变送器、对象串联组成的广义对象。（√）

81. 单元机组负荷控制方案中，如果采用汽机跟随控制方式，则其汽压波动比较大。（×）

正确答案：单元机组负荷控制方案中，如果采用汽机跟随控制方式，则其汽压波动比较小。

82. ZJM 系列气动执行机构的开关电路板不仅能够实现断信号自锁功能，还能提供给位置发送器 24V 电源。（√）

83. ZJM 系列气动执行机构切换膜片漏气并不会影响设备的正常操作。（×）

正确答案：ZJM 系列气动执行机构切换膜片漏气会造成执行器操作无效。

84. DKJ 系列电动执行机构的出力不够很可能是位置发送器故障造成。（×）

正确答案：DKJ 系列电动执行机构的出力不够很可能是分相电容故障造成。

85. 涡流传感器用于静态和动态位移量的非接触式测量。（√）

86. 涡流传感器的安装间隙影响其灵敏度。(×)

正确答案：涡流传感器的安装间隙不影响其灵敏度。

87. PR9266 系列传感器可同时测量垂直方向和水平方向的振动。(√)

88. PR9268/20 系列传感器有一个提升线圈，因此可同时测量垂直方向和水平方向的振动。(×)

正确答案：PR9268/20 系列传感器没有提升线圈，只能测量垂直方向的振动。

89. 复合振动传感器比接触传感器精度低。(×)

正确答案：复合振动传感器比接触振动传感器精度高。

90. 复合振动传感器可提供主轴与轴承座振动的幅值和相位。(√)

91. MC 系列无纸电子记录仪如果使用金属外壳，允许其在恶劣的环境下使用。(√)

92. MC 系列无纸电子记录仪的显示精度高，数字、曲线及棒图显示基本误差为 ±0.5% *FS*。(×)

正确答案：MC 系列无纸电子记录仪的显示精度高，数字、曲线及棒图显示基本误差为 ±0.2% *FS*。

93. MC 系列无纸电子记录仪的接地端子电阻要低。(√)

94. 电子记录仪的测量对象存在较大干扰时，应将测量对象和电源回路绝缘。(×)

正确答案：电子记录仪的测量对象存在较大干扰时，应将测量对象和测量回路绝缘。

95. 做 MC 系列无纸电子记录仪的历史曲线追忆调整工作时，按追忆键切换追忆方式。(×)

正确答案：做 MC 系列无纸电子记录仪的历史曲线追忆调整工作时，按确认键切换追忆方式。

96. 做 MC 系列无纸电子记录仪的历史曲线追忆调整工作时，按追忆左键，向前追忆历史数据。(√)

97. 在锅炉安全门调试过程中，安全门定砣的顺序是按动作压力为序，先高后低。(√)

98. 在锅炉安全门调试过程中，安全门调试校验就是调整安全门压力表的定值。(×)

正确答案：在锅炉安全门调试过程中，安全门调试校验就是调整安全门的启、回座压力。

99. 在有振动的场合应选用热电偶而不易选择热电阻进行测量。(√)

100. 温度一次部件若安装在管道的拐弯处或倾斜安装，应顺着流向。(×)

正确答案：温度一次部件若安装在管道的拐弯处或倾斜安装，应逆着流向。

101. 温度巡检表 TLM 系列的 TLM－60 的实际检测容量为 59 点。(√)

102. 温度巡检表 TLM 系列的 TLM－60 自校点占用第“60 点”，接入分度号为 500℃之标准热电阻。(×)

正确答案：温度巡检表 TLM 系列的 TLM－60 自校点占用第“00 点”，接入分度号为 500℃之标准热电阻。

103. TLM 系列温度巡检表应尽可能远离强电磁场和振动源。(√)

104. 在直径为 76mm 以下的管道上安装测温保护管时，应选用小型测温元件，否则应加装扩大管。(√)

105. 双金属温度计的选用要求为所需测量段在其测量范围的$\frac{1}{3}$~$\frac{1}{2}$范围内。（×）

正确答案： 双金属温度计的选用要求为所需测量段在其测量范围的$\frac{1}{3}$~$\frac{1}{2}$范围内。

106. 电磁流量计可测腐蚀性液体，并且耐磨损。（√）

107. 电磁流量计变送器和转换器之间不需用屏蔽电缆连接。（×）

正确答案： 电磁流量计变送器和转换器之间必须用屏蔽电缆连接。

108. 安装温度仪表所需的测量回路的导线可以和动力回路、信号回路等导线穿入同一根管内。（×）

正确答案： 安装温度仪表所需的测量回路的导线不应和动力回路、信号回路等导线穿入同一根管内。

109. 容积式流量计用来测量流体的瞬时流量。（×）

正确答案： 容积式流量计用来测量流体的累积流量。

110. 容积式流量计广泛用于测量石油类流体，饮料类流体、气体以及水的流量。（√）

111. 高温高压锅炉电接点水位计电极损坏的原因是氧化铝瓷管及其他的瓷封件可伐合金受到严重腐蚀，造成瓷封件开裂泄漏。（√）

112. 系统的准确性是指被调量偏差的大小，一般只是指静态偏差。（×）

正确答案： 系统的准确性是指被调量偏差的大小，它包括动态偏差和静态偏差。

113. 若干个环节串联后的总传递函数等于各个环节传递函数的代数和。（×）

正确答案： 若干个环节串联后的总传递函数等于各个环节传递函数的乘积。

114. 若干个环节并联后的总传递函数等于各个环节传递函数的代数和。（√）

115. 积分时间越大，则积分作用越强。（×）

正确答案： 积分时间越大，则积分作用越弱。

116. 微分调节作用的大小可以通过设置比例系数来实现。（×）

正确答案： 微分调节作用的大小可以通过设置微分增益和微分时间来实现。

117. 在串级控制系统得实际应用中，副参数的选择应使副回路的时间常数小，控制通道短，反应灵敏。（√）

118. 可以利用补偿整定法对导前微分系统进行整定。（√）

119. 前馈—反馈复合控制系统中，扰动输出的影响要比纯前馈时稍微大一些。（×）

正确答案： 前馈—反馈复合控制系统中，扰动输出的影响要比纯前馈时小得多。

120. 前馈—反馈复合控制系统中，前馈补偿中的完全补偿条件不变。（√）

121. 以炉基本为基础的协调控制系统中，由锅炉侧调节主汽压力，汽机侧调整功率。（×）

正确答案： 以炉基本为基础的协调控制系统中，由锅炉侧调节功率，汽机侧调整主汽压力。

122. 以机基本为基础的协调控制系统中，由锅炉侧调节主汽压力，汽机侧调整功率。（√）

123. 一阶惯性环节的阶跃响应曲线是按照对数规律趋近平衡的。（×）

正确答案： 一阶惯性环节的阶跃响应曲线是按照指数规律趋近平衡的。

124. 从惯性环节的阶跃响应曲线上可以看出，它的最后阶段与比例环节相似。（√）

125. 在单回路控制系统中，一般情况下，欲维持的工艺参数就是系统的调节对象。（×）

正确答案：在单回路控制系统中，一般情况下，欲维持的工艺参数就是系统的被调对象。

126. 单回路控制系统的控制通道，在实际系统中是由执行器、变送器、对象串联组成的广义对象。（√）

127. 在串联管路中的调节阀，理想的百分比特性阀门的工作流量特性接近于快开特性。（×）

正确答案：在串联管路中的调节阀，理想的百分比特性阀门的工作流量特性接近于线性特性。

128. 由控制理论可知，系统放大系数不影响瞬态响应曲线的幅值。（×）

正确答案：由控制理论可知，系统放大系数不影响瞬态响应曲线的形状，而影响其幅值。

129. 系统控制通道放大系数较大时，其克服扰动的能力有所增强。（√）

130. 电－气阀门定位器是指：将20～100kPa气信号转换成4～20mA直流电信号从而驱动执行机构，调整阀门开度。（×）

正确答案：电－气阀门定位器是指：将4～20mA直流电信号转换成20～100kPa气信号从而驱动执行机构，调整阀门开度。

131. 利用阀门定位器不能实现分程控制。（×）

正确答案：利用阀门定位器可以实现分程控制。

132. 总线形的网络结构是指，所有节点都串联到公共总线上，各个节点都要通过这条总线互相通信。（×）

正确答案：总线形的网络结构是指，所有节点都并行地连接到公共总线上，各个节点都要通过这条总线互相通信。

133. DCS系统的网络结构是由各种具有不同功能的微处理机，用通信线路互联而形成的。（√）

134. DEH系统能够实现单阀控制和顺序阀控制两种控制方式。（√）

135. DEH系统具有转速控制、负荷控制、自动并网、ATC、主汽压力控制、阀门管理等功能。（√）

136. DEH控制系统单阀控制特性是指根据阀位指令顺序开启各调节汽阀。（×）

正确答案：DEH控制系统单阀控制特性是指根据阀位指令同时开启各调节汽阀。

137. DEH控制系统的高调门LVDT反馈装置故障，必须在顺序阀控制状态下进行更换。（×）

正确答案：DEH控制系统的高调门LVDT反馈装置故障，必须在单阀控制状态下进行更换。

138. 变频器里由再生制动引起直流电压上升的部分称为制动电压。（√）

139. 根据功率因数的定义，功率因数等于有功功率与视在功率的乘积。（×）

正确答案：根据功率因数的定义，功率因数等于有功功率与视在功率的比。

140. 在变频器输入电路中，改善功率因数的根本途径是增加谐波电流。（×）

正确答案：在变频器输入电路中，改善功率因数的根本途径是削弱谐波电流。

141. 当一台控制柜内装有两台变频器时，应尽量纵向安装。（×）

正确答案：当一台控制柜内装有两台变频器时，应尽量并排安装。

142. 变频器电动机的输入电压偏高、输入功率多余时，定子电流也就越大。（√）

143. 变频器逆变器件中的 SCR 管，只需要一个脉冲信号就可以控制其导通。（√）

144. 变频器逆变器件中的 GTR 管有两种基本工作状态，分别为放大和截止状态。（×）

正确答案：变频器逆变器件中的 GTR 管有三种基本工作状态，分别为放大、饱和及截止状态。

145. 当变频器的输出电压等于额定电压时的最小输出频率，称为基本频率。（√）

146. TSI 系统应用了双通道概念，布置成"或 - 与"门的通道方式，这就允许在线试验，并在试验过程中装置仍起保护作用。（√）

147. FSSS 可以实现调节功能，可以直接参与调节燃烧量、风量、水等参数。（×）

正确答案：FSSS 不能实现调节功能，不直接参与调节燃烧量、风量、水等参数

148. CCS（协调控制系统）与 FSSS 相互有一定的联系与制约，但 FSSS 的安全联锁功能是最高的。（√）

149. FSSS 的驱动装置用于控制和隔离炉膛的燃料和空气。（√）

150. FSSS 中敏感元件包括压力开关、温度开关、差压开关、限位开关及火焰检测器等组成。（√）

151. 等离子发生器由阴极和阳极组成。（×）

正确答案：等离子发生器有线圈、阴极和阳极组成。

152. 等离子点火系统中，利用直流电流在介质气压下通过阴极和阳极接触产生电弧。（√）

153. 等离子点火系统中，等离子发生器的输出功率是不可调的。（×）

正确答案：等离子点火系统中，等离子发生器的输出功率是可调的。

154. 等离子点火系统对煤粉细度无特殊要求，且出力大，不结焦，耐磨损，使用寿命长。（√）

155. 按照 CPU 类型可分为 Intel 主板和 AMD 主板，两者之间可以互换。（×）

正确答案：按照 CPU 类型可分为 Intel 主板和 AMD 主板，两者之间互不兼容。

156. 在选用主板的时候，一定要注意主板要与 CPU 对应，否则无法使用。（√）

157. IDE 接口是 28 针排线插座。（×）

正确答案：IDE 接口是 40 针排线插座。

158. 主板芯片组是主板的核心部件，起到协调和控制数据在 CPU、内存和各种应用插卡之间流通的作用。（√）

159. DMA 技术降低了 CPU 的占用时间，使计算机系统的效率大大提高。（√）

160. 内存条上标有 -6，-7，-8 等字样，表示的是存取速度，用 ns（纳秒），该数值越小，说明内存速度越慢。（×）

正确答案：内存条上标有 -6，-7，-8 等字样，表示的是存取速度，用 ns（纳秒），该数值越小，说明内存速度越快。

161. 内存条的性能是由内存颗粒决定的。（√）

162. ATA/100 标准的硬盘，可以配合任何接口技术的主板都能发挥性能。（×）

正确答案： ATA/100标准的硬盘，必须配合支持ATA/100接口技术的主板才能发挥性能。

163. 平均寻道时间是指磁盘面上移动磁头到所指定的磁道所需的时间。 (√)

164. RAMDAC称为模数转换器，它的作用是将显存中的模拟信号转换为能够用于显示的数字信号。 (×)

正确答案： RAMDAC称为数模转换器，它的作用是将显存中的数字信号转换为能够用于显示的模拟信号。

165. AGP8X能兼容AGP4X，但不能兼容AGP1X，AGP2。 (√)

166. 显示分辨率是指显卡能在显示器上描绘点数的最小数量。 (×)

正确答案： 显示分辨率是指显卡能在显示器上描绘点数的最大数量。

167. 显卡色深的单位是bit。 (√)

168. 在BIOS中设置密码时，输入的密码不区分大小写。 (×)

正确答案： 在BIOS中设置密码时，输入的密码区分大小写。

169. Windows 2000中，同一个文件夹中的文件、文件夹不能同名。 (√)

170. 当进行格式化操作时，软盘上的数据仍旧保留。 (×)

正确答案： 当进行格式化操作时，软盘上的数据全部消失。

171. 在Windows 2000中，按下键盘上的PrintSreen键，则整个桌面内容将复制到剪贴板。 (√)

172. 在Windows 2000中，若系统长时间不响应用户的要求，为了结束该任务，应使用的组合键是Ctrl + Shift + Enter。 (×)

正确答案： 在Windows 2000中，若系统长时间不响应用户的要求，为了结束该任务，应使用的组合键是Ctrl + Shift + Del。

173. 在Word的编辑状态，选择了整个表格，执行了表格菜单中的"删除行"命令，则整个表格被删除。 (√)

174. 在Word的表格操作中，计算机求和的函数是Total。 (×)

正确答案： 在Word的表格操作中，计算机求和的函数是Sum。

175. Auto CAD的图标菜单栏可以定制，可以删除也可以增加。 (√)

176. 在Auto CAD中，按F1键可以中断正在执行的命令，回到等待命令状态。 (×)

正确答案： 在Auto CAD中，按Esc键可以中断正在执行的命令，回到等待命令状态。

177. 网络服务器是整个网络系统的核心，为网络用户提供服务并管理整个网络。 (√)

178. 工作站与网络服务器的功能相同，它的接入与离开影响着整个网络系统。 (×)

正确答案： 工作站与网络服务器的功能不同，它只是一个接入网络的设备（节点），故它的接入与离开对整个网络系统没有影响。

179. 根据网络逻辑拓扑结构，计算机网络可分为总线型和环形。 (√)

180. 星形网络的缺点是可靠性差、站点数少、依赖于中心站工作。 (√)

181. 环形网络的特点是传输方向是双向的，因此其可靠性高。 (×)

正确答案： 环形网络的特点是传输方向是单向的，因此其可靠性较差。

182. 弹簧式安全阀是以杠杆和重锤来密封阀瓣压力的。 (√)

183. 调节阀主要用于调节介质的流量、压力等。 (√)

184. 截止阀可以粗略的调节流量，主要用作切断管道的介质。（√）

185. 活塞式压力计不能用来校验标准压力表。（×）

正确答案：活塞式压力计能用来校验标准压力表。

186. 活塞式压力计使用前必须进行水平位置调整，以防止活塞和缸体之间的直接摩擦。（√）

187. 用活塞式压力计测量标准压力表时，不能用手拨动承重盘，以免产生误差。（×）

正确答案：用活塞式压力计测量标准压力表时，要用手轻轻拨动承重盘，使活塞均匀转动，以克服活塞与活塞缸内摩擦力的影响。

188. 进行压力试验台密封性试验，试验时间为10min。（×）

正确答案：进行压力试验台密封性试验，试验时间为5min。

189. 压力试验台在使用时应经常检查油杯介质情况。（√）

190. 测量汽包水位的电接点水位计测量筒安装时，其零水位应与汽包云母水位计的零水位对准。（√）

191. 电接点水位计测量筒安装时，距离汽包越远越好。（×）

正确答案：电接点水位计测量筒安装时，距离汽包越近越好。

192. DCS系统的工程师站，其主要任务是逻辑设计、系统组态等，系统运行时，它必须保持一直在线。（×）

正确答案：DCS系统的工程师站，其主要任务是逻辑设计、系统组态等，系统运行时，并不要求它必须在线。

193. DCS系统中，普遍采用了程序自恢复技术，常见的方法是设置一个监视计时器来实现。（√）

194. 中压调节汽阀是一种控制型的执行机构，在大部分机组中，它只具备全开、全关两种状态。（×）

正确答案：中压调节汽阀是一种控制型的执行机构，可在它的控制范围之内，把阀门控制在所需要的任意中间位置上。

195. DEH系统的快速卸载阀用于机组发生故障时，迅速卸去安全油，实行紧急停机。（√）

196. 可编程控制器能完成逻辑、顺序、定时、计数和算术运算等功能。（√）

197. 可编程控制器可以取代计算机完成数据管理、处理等功能。（×）

正确答案：可编程控制器不能取代计算机完成数据管理、处理等功能。

198. PLC可以取代继电器完成逻辑控制等功能。（√）

199. PLC具有逻辑运算、定时、计数等控制功能，但没有A/D、D/A转换、模拟量处理等功能。（×）

正确答案：PLC具有逻辑运算、定时、计数等控制功能，还能完成A/D、D/A转换、模拟量处理等功能。

200. 在使用直接输出刷新时，最长响应时间等于输入延迟时间、一个扫描周期时间、输出延迟时间三者之和。（√）

201. PLC的扫描周期就是指程序的执行时间。（×）

正确答案：PLC的扫描周期由系统监测阶段、执行外围设备命令阶段、程序执行阶段、输入输出刷新阶段组成。

202. PLC 因其性能价格比低，使其应用领域收到了限制。 (×)

正确答案： PLC 因其性能价格比高，所以其应用的领域非常广泛。

203. 根据 PLC 的 I/O 点的多少，可将 PLC 分为小型、中型和大型三类。 (√)

204. 编程指令的功能越强、数量越多，PLC 的处理能力和控制能力也越强，用户编程也越简单和方便，越容易完成复杂的控制任务。 (√)

205. 计数器不管什么情况，置位后必须还要复位。 (√)

206. 编程指令的功能越强、数量越多，PLC 的处理能力和控制能力也越强，用户编程也越简单和方便，越容易完成复杂的控制任务。 (√)

207. 超声波流量计无法测量任何衬里管道里的流体。 (√)

208. 容积式流量计安装时对流体通过方向没有特殊要求。 (×)

正确答案： 容积式流量计安装时，流量方向应和流量计上箭头方向一致，不能装反。

209. 差压信号管路弯曲处应是均匀的圆角。 (√)

210. 仪表盘安装时底座尺寸应与盘底相符且略小。 (×)

正确答案： 仪表盘安装时底座尺寸应与盘底相符且略大。

211. 仪表盘安装时，盘底座上表面应高出地面 10 ~ 20mm，以便做清洁工作时防止污水流入表盘。 (√)

212. 当两块流量表并列安装时，以表外壳间距应保持在 50 ~ 60mm。 (√)

213. 压力表盘内表计下面装有电气设备时，应在导管与电气设备之间安装挡水板。 (√)

214. 测量凝汽器真空的管路，应全部向下朝测量元件倾斜，不允许有形成水塞的可能性。 (×)

正确答案： 测量凝汽器真空的管路，应全部向下朝凝汽器倾斜，不允许有形成水塞的可能性。

215. 盘内布线绝对不能出现交叉。 (×)

正确答案： 盘内布线应尽量减少交叉，如遇特殊情况也可以交叉，但应做成使前面部分看不到交叉。

216. 当修改已配好的盘内布线时，如要拆除导线，可将两头导线剪掉，当中一段仍留在导线束内作为假线。 (√)

217. 电涡流传感器安装时，传感器头部四周必须留有一定范围非导电介质空间。 (√)

218. 电涡流传感器安装时，为避免擦伤探头可用金属侧隙规整定探头间隙。 (×)

正确答案： 电涡流传感器安装时，为避免擦伤探头可用非金属侧隙规整定探头间隙。

219. 加工零件进行划正的目的是使各加工面尺寸均匀。 (√)

220. 划线质量与平台的平整性有关而与平台安装是否水平无关。 (×)

正确答案： 划线质量与平台的平整性有关，而与平台安装是否水平有关。

221. 圆规用中碳钢或工具钢制成，两脚尖经淬火处理。 (√)

222. 划线所用的各外表面都经过精刨和刮削的铸铁件是 V 形铁。 (×)

正确答案： 划线所用的各外表面都经过精刨和刮削的铸铁件是方箱铁。

223. 线段的交接处要有冲眼。 (√)

224. 在几个平面上划线称为平面划线。 (×)

正确答案： 在几个平面上划线称为立体划线。

225. 推锉法适用于最后锉光和锉削不大的平面。 (×)

正确答案： 推锉法适用于狭长平面和修整时余量较小的场合。

226. 锉削姿势与使用的锉刀大小无关。 (×)

正确答案： 锉削姿势与使用的锉刀大小有关。

227. 锉削时，由左手控制推力大小，同时两手都施加压。 (×)

正确答案： 锉削时，由右手控制推力大小，同时两手都要施加压力。

228. 进行平面锉削时，一般可用钢尺或角尺以透光法检验不平度。 (√)

单选题

1. 在燃烧系统中，将烟气排入大气的设备是(B)。

A. 送风机　B. 吸风机　C. 冷烟风机　D. 烟囱

2. 在燃烧系统中，将烟气中的灰分分离出来的设备是(C)。

A. 冲灰水泵　B. 灰渣泵　C. 除尘器　D. 烟囱

3. 火力发电厂的发电机是以汽轮机为原动机的(B) 发电机。

A. 二相交流　B. 三相交流　C. 一相交流　D. 三相直流

4. 把直流电能转换成机械能，并输出机械转矩的电动机叫(B)。

A. 同步式电动机　B. 直流电动机

C. 异步式电动机　D. 鼠笼式电动机

5. 空气预热器属于锅炉(B) 的组成部分。

A. 辅助设备　B. 本体　C. 辅机　D. 烟道

6. 火力发电厂需用大量的水，其中95%的冷却水用于(B) 的冷却。

A. 转动设备轴承　B. 凝汽器　C. 冷油器　D. 电机空冷器

7. 通常火电厂的供水系统中，(D) 主要用于除去锅炉给水中的氧气和其他气体，同时也起回热加热工质的作用。

A. 高压加热器　B. 低压加热器　C. 凝汽器　D. 除氧器

8. 局部用热系统是将(B) 传递给用户的用热设备。

A. 电能　B. 热量　C. 机械能　D. 动能

9. 用户不但利用载热质的部分热量，同时耗用一部载热质的是(B)。

A. 双管封闭　B. 双管半封闭　C. 单管开放　D. 单管封闭

10. 热电联产比热电分产可节约燃料(D)。

A. 10% ~20%　B. 5% ~10%　C. 2% ~5%　D. 20% ~25%

11. 热化是(D)的另一种表达形式。

A. 集中供热　B. 分散供热　C. 热电分产　D. 热电联产

12. 反动式汽轮机(D)动叶栅前后存在压差力。

A. 一级　B. 二级　C. 三级　D. 每一级

13. 纯冲动级的特点是(D)。

A. 做功能力较大，效率较高　B. 做功能力较小，效率较低

C. 做功能力较小，效率较高　D. 做功能力较大，效率较低

14. 由于多级冲动式汽轮机中的蒸汽流经各级，压力逐渐降低，比容和蒸汽的容积流量分别逐渐(A)。

A. 增大→增大　B. 增大→减小　C. 减小→增大　D. 减小→减小

15. 从汽轮机喷嘴出来的高速汽流进入动叶，推动叶轮旋转，将(B)能转变为机械能。

A. 热 B. 动 C. 压力 D. 势

16. 最常用的电站汽轮机是(B)级汽轮机。

A. 冲动式单 B. 冲动式多 C. 反动式单 D. 反动式多

17. 不属于防尘防毒技术措施的是(D)。

A. 改革工艺 B. 湿法除尘 C. 通风净化 D. 安全技术教育

18. HSE 管理体系文件可分为(B)层。

A. 二 B. 三 C. 四 D. 五

19. 在 HSE 管理体系中，物的不安全状态是指使事故(B)发生的不安全条件或物质条件。

A. 不可能 B. 可能 C. 必然 D. 必要

20. 在 HSE 管理体系中，危害识别的状态不是(D)。

A. 正常状态 B. 异常状态 C. 紧急状态 D. 事故状态

21. 在 HSE 管理体系中，危害识别的范围不包括(D)等方面。

A. 人员 B. 原材料 C. 机械设备 D. 事故处理

22. 在 HSE 管理体系中，风险评价是评价(D)程度，并确定是否在可承受范围的全过程。

A. 控制 B. 检测 C. 预防 D. 风险

23. 在 HSE 管理体系中，风险评价方法主要分为直接经验分析法、(A)法、综合性分析法。

A. 系统安全分析 B. 事故数分析 C. 安全检查表 D. 工作危害分析

24. 在 HSE 管理体系中，风险控制措施选择的原则不是(D)。

A. 可行性 B. 先进性 C. 安全性 D. 技术保证和服务

25. 在 ISO 9001 族标准中，一次审核的结束是指(B)。

A. 末次会议 B. 批准及分发审核报告

C. 关闭不合格项 D. 复评

26. 在 ISO 9001 族标准中，内部审核是(D)。

A. 内部质量管理体系审核

B. 内部产品质量审核

C. 内部过程质量审核

D. 内部质量管理体系、产品质量、过程质量的审核

27. ISO 9000 族标准规定，(D)属于第三方审核。

A. 顾客进行的审核 B. 总公司对其下属公司组织的审核

C. 对协作厂进行的审核 D. 认证机构进行的审核

28. 在 ISO 9000 族标准中，组织对供方的审核是(D)。

A. 第一方审核 B. 第一、第二、第三方审核

C. 第三方审核 D. 第二方审核

29. 基尔霍夫电流定律的内容是：任一瞬间，在节点上的电流(A)为零。

A. 代数和 B. 和 C. 代数差 D. 差

30. 三条或三条以上支路的联接点，称为(D)。

A. 接点　　B. 结点　　C. 拐点　　D. 节点

31. 应用基尔霍夫电压定律时，必须事先标出电路各元件两端电压或流过元件的电流方向以及确定(D)。

A. 回路数目　　B. 支路方向　　C. 支路数目　　D. 回路绕行方向

32. 电路中，任一瞬间环绕某一回路一周，在绕行方向上，各段电压的(A)恒等。

A. 代数和　　B. 总和　　C. 代数差　　D. 和

33. 任何一个(D)网络电路，可以用一个等效电压源来代替。

A. 有源　　B. 线性　　C. 无源二端线性　　D. 有源二端线性

34. RC 串联电路中，输入宽度为 t_p 的矩形脉冲电压，若想使 R 两端输出信号为锯齿波形，则 t_p 与时间常数 τ 的关系为(B)。

A. $t_p \geqslant \tau$　　B. $t_p \leqslant \tau$　　C. $t_p = \tau$　　D. $t_p \neq \tau$

35. RC 串联电路，电容器的初始储能不为零时，当 RC 电路外加电压与电容器的电压相反时，电容器会经历(C)。

A. 充电过程　　B. 放电过程

C. 先放电又反向充电过程　　D. 先充电又反向放电过程

36. RLC 串联电路固有频率的表达式为(A)。

A. $f_0 = \dfrac{1}{2\pi\sqrt{LC}}$　　B. $f_0 = 2\pi\sqrt{LC}$　　C. $f_0 = \dfrac{1}{\sqrt{2\pi C}}$　　D. $f_0 = \sqrt{2\pi C}$

37. RLC 并联电路中，总电流等于(C)。

A. $I_R + I_L + I_C$　　B. $\sqrt{I_R^2 + I_L^2 + I_C^2}$　　C. $\sqrt{I_R^2 + (I_L^2 - I_C^2)^2}$　　D. $I_R + \sqrt{I_L^2 + I_C^2}$

38. 三相交流电源线电压与相电压的有效值关系是(A)。

A. $U_L = \sqrt{3}\,U_P$　　B. $U_L = \sqrt{2}\,U_P$　　C. $U_e = U_P$　　D. $U_e \geqslant U_P$

39. 对称三角形连接的三相负载，由对称的三相电源供电时，线电流和相电流的关系为(B)。

A. $I_L = I_P$　　B. $I_L = \sqrt{3}\,I_P$　　C. $I_L = \sqrt{2}\,I_P$　　D. $I_P = \sqrt{3}\,I_L$

40. 整流电路加滤波器的主要作用是(B)。

A. 提高输出电压　　B. 减少输出电压脉动程度

C. 降低输出电压　　D. 限制输出电流

41. 半波整流电容滤波电路在电源电压振荡的一个周期内滤波充电(A)。

A. 1 次　　B. 2 次　　C. 3 次　　D. 多次

42. 在下列直流稳压电路中，效率最高的是(D)稳压电路。

A. 硅稳压管型　　B. 串联型　　C. 并联型　　D. 开关型

43. 把放大器输出端短路，若反馈信号没有消失，此时的反馈应属于(C)。

A. 并联　　B. 串联　　C. 电压　　D. 电流

44. 为使输入电压转化为稳定的输出电流，实现电压—电流变换，应引入(C)。

A. 电压串联负反馈　　B. 电压并联负反馈

C. 电流串联负反馈　　D. 电流并联负反馈

45. 多极放大器的总电压放大倍数等于各级放大电路电压放大倍数之(C)。
A. 和　B. 差　C. 积　D. 商
46. 负反馈虽然使放大倍数(C)，但放大器的其他性能得到了改善。
A. 上升　B. 改变　C. 下降　D. 不变
47. 将输出信号从晶体管(B)引出的放大电路称为射极输出器。
A. 基极　B. 发射极　C. 集电极　D. 栅极
48. 射极输出器交流电压放大倍数近似为(A)。
A. 1　B. 0　C. 须通过计算才知　D. ∝
49. 集成运放内部电路一般由(B)组成。
A. 输入级、输出级　B. 输入级、中间级和输出级
C. 输入级、放大级、输出级　D. 基极、集电极、发射级
50. 在自动控制系统中有广泛应用的是(D)。
A. 反相器　B. 电压跟随器　C. PI 调节器　D. PID 调节器
51. 在集成运放输出端采用(C)，可以扩展输出电流和功率，以增强带负载能力。
A. 差动放大电路　B. 射极输出器
C. 互补推挽放大电路　D. 差动式射极输出器
52. 施密特触发器有两个稳定状态，其触发是依靠(A)进行的。
A. 外加信号电位高低　B. 外加脉冲信号
C. 外加信号电流大小　D. 外加一定波形信号
53. 将输入的正弦波变为同频率的矩形波应选用(A)。
A. 施密特触发器　B. 单稳态触发器　C. 多谐振荡器　D. 计数器
54. 千分尺的活动套转动一圈，螺杆就移动(C)mm。
A. 0.01　B. 0.05　C. 0.5　D. 1
55. 千分尺的最小读数值是(D)mm。
A. 0.1　B. 0.01　C. 0.05　D. 0.001
56. 外径千分尺银灰色的光滑烤漆架，(B)头测量面，带有锁紧装置。
A. 铸铁　B. 硬质合金　C. 碳钢　D. 生铁
57. 塞尺一般用不锈钢制造，最薄的为 0.005mm，最厚的为(C)mm。
A. 1　B. 2　C. 3　D. 4
58. 塞尺自 0.01 ~0.1mm 间，各钢片厚度级差为(A)mm。
A. 0.01　B. 0.02　C. 0.03　D. 0.05
59. 一种测量间隙用的游标塞尺，读数精度可达(D)。
A. 0.002 ~0.01　B. 0.003 ~0.01　C. 0.004 ~0.01　D. 0.005 ~0.01
60. 按使用方式可分为手用铰刀和(A)。
A. 机用铰刀　B. 整体铰刀　C. 可调式铰刀　D. 固定式铰刀
61. 按装卡方式可分为圆柄式绞刀和(C)。
A. 机用铰刀　B. 镶齿铰刀　C. 锥柄式铰刀　D. 固定式铰刀
62. 百分表不用时，应使测量杆处于自由状态，以免使表内的(C)失效。
A. 指针　B. 套筒　C. 弹簧　D. 刻度盘

63. 百分表能放在工作中的(D)附近。

A. 电炉　B. 热交换器　C. 加热棒　D. 砂轮机

64. 用量具测量工件前应将量具的测量面和工件(C)面擦净。

A. 加工　B. 未加工　C. 测量　D. 非测量

65. 精密量仪按规定(B)检修一次。

A. 3 个月　B. 半年　C. 1 年　D. 2 年

66. 示波器是由(B)及其配合的电子线路组成的。

A. 信号放大器　B. 示波管　C. 电子枪　D. 荧光屏

67. 零件图中，组合体内部结构尺寸最好采用(D)视图来体现。

A. 主　B. 俯　C. 左　D. 剖

68. 选择零件的(A)视图可根据零件在机器中的工作位置、零件形状特征及零件的加工位置三个方面考虑。

A. 主　B. 俯　C. 剖　D. 左

69. 零件图的一般了解是由(C)了解零件的名称、材料、比例等，并大致了解零件的用途和形状。

A. 主视图　B. 三视图　C. 标题栏　D. 视图特征

70. 装配图中的(C)是用文字、符号表达出机器(或部件)的质量、装配、检验、使用等方面的要求。

A. 一组图形　B. 几何尺寸　C. 技术要求　D. 标题和明细

71. 装配图上两相邻零件的剖面线的倾斜方向应(B)。

A. 相同　B. 相反　C. 不相交　D. 相交

72. 装配图的读图方法，首先看(C)，并了解部件的名称。

A. 零件图　B. 明细表　C. 标题栏　D. 技术文件

73. 分析装配图中的视图时，一般先从(C)视图着手，对照其他视图全面分析，领会该图的表达意图。

A. 左　B. 俯　C. 主　D. 剖

74. 在热工调节逻辑图中，符号“MIN”的含义是(C)。

A. 或逻辑　B. 与逻辑　C. 小值输出　D. 大值输出

75. 在热工调节逻辑图中，符号“∫”的含义是(B)。

A. 比例调节　B. 积分调节　C. 微分调节　D. 除法逻辑

76. 在自动调节系统中，调节对象(C)。

A. 是单一的设备　B. 只有一个输入量

C. 是一些复杂的设备和系统　D. 就是扰动信号

77. 连接方式中(D)不是方框图之间基本连接方式的。

A. 串联　B. 并联　C. 反馈连接　D. 环节连接

78. 在调节系统的方框图中，(C)。

A. 一个元件只能用一个方框表示　B. 输入输出关系的方框图是唯一的

C. 一个元件可以用多个方框表示　D. 是用函数公式表示元件功能的

79. AUTOCAD“直线”命令为(A)。

A. LINE　B. POINT　C. UNDO　D. EARSE

80. 在热工串级控制系统中，要保证(A)。

A. 主、副回路全部为负反馈　B. 仅主回路为负反馈

C. 仅副回路为负反馈　D. 主、副回路全部为正反馈

81. 对于多变量控制系统，解耦设计的基本原理在于(C)。

A. 使各被调量能实现多变量控制　B. 增加各回路间的关联

C. 设置一个补偿网络　D. 减法修正

82. 前馈控制系统的特点是，其控制规律完全是由(D)决定的。

A. 干扰系数　B. 调节规律　C. 比例系数　D. 对象特性

83. 在热控系统图中，符号“”代表(A)。

A. 泵　B. 流量计　C. 液位计　D. 执行器

84. 在热控系统图中，符号“”代表(D)。

A. 调节门　B. 气动门　C. 油动机　D. 电动门

85. pH 计一般是采用(A)点标定。

A. 2　B. 3　C. 4　D. 5

86. 校准电导率仪转换器时，输入的标准信号是(C)信号。

A. 电压　B. 电流　C. 电阻　D. 电容

87. 在现场中，经常使用(B)方法测定电极常数。

A. 标准溶液法　B. 参比电导池法　C. 参比溶液法　D. 标准电导池法

88. 普通变送器和智能变送器校验方法不同的是无法实现(D)。

A. 示值误差检定　B. 回程误差检定　C. 零点调整　D. 数字通讯

89. 磁电式转速表转速的计算公式为(C)。(其中：A 为齿数，f 为频率)

A. $r=\frac{40}{A}\cdot f$　B. $r=\frac{50}{A}\cdot f$　C. $r=\frac{60}{A}\cdot f$　D. $r=\frac{100}{A}\cdot f$

90. 转速表全量程校验至少不应小于(D)点。

A. 2　B. 3　C. 4　D. 5

91. 当电接点压力表指针处于低值以下时，(B)接线柱处于接通状态。

A. 高、中　B. 低、中　C. 高、低　D. 高、低、中

92. 电接点压力表的两静触点是通过(D)实现与给定指针的弹性连接。

A. 固定在指针上　B. 两个旋臂

C. 游丝　D. 两个旋臂与游丝

93. 电接点压力表控制部分采用交流供电，供电电压最大不能超过(D)V。

A. 24　B. 110　C. 220　D. 380

94. 当电接点压力表指针与上下触点脱离后，则高、中之间的电阻应为(D)。

A. 0Ω　B. 50Ω　C. 100Ω　D. 无限大

95. 电接点压力表设置高低限报警值时，可将(A)直接接在相应的接线柱上。

A. 通灯　B. 电流表　C. 电阻箱　D. 兆欧表

96. 辐射测温方法是利用物体(D)与其温度有关的原理进行测温的。

A. 动能　　B. 势能　　C. 电能　　D. 辐射能

97. 辐射高温计原理为物体受热后，会发生各种波长的辐射能，辐射能的大小与受热体温度的(D)次方成正比。

A. 1　　B. 2　　C. 3　　D. 4

98. 物体在高温状态下会发光，当温度高于(B)℃就会明显地发出可见光，具有一定的亮度。

A. 800　　B. 700　　C. 600　　D. 500

99. 为了获得测量的高精度，涡轮流量计安装时，应(A)安装。

A. 水平　　B. 垂直　　C. 水平或垂直　　D. 倾斜

100. 旋涡流量计不能用于测量(D)。

A. 气体　　B. 液体　　C. 气体和液体　　D. 固体

101. 旋涡流量计的刻度特性为(A)。

A. 线性　　B. 平方特性　　C. 开方特性　　D. 立方特性

102. 弯管流量计利用流体流过一弯头时，弯管内所产生的(A)来测量流量。

A. 压力差　　B. 温度差　　C. 流量差　　D. 位移差

103. 超声波流量计在测量顺流单环振荡频率f_1上游超声波探头和下游超声波探头分别是超声波流量计的(B)单元。

A. 接收和发送　　B. 发送和接收　　C. 测量和转换　　D. 一次和二次

104. 超声波流量计测量顺流单环震荡频率f_1时，下游超声波探头用电脉冲激发上游超声波探头产生(D)。

A. 超声波　　B. 电压　　C. 电流　　D. 单环自激震荡

105. 超声波流量计单环震荡频率f_1和f_2的差值f与管道内流体的平均流速(A)关系。

A. 线性　　B. 平方　　C. 立方　　D. 开方

106. 设椭圆齿轮旋转一周排出的体积量Q，单位时间椭圆齿轮旋转次数为N，则在该时间内流过的液体体积量为(C)。

A. $N+Q$　　B. $N-Q$　　C. $N \cdot Q$　　D. $\frac{Q}{N}$

107. 自动调节系统的阶跃扰动试验，其扰动量取额定负荷的(C)最佳。

A. 5%～20%　　B. 5%～25%　　C. 10%～15%　　D. 10%～25%

108. 调节系统作试验时，其中的(D)是重要环节，是受控于调节设备去改变被调量的工具，不可忽视它对整个试验的影响。

A. 软件　　B. 调节器　　C. 一次元件　　D. 调节机构

109. 时域试验建模方法中，(A)信号是最常用的输入信号。

A. 阶跃　　B. 锯齿　　C. 振荡　　D. 正弦

110. 求取无自平衡能力被控对象的传递函数过程中，其阶跃响应曲线起始阶段有滞后，最后趋向于一条(A)。

A. 不断上升的直线　　B. 不断下降的直线

C. 抛物线　　D. 双曲线

111. 单元机组负荷控制方案中，如果采用锅炉跟随控制方式，则(A)波动比较大。

A. 气压　　B. 汽包水位　　C. 功率　　D. 负荷

112. 调整 ZJM 系列气动执行机构时，操作信号首先应该放在量程的(D)。

A. 100%　　B. 零点位置　　C. 全开位置　　D. 50%

113. 调整 DKJ 系列电动执行器时，如果执行器发生惰走现象，应该调整(D)。

A. 限位开关　　B. 机械限位　　C. 零点量程　　D. 抱闸松紧度

114. 调整 DKJ 系列电动执行器时，如果发现执行器所连阀门是反门，需要(C)。

A. 调整反馈线和电源线　　B. 调整操作线和电源线

C. 调整操作线　　D. 调整电源线

115. 自动调节系统调节器参数的整定方法中，(B)法是不存在的。

A. 稳定边界　　B. 自动整定　　C. 经验　　D. 衰减

116. 采用稳定边界法进行自动调节参数整定的时候，先在比例调节器条件下改变比例带，直到系统产生(C)振荡，再进行下一步。

A. 衰减　　B. 扩散　　C. 等幅　　D. 较小

117. 涡流传感器与前置器形成一个振荡器，(C)随着传感器探头与金属被测物的接近而衰减。

A. 电压　　B. 电流　　C. 振幅　　D. 频率

118. 电动式传感器探头采用的是(D)。

A. 差动感应　　B. 涡流效应　　C. 差动磁敏　　D. 电磁感应

119. 复合振动传感器中的速度传感器输出的速度信号经(C)转换变为绝对振动的位移信号。

A. 前置器　　B. 放大器　　C. 转换器　　D. 合成器

120. 复合振动传感器最后输出的主轴绝对振动信号是电涡流传感器和速度传感器的在合成器内的矢量(A)。

A. 和　　B. 差　　C. 积　　D. 商

121. MC 系列无纸电子记录仪可输入的毫伏信号包括 0 ~ 20mV 和(D)mV。

A. 0 ~ 40　　B. 0 ~ 50　　C. 0 ~ 75　　D. 0 ~ 100

122. MC 系列无纸电子记录仪使用的环境温度为(B)℃。

A. 0 ~ 30　　B. 0 ~ 50　　C. 0 ~ 75　　D. 0 ~ 100

123. 做 MC 系列无纸电子记录仪的历史曲线追忆调整工作时，按(A)键切换追忆方式。

A. 确认　　B. 时标　　C. 通道　　D. 翻页

124. TSI 中 MMS6110 测量模块有两路代表特征值的电流输出，默认值为(D)mA。

A. 0 ~ 12　　B. 0 ~ 20　　C. 4 ~ 12　　D. 4 ~ 20

125. TSI 中在危险(Danger)时，MMS6110 测量模块前面板报警指示灯长亮，组态软件中的报警指示呈(C)。

A. 黄色　　B. 绿色　　C. 红色　　D. 灰色

126. TSI 中 MMS6110 测量模块报警状态为(C)。

A. 绿灯闪烁　　B. 绿灯平光　　C. 红灯闪烁　　D. 红灯平光

127. 安全门调试过程中，用(C)控制锅炉压力，防止超压。

A. 疏水门　B. 空气门　C. 对空排汽门　D. 一、二级旁路

128. 脉冲安全门校验时，控制回座压力的方法是调整(D)。

A. 弹簧的松紧　B. 脉冲取样门的位置

C. 压力表的定值　D. 疏水门的开度

129. 通常高压管道上安装温度测点，两测点之间及测点与管道焊缝之间的距离不得小于(D)。

A. 10mm　B. 100mm　C. 管道的内径　D. 管道的外径

130. 温度巡检表 TLM 系列某点的 EPROM 存储器未设定过，显示(C)。

A. HHHH　B. LLLL　C. EEPT　D. FFFF

131. TLM 系列温度巡检表显示 Er－0 的原因是(B)。

A. 报警温度值未设定　B. 通道号未设定

C. 分度号未设定　D. 补偿号未设定

132. TLM 系列温度巡检表显示 Er－1 的原因是(A)。

A. 报警温度值未设定　B. 通道号未设定

C. 分度号未设定　D. 补偿号未设定

133. 电磁流量计可测量(C)的流量。

A. 固体　B. 颗粒　C. 导电液体　D. 不导电液体

134. 容积式流量计是利用机械测量元件把流体连续不断的分割成单个已知(A)来累加计量出流体流量的测量仪表.

A. 体积　B. 质量　C. 重量　D. 流量

135. 容积式流量计测量液体流量，工作温度最高可达(C)℃。

A. 100　B. 200　C. 300　D. 400

136. 高温高压锅炉应采用(C)作为绝缘子的电极。

A. 电木　B. 聚四氟乙烯　C. 超纯氧化铝瓷管　D. 橡胶

137. 微分调节作用的大小(A)，所以微分环节不能单独使用。

A. 与偏差信号变化速度有关，与偏差值大小无关

B. 与偏差信号变化速度有关，与偏差值大小也有关

C. 与偏差信号变化速度及其偏差值大小均无关

D. 仅与偏差值大小有关

138. 针对存在迟延的被控对象，微分作用(D)。

A. 能够消除稳态偏差　B. 能够增强系统的稳定性

C. 强弱取决于偏差值的大小　D. 能够实现超前调节

139. 我们在对串级控制系统的实际应用中，选择主、副回路时(D)。

A. 副回路应力求把尽量少的干扰包括进去

B. 要求主参数波动范围大一些，可以有稳态误差

C. 主参数的要求较高，而对副参数基本没有要求

D. 副回路应力求把尽量多的干扰包括进去

140. 以二级减温串级自动调节系统为例，过热器出口温度作为(A)，减温器出口信号是导前信号。

A. 主信号　B. 副信号　C. 干扰信号　D. 阶跃信号

141. 针对具有两个调节器的前馈－反馈复合控制系统，(D)。

A. 只需整定反馈回路　B. 只需整定前馈通道

C. 反馈回路和前馈通道无需整定　D. 反馈回路和前馈通道需要分别整定

142. 在前馈－反馈复合控制系统中，扰动对输出的影响要比纯前馈系统(C)。

A. 大得多　B. 迅速得多　C. 小得多　D. 慢得多

143. 在协调控制系统中，(B)回路接受中央调度所指令、操作员指令、频率偏差信号，经过选择和运算，再根据机组实际情况发出负荷指令。

A. 机、炉主控制　B. 负荷指令处理

C. 操作员主控制　D. 功率主控制

144. 在协调控制系统中，(A)根据机组输出功率与负荷要求之间的偏差，决定不同的运行方式。

A. 机炉主控回路　B. 负荷指令处理回路

C. 协调处理回路　D. 气压处理回路

145. 一阶实际微分环节可以用一个正向的比例环节和一个(C)环节反馈连接组成。

A. 正向比例　B. 反向比例　C. 反向积分　D. 正向积分

146. 单回路控制系统原则上是选择工艺上允许作为控制手段的(A)作为控制量。

A. 变量　B. 恒定量　C. 给定量　D. 扰动量

147. 影响单回路控制系统控制质量的主要因素来源于(C)的特性。

A. 调节器和变送器　B. 执行器和变送器

C. 调节器和受控对象　D. 给定和测量

148. 在串联管路中的调节阀，理想的线性特性阀门的工作流量特性接近于(D)特性。

A. 线性　B. 抛物线　C. 等百分比　D. 快开

149. 在调节阀门的特性中，其静特性是指当调节阀门后差压一定时，介质的(A)与阀门相对开度的关系。

A. 相对流量　B. 绝对流量　C. 实际流量　D. 额定流量

150. 燃烧控制系统的任务主要是保证锅炉燃烧的经济性，保证炉膛负压的稳定以及维持(A)。

A. 气压　B. 汽包水位　C. 蒸汽温度　D. 给水流量

151. 燃烧控制过程中，燃料率扰动下，气压被控对象的(B)。

A. 滞后时间很长　B. 滞后时间较短

C. 很难有效控制　D. 不能适应负荷需要

152. 控制系统的扰动通道放大系数越小，则系统的(D)。

A. 稳态误差越大　B. 超调量越大

C. 线形越好　D. 稳态误差越小

153. 控制系统的控制通道时间常数太小时，则系统(D)。

A. 反应缓慢　B. 不易振荡　C. 最稳定　D. 容易振荡

154. 阀门定位器和调节阀连接的反馈杆脱落时，如果阀门定位器是正作用的，则输出跑到(B)。

A. 零位　B. 最大位　C. 中间位置　D. 不动

155. DEH 控制系统具有超速保护功能，一般当转速超过(C)时，发出 OPC 信号，关闭高、中压调门。

A. 110%　B. 102%　C. 103%　D. 105%

156. DEH 控制系统的超速保护功能，无法实现(A)。

A. 自动增减负荷　B. 负荷下跌预测

C. 超速控制　D. 中压调节阀快关 - 快开

157. DEH 控制系统油动机的静态特性表示(A)二者之间的关系。

A. 阀位指令与油动机行程　B. 测量与给定

C. 阀位指令与油动机变化速度　D. 油动机行程与油动机变化速度

158. DEH 控制系统的静态特性反映了(C)之间的关系。

A. 测量与给定　B. 阀位指令与油动机行程

C. 转速和功率　D. 阀位指令和转速

159. DEH 控制系统的高调门 LVDT 装置故障后，处理时，一般情况下应使其处于(B)状态。

A. 保持原位　B. 全关　C. 全开　D. 中间位置

160. 机组运行中，如果发现 DEH 控制系统的副控 DPU 处于初始化故障状态，处理时应该(A)。

A. 将主控 DPU 的程序拷贝到副控　B. 将副控 DPU 复位

C. 将主控 DPU 切至副控　D. 将副控 DPU 切至主控

161. 在变频器的主体电路中最关键的电路是(C)电路。

A. 交 - 直变换　B. 能耗　C. 直 - 交变换　D. 电源指示

162. 在变频器的主体电路中用于消耗电动机再生电能的电路是(D)电路。

A. 限流　B. 三相逆变桥　C. 续流　D. 能耗

163. 将直流电抗器(B)在整流桥和滤波电容之间，可以改善变频器的功率因数。

A. 并联　B. 串联　C. 混联　D. 并联或串联

164. 当周围尘埃较多，或和变频器配用的其他控制电器较多而需要和变频器安装在一起时，采用(B)安装。

A. 墙挂式　B. 柜式　C. 悬吊式　D. 裸机

165. 变频器工频运行时，从曲线上可以看出，此时(B)。

A. 负载越重、电流越小　B. 负载越重、电流越大

C. 负载与电流无关　D. 电流最小

166. 变频器在变频调速的情况下，由于电压和频率是变化的，所以当电压偏低时，需要增大(A)来补充输入功率。

A. 定子电流　B. 定子电压　C. 给定频率　D. 基准频率

167. 变频器逆变器件中的 SCR 管，曾称为可控硅，它有(C)以及门极。

A. 正极和负极　B. 电极和非电极　C. 阴极和阳极　D. 电极

168. 当在变频器 SCR 管的门极及其阴极间夹一个不大的正向电压时，此管(A)。

A. 导通　B. 截断　C. 失去作用　D. 易损坏

169. 用于在故障跳闸后，使日本三菱系列变频器恢复正常状态的键是(D)。

A. SET　B. READ　C. MODE　D. RESET

170. 日本三菱系列变频器的功能预置结束后，按(A)键使变频器进入运行状态，此时电动机就可以转动运行了。

A. 模式转换　B. 读出　C. 写入　D. 数字

171. 当变频器的输出电压等于额定电压时的最小输出频率称为(D)频率。

A. 最高　B. 上限　C. 下限　D. 基本

172. SPWN 变频器的输出电压是一系列的脉冲，脉冲频率(A)。

A. 等于载波频率　B. 大于载波频率

C. 小于载波频率　D. 为零

173. 汽轮机紧急跳闸保护系统的简称(C)。

A. DCS　B. DEH　C. ETS　D. TSI

174. ETS 跳闸停机电磁阀的电源是(C)。

A. 220AC　B. 24AC　C. 220DC　D. 24DC

175. FSSS 中(B)是人机系统的重要接口

A. 电源配置　B. 操作界面　C. 逻辑系统　D. 就地现场设备

176. 等离子点火技术的基本原理是以大功率电弧点燃(B)。

A. 原煤　B. 煤粉　C. 柴油　D. 重油

177. 等离子点火系统中，为提高发火能量，电源采用(B)电路并具有恒流性能。

A. 半波整流　B. 全波整流　C. 电阻电容　D. 电感电

178. 等离子点火系统运行成本低，是因为它使用的载体是(D)

A. 乙炔　B. 氧气　C. 燃油　D. 压缩空气

179. 在主板的主要部件中 Intel 的 CPU 插槽的主要类型有 Socket478 和(C)两种。

A. Socket462　B. Socket754　C. Socket775　D. Socket939

180. PCI 接口的标准频率是(B)MHz。

A. 10　B. 33　C. 66　D. 99

181. 总线的带宽越宽，传输的数据越(B)。

A. 越少　B. 越多　C. 不变　D. 逐渐变化

182. 内存的数据带宽是指在读取时较资料的(A)值。

A. 最大值　B. 最小值　C. 正常值　D. 变化值

183. 硬盘转速数数值越大，硬盘的速度(B)。

A. 越慢　B. 越快　C. 保持不变　D. 逐渐变化

184. 显卡的心脏是(A)它决定该卡的档次和大部分性能。

A. 显示芯片　B. CPU　C. 缓存　D. 显卡 BTOS

185. 显卡从结构上分有 LSA、PCI 和(B)。

A. PCI2. 0　B. AGP　C. SCSI　D. SATA

186. 用来暂时存储显卡芯片处理的数据的是(C)。

A. 内存　　B. 硬盘　　C. 显存　　D. BIOS

187. AwardBIOS 按(B)键进入 BIOS 设置。

A. Enter　　B. Del　　C. F1　　D. F2

188. 设置 Bootup Floppy seek 为(B)时，可加速系统启动。

A. Enabled　　B. Disabled　　C. Enter　　D. Del

189. 下列文件中，(C)是合法的 Windows 2000 文件。

A. A/B\C. TXT　　B. ABC＊. TXT

C. ABC. ABC. TXT　　D. ABC?? . TXT

190. 回收站用于临时存放(B)。

A. 从软盘上删除的对象　　B. 从硬盘上删除的对象

C. 从我的文档上删除的对象　　D. 用 DOS 命令删除的待恢复文件

191. 在 Windows 2000 中，要安装一个应用程序，正确的操作是(C)。

A. 打开【开始】菜单，选中【运行】项，在弹出的【运行】对话框中输入 Copy 命令

B. 打开【资源管理器】窗口，使用鼠标拖动

C. 打开【控制面板】窗口，双击“添加/删除程序”图标

D. 打开 MS－DOS 窗口，使用 Copy 命令

192. 在 Word 的编辑状态，打开了 w1. doc 文档，若要将经过编辑后的文档以 w2. doc 为名存盘，应当执行“文件”菜单中的命令是(C)。

A. 保存　　B. 另存为 HTML　　C. 另存为　　D. 版本

193. 在 Word 中，(B)视图方式可以显示出页眉和页脚。

A. 普通　　B. 页面　　C. 大纲　　D. 全屏幕

194. 在 Excel 工作表中，同时选择多个不相邻的工作表可以在按住(A)键的同时，依次单击各个工作标的标签。

A. Ctrl　　B. Alt　　C. Shift　　D. Tab

195. 在 Excel 中，给当前单元格输入数值型数据时，默认为(A)。

A. 右对齐　　B. 左对齐　　C. 居中　　D. 随机

196. PowerPoint 中，在浏览视图下，按住 Ctrl 并拖动某幻灯片，可以完成(D)操作。

A. 移动幻灯片　　B. 删除幻灯片　　C. 选定幻灯片　　D. 复制幻灯片

197. 幻灯片的(A)是指某张幻灯片进入或退出屏幕时的特殊视觉效果，目的是为了使前后两张幻灯片之间的过渡自然。

A. 切换方式　　B. 视图方式　　C. 动画方式　　D. 自动方式

198. 计算机辅助设计得英文缩写是(D)。

A. CAM　　B. CAE　　C. CAT　　D. CAD

199. 按(B)功能键可以进入文本窗口。

A. F1　　B. F2　　C. F3　　D. F4

200. 计算机网络是计算机技术与(D)技术紧密结合的产物。

A. 电力　　B. 电子　　C. 信息　　D. 通信

201. 从应用来看，是指将多个具有独立功能的计算机连接在一起，实现各计算机之间的通信，并可(A)不同计算机上的资源的系统。

A. 共享　B. 使用　C. 应用　D. 分享

202. 按网络的逻辑拓扑结构分类，计算机网络分为(B)类。

A. 1　B. 2　C. 3　D. 4

203. 按作用和覆盖范围，计算机网络可划分为(C)。

A. 以太网和移动通信网　B. 星形结构、环形结构、总线型结构

C. 局域网、城域网和广域网　D. 电路交换网和分组交换网

204. 在广域网中广泛使用的交换技术是(A)。

A. 线路交换　B. 报文交换　C. 信元交换　D. 分组交换

205. 目前，网络传输介质中传输速率最高的是(D)。

A. 电话线　B. 同轴电缆　C. 双绞线　D. 光缆

206. 可以粗略的调节流量，主要用作切断管道的介质的阀门是(C)

A. 安全阀　B. 减压阀　C. 截止阀　D. 闸阀

207. 活塞压力计校验标准压力表进行高度差修正时，为了防止使被校表产生(C)。

A. 引用误差　B. 粗大误差　C. 附加误差　D. 变差

208. 活塞压力计使用前应检查工作油位应在离油杯口(B)mm 处。

A. 5　B. 10　C. 15　D. 20

209. 若压力试验台丝杆渗油，则应该(C)。

A. 检修平衡门　B. 加注变压器油　C. 更换皮碗　D. 检修油杯

210. 压力试验台油路堵塞的原因是(A)。

A. 传压介质过脏或有杂质　B. 油杯内存油过多

C. 油杯内存油过少　D. 使用手轮加压速度太慢

211. 测量汽包水位时，零位位于测量筒的(A)。

A. 顶端　B. 底部　C. 中点　D. 任意位置

212. 电接点水位计测量筒必须(A)安装。

A. 垂直　B. 水平

C. 倾斜 45°　D. 根据需要调整角度

213. DCS 系统的脉冲量输入模件有积算方式、频率方式和(B)三种工作方式。

A. 非周期方式　B. 周期方式　C. 微分模式　D. 累加模式

214. DCS 系统的插件(A)。

A. 一般可以在线更换　B. 绝对不能在线更换

C. 只可停机后更换　D. 能够自我维修

215. DEH 系统油动机的位置，是通过(B)测出的。

A. 非线性位移差动变送器　B. 线性位移差动变送器

C. 差压变送器　D. 角位移变送器

216. DEH 系统的油动机通常为(B)。

A. 双侧进油式　B. 单侧进油式　C. 旋转式　D. 摆动式

217. 可编程序控制器的英文缩写是(B)。

A. PCL B. PLC C. CPL D. CLP

218. 只需改变编程程序就可以实现不同的控制方案，说明 PLC 的(B)强。

A. 可操作性 B. 通用性 C. 特殊性 D. 专业性

219. PLC 的工作方式采用(B)方式。

A. 随机扫描 B. 循环扫描 C. 定时扫描 D. 单次扫描

220. PLC 最基本的应用，也是最广泛的应用领域就是(A)控制。

A. 开关量逻辑 B. 模拟量 C. 数字量 D. 过程量

221. 大中型 PLC 具有多路模拟量 I/O 模块和 PID 控制功能，因而可用于(D)控制。

A. 开关量逻辑 B. 运动 C. 远程 D. 过程

222. 按(A)分类，可将 PLC 分成整体式和模块式两类。

A. 结构形式 B. 功能 C. I/O 点数 D. 规模

223. 根据 PLC 所具有(A)不同，可将 PLC 分为低档、中档和高档三类。

A. 功能 B. 结构形式 C. I/O 点数 D. 规模大小

224. 第一台 PLC 产生于(D)年。

A. 1966 B. 1967 C. 1968 D. 1969

225. PLC 可以接受的输入信号和输出信号的总和称为(C)，是衡量 PLC 性能的主要指标。

A. 输入信号总数 B. 输出信号总数

C. 输入/输出点数 D. 接口点数

226. PLC(C)点数越多，外部可接的输入设备和输出设备就越多，控制规模越大。

A. 输入 B. 输出 C. I/O D. 模拟量

227. PLC 整个工作过程分五个阶段，当 PLC 通电运行时，第四个阶段应为(B)。

A. 与编程器通讯 B. 执行用户程序

C. 读入现场信号 D. 自诊断

228. PLC 主控电路块起点是(C)

A. MCR B. OUT C. MC D. END

229. PLC 可以接受的输入信号和输出信号的总和称为(C)，是衡量 PLC 性能的主要指标。

A. 输入信号总数 B. 输出信号总数

C. 输入/输出点数 D. 接口点数

230. 国内外 PLC 各生产厂家都把(A)作为第一用户编程语言。

A. 梯形图 B. 指令表 C. 逻辑功能图 D. C 语言

231. 超声波探头应安装在管道(A)。

A. 水平中心处 B. 与垂直轴线成 45°范围内

C. 与垂直轴线成 30°范围内 D. 任意位置

232. 安装容积式流量计前上游管道必须(A)，以防止杂物进入流量计。

A. 彻底清洗 B. 加设盲板 C. 增设弯管 D. 用蒸气吹扫

233. 差压信号管路敷设距离最长不得大于(C)m。

A. 10 B. 25 C. 50 D. 100

234. 仪表盘安装时，盘正面及正面边线的不垂直度最大不应超过盘高的(A)。

A. 0.15% B. 1.15% C. 2.15% D. 3.15%

235. 多块仪表盘安装时，各盘间的连接缝隙应小于(B)mm。

A. 1 B. 2 C. 3 D. 4

236. 就地仪表如采用无支架方式安装，导管的外径不应小于(A)mm。

A. 14 B. 10 C. 8 D. 6

237. 就地仪表的环形管，弯曲半径不应小于导管外径的(B)倍。

A. 1.5 B. 2.5 C. 3.5 D. 4.5

238. 就地仪表如采用无支架方式安装，仪表与支持点的距离最大不应超过(D)mm。

A. 300 B. 400 C. 500 D. 600

239. 盘内仪表的风压管一般采用(D)以下的钢管或紫铜管等。

A. $\phi4$ B. $\phi6$ C. $\phi8$ D. $\phi10$

240. 盘内仪表的压力表管一般采用(B)以下的具有一定弹性的钢管。

A. $\phi4$ B. $\phi14$ C. $\phi8$ D. $\phi10$

241. 不同直径的导管对口焊接时，其直径相差不得超过(A)mm，否则应采用异径转换接头。

A. 2 B. 3 C. 4 D. 5

242. 气体测量管路从取压装置引出时，应先向上引(C)mm，防止水分和灰尘串入仪表管路。

A. 200 B. 400 C. 600 D. 1000

243. 盘内布线时的时候，(A)。

A. 绝缘导线本身不可有接头 B. 盘内各设备间不可以用导线直线连接
C. 绝缘导线本身可以有接头 D. 盘内各设备间必须经过中间端子

244. 用来找正工件位置的划线工具是(C)。

A. 样冲 B. 划针 C. 划线盘 D. 圆规

245. 作为划线时放置工件的基准是(A)。

A. 划线平板 B. 划针 C. 样冲 D. 直角尺

246. 划线时应当根据划线基准先划出(A)的所有线条。

A. 水平方向 B. 法线方向 C. 垂直方向 D. 切线方法

247. 适应于锉削狭长平面和修正尺寸的锉削方法是(C)。

A. 顺向锉 B. 交叉锉 C. 推锉 D. 拉锉

248. 锉削时，在推进锉刀过程中，随着锉刀推进长度的增加所加压力应(C)

A. 左手右手均由大而小 B. 左手右手均由小而大
C. 左手应由大而小，右手由小而大 D. 左手由小而大，右手由大而小

多选题

1. 锅炉设备由锅炉的(A，B，C，D)等组成。

A. 汽水系统 B. 燃烧系统 C. 锅炉附件 D. 锅炉辅机

2. 火力发电厂的供水方式基本上有(C，D)两种。

A. 直流供水方式 B. 循环供水方式 C. 开式供水方式 D. 闭式供水方式

3. 按照蒸汽在汽轮机中的流动方向不同，反动式汽轮机可分为(A，B)式汽轮机。

A. 轴流　B. 辐流　C. 冲动　D. 混合

4. 为了使蒸汽顺利流过各级，正确的说法是(A，B，C)。

A. 汽轮机的通流面积应逐渐增加　B. 喷嘴和动叶的高度应逐渐增大

C. 级的直径应逐渐增大　D. 汽缸应逐渐增大

5. 下列叙述中，属于生产中防尘防毒技术措施的是(A，B，C，D)。

A. 改革生产工艺　B. 采用新材料新设备

C. 车间内通风净化　D. 湿法除尘

6. HSE 体系文件主要包括(A，B，C)。

A. 管理手册　B. 程序文件　C. 作业文件　D. 法律法规

7. 叠加定理在(A，B，C)的计算中是适用的。

A. 电压　B. 电流　C. 交流电路　D. 功率

8. 戴维南定理内容中，等效电阻等于该网络所有(B，C)时的等效电阻。

A. 电压源开路　B. 电压源短路　C. 电流源开路　D. 电流源短路

9. 负反馈根据反馈信号正比于输出电压还是输出电流的不同，可分为(C，D)。

A. 并联负反馈　B. 串联负反馈　C. 电压负反馈　D. 电流负反馈

10. 负反馈使放大器的放大倍数降低，却使(A，C)。

A. 输入电阻增大　B. 输入电阻减小　C. 输出电阻减小　D. 输出电阻增大

11. 下面关于射极输出器描述正确的是(A，C)。

A. 输出电阻小，带负载能力强　B. 具有电压放大作用

C. 具有功率放大作用　D. 相有反相作用

12. 负反馈对放大电路的影响，下面描述正确的是(A，B)。

A. 串联负反馈增大输入电阻　B. 并联负反馈减小输入电阻

C. 电流负反馈减小输出电阻　D. 电压负反馈增大输出电阻

13. 集成运算放大器是一种具有(A，C，D)器件。

A. 高开环增益　B. 低开环增益　C. 高输入电阻　D. 低输出输出电阻

14. 集成运放通常由(A，B，C，D)组成。

A. 输入级　B. 输出级　C. 中间级　D. 偏置电阻

15. 数显外径千分尺的功能是(A，B，C，D)。

A. 任意位置公英制互换

B. 任意位置清零

C. 任意位置进行相对测量和绝对测量互换

D. 带预置功能

16. 手持电动工具电源线在(A，B，D)的情况下是违反安全规程的。

A. 接触热体　B. 放在湿地上　C. 接触金属物体　D. 重物压在电线上

17. 不要使百分表与(A，B，C，D)接触。

A. 冷却液　B. 切削液　C. 水　D. 油

18. 示波管由(B，C，D)组成。

A. 灯丝　B. 偏转系统　C. 电子枪　D. 荧光屏

19. 零件图纸右下角的标题栏，用以说明零件的(A，B，C)和图号等内容。
A. 比例　B. 名称　C. 材料　D. 形状
20. 零件图的识图步骤包括(A，B，C，D)和总结几个步骤。
A. 一般了解　B. 视图分析　C. 分析尺寸　D. 了解技术要求
21. 完整的装配图中必须具有必要数量的视图、必要的尺寸和(A，B，C，D)。
A. 标题栏　B. 技术要求　C. 零件的编号　D. 明细表
22. 看装配图时，主要了解(A，B，C，D)。
A. 机器或部件的性能、功用和工作原理
B. 各零件间的装配关系
C. 各零件间拆装顺序
D. 各零件的主要结构、形状、作用
23. 绘制逻辑图时，如果要将一个实际的测量值转换为百分数，一般选用(A，C)逻辑。
A. 除法逻辑　B. 减法逻辑　C. 乘法逻辑　D. 加法逻辑
24. 在自动调节系统中，由(B，C)构成的具有调节功能的统一体成为自动调节系统。
A. 扰动　B. 被调对象　C. 调节设备　D. 调节器
25. AUTOCAD 可以通过输入点的坐标来精确定点，坐标定点方式有(A，B，C，D)。
A. 绝对直角坐标　B. 相对直角坐标　C. 绝对极坐标　D. 相对极坐标
26. 串级控制系统中，(A，B)。
A. 主回路为负反馈　B. 副回路为负反馈
C. 主回路为正反馈　D. 副回路为正反馈
27. 复合控制系统补偿控制的特点是，其控制规律与(A，B)有关。
A. 控制通道的传递函数　B. 干扰通道的传递函数
C. 复合通道的传递函数　D. 反馈调节器的位置
28. 在热控系统图中，能够被 DCS 控制的设备的符号有(A，D)。
A.　B. ⊗　C. |⊢　D.
29. 采用两点标定 pH 计时，测量介质为碱性，应采用 pH 值为(B，C)两种水样。
A. 4.00　B. 6.86　C. 9.18　D. 10
30. 测定电极常数的方法有(A，B)。
A. 标准溶液法　B. 参比电导池法　C. 参比溶液法　D. 标准电导池法
31. 使用手操器一般可访问智能变送器(A，B，C，D)。
A. 测量、过程参数　B. 设备组态
C. 校准信息　D. 诊断信息
32. 智能转速表可与(A，B，C)传感器配套使用来测量转速。
A. 磁电式　B. 磁阻式　C. 霍尔式　D. 振动式
33. 转速表可用(A，B)来校验。
A. 频率计　B. 专用转速校验仪　C. 数字压力计　D. 示波器
34. 当电接点压力表(A，C，D)时，会造成信号回路开路。
A. 接点氧化　B. 绝缘破损　C. 接点严重腐蚀　D. 连接导线断裂

35. 电接点弹簧管压力表检定项目包括(A，B，C，D)。

A. 示值检定　　B. 绝缘测试　　C. 信号装置检定　　D. 外观检查

36. 红外测温仪可分为(B，C，D)型。

A. 辐射型　　B. 全辐射型　　C. 单色型　　D. 比色型

37. 辐射式测温法的特点是(A，B，C，D)，因此被广泛应用。

A. 理论上测温上限不受限制　　B. 动态特性好

C. 灵敏度高　　D. 可测量处于运动状态对象的温度

38. 弯管流量计的主要特点是(B，C，D)

A. 精度高　　B. 安装简单　　C. 成本低　　D. 适用范围大

39. 投入差压式变送器时，应确认(A，C)。

A. 二次门处于关闭位置　　B. 二次门处于开启位置

C. 平衡门出于开启位置　　D. 平衡门出于关闭位置

40. 时域试验建模方法中，可以采用(A，B，C)响应曲线

A. 阶跃　　B. 方波　　C. 矩形方波　　D. 锯齿

41. 求取无滞后有自平衡能力一阶对象的传递函数过程中，需要确定被控对象的(A，D)。

A. 放大系数　　B. 积分时间　　C. 微分时间　　D. 时间常数

42. 设 S 为阀门全开时的差压与系统总差压的比值，从调节性能角度出发，若 S 值越大，则(B，C)。

A. 工作特性的畸变越大　　B. 工作特性的畸变越小

C. 对调节有利　　D. 对调节不利

43. 单元机组负荷控制方案主要有(A，C，D)控制方式。

A. 锅炉跟随　　B. 机炉跟随　　C. 汽机跟随　　D. 协调

44. 调整 ZJM 系列气动执行机构的主要步骤包括(A，B，C)。

A. 调整电气零点　　B. 调整电气量程

C. 调整机械零点　　D. 调整电气限位

45. 调整 DKJ 系列电动执行器时，其主要步骤有(A，B，C)

A. 调整电气限位　　B. 调整机械限位

C. 调整位置反馈　　D. 调整分相电容

46. 自动调节系统调节器参数的整定方法中包括(A，C，D)法。

A. 稳定边界　　B. 自动整定　　C. 经验　　D. 衰减

47. 涡流传感器可以实现(A，B)的测量

A. 位移　　B. 振动　　C. 转速　　D. 键相

48. 对于电动式传感器，为了(A，B，C)，在小质块上附有阻尼线圈。

A. 消除小质块自动振动的影响　　B. 平衡小质量块的重力

C. 改善传感器的低频特性　　D. 改善传感器的高频特性

49. MC 系列无纸电子记录仪的测量回路应与(A，B，D)分开。

A. 电源回路　　B. 接地回路　　C. 屏蔽　　D. 动力电缆

50. 测温元件应装在(A, B, C, D)的地方。

A. 能代表被测温度　　B. 便于维护

C. 便于检查　　D. 不受剧烈震动和冲击

51. TLM 系列温度巡检表不复位的原因是(A, D)。

A. 没有交流 220V　　B. 通道号未设定

C. 分度号未设定　　D. 电源部分故障

52. 对于一般火电厂的测温系统来说，(A, B, C)测温方式选用较多。

A. 热电阻　　B. 热电偶　　C. 双金属温度计　　D. 光学高温计

53. 使用电磁流量计测量液体流量，不受(A, B, C, D)影响。

A. 流体的温度　　B. 流体的压力　　C. 流体的密度　　D. 流体的黏度

54. 测温系统的仪表配线要求为(A, B, C, D)。

A. 按图施工　　B. 连接牢固　　C. 绝缘良好　　D. 整齐美观

55. 容积式流量计使用时(A, B, D)。

A. 安装管道条件对流量计量精度没有影响

B. 流量计前不需要直管段

C. 不能用于气体的流量测量

D. 不受管道内流体流速分布的影响

56. 聚四氟乙烯作为绝缘子电极的缺点在于(A, C, D)。

A. 它有较大的膨胀系数　　B. 抗腐蚀性能差

C. 已产生塑性变化　　D. 不能与金属封接

57. 系统的稳态响应和瞬间响应性能指标包括(B, C)。

A. 动态偏差　　B. 快速性　　C. 准确性　　D. 延迟性

58. 比例环节(A, B, C)。

A. 传递函数为 $W(S) = \dfrac{Y(S)}{X(S)} = K$　　B. 动态方式方程为 $Y = K \cdot X$

C. 阶跃响应曲线也是阶跃信号　　D. 阶跃响应曲线不是阶跃信号

59. 从积分调节器的阶跃响应图中可以看出，被调量出现偏差呈阶跃形势变化时，积分调节器输出的控制作用(B, C)。

A. 立即变化　　B. 并不立即变化

C. 由零开始线性增长　　D. 由零开始非线性增长

60. 微分调节规律的特性是(A, C, D)。

A. 主要作用在调节过程的初期　　B. 主要作用在调节过程的末期

C. 超前调节　　D. 微分增益越大，微分作用越强

61. 串级控制系统的特点是(A, C)。

A. 具有很强的克服内扰的能力　　B. 降低了系统的工作频率

C. 提高了系统的工作频率　　D. 克服内扰能力较差

62. 导前微分控制系统的特点是(B, C)。

A. 克服内扰能力较弱　　B. 克服内扰能力较强

C. 能有效减小动态偏差　　D. 迟延性较大

63. 纯迟延环节的特点是(B，C)。

A. 输入输出信号存在积分关系

B. 输入输出信号之间没有积分关系

C. 输入输出信号相同，只是时间有迟延

D. 输入输出信号成比例关系

64. 影响单回路控制系统控制质量的主要因素来源于(A，C)的特性。

A. 调节器　　B. 执行器　　C. 受控对象　　D. 给定和测量

65. 调节阀的流通能力是指，在规定条件下阀门全开时，单位时间内流过阀门的流体的(A，D)。

A. 体积　　B. 速度　　C. 密度　　D. 质量

66. 燃烧控制系统的基本组成原则为(A，B，D)。

A. 能迅速改变炉膛燃烧率　　B. 能迅速消除燃烧率扰动

C. 确保汽包水位的稳定　　D. 确保风、煤的参数协调变化

67. 控制系统的控制通道时间常数太大时，则系统(A，B，D)。

A. 反应缓慢　　B. 工作频率下降　　C. 最稳定　　D. 过程持续时间长

68. 阀门定位器能够(A，C)。

A. 实现调节阀的精确定位　　B. 分程调节

C. 提高调节阀的最大流量　　D. 消除干摩擦影响

69. DEH 控制系统的阀门管理功能中，如果采用顺序阀控制，则(B，C)。

A. 增加了节流损失　　B. 减少了节流损失

C. 提高了机组热效率　　D. 降低了机组热效率

70. 并网运行中的 DEH 控制系统，其动态特性(A，B，D)。

A. 受机组自身影响　　B. 受电网中其他机组影响

C. 与单机运行没有差别　　D. 与单机运行差别较大

71. 如果发现 DEH 控制系统的操作画面中转速信号消失，应该检查(A，B，C)。

A. 是否测速卡坏　　B. 测试卡是否插牢

C. 是否计算机采样故障　　D. 是否组态中量程设置太小

72. 变频器交—直部分的主电路中，包括的功能元件有(C，D)。

A. 制动电阻　　B. 逆变管　　C. 整流管　　D. 限流电阻

73. 改善变频器的功率因数的方法有(B，D)。

A. 直流电抗器并于整流桥和滤波电容之间

B. 直流电抗器串于整流桥和滤波电容之间

C. 交流电抗器并于三项输入电路中

D. 交流电抗器串于三项输入电路中

74. 变频器安装时应注意(A，B，D)。

A. 应垂直安装

B. 最好在出风口上方加装保护网罩

C. 环境灰尘较多时尽量采用柜外冷却方式

D. 其位置应无直射阳光

75. 变频器在变频调速的情况下(A，D)。
   A. 电压偏高时，影响定子电流大小的主导因素是励磁电流
   B. 电压偏高时，影响定子电流大小的主导因素是转子电流
   C. 电压偏低时，影响定子电流大小的主导因素是定子电压
   D. 电压偏低时，影响定子电流大小的主导因素是转子电流
76. 变频器回避频率的设定方法有(A，B)。
   A. 设定回避频率和回避宽度　　B. 设定回避频率，回避宽度内定
   C. 设定回避频率、基本频率　　D. 设定最高频率、回避频率
77. TSI 系统硬件配置主要包括(A，B，C，D)和外部电源及其他附件。
   A. CPU 模块　　B. 输入模块　　C. 输出模块　　D. PLC 电源
78. 一个典型的 FSSS 由(A，B，C)三部分组成
   A. 操作界面　　B. 就地现场设备　　C. 逻辑系统　　D. 控制盘
79. 等离子点火系统中，等离子体内含有大量的化学活性离子，如(AB)和电子等。
   A. 原子　　B. 离子　　C. 分子　　D. 质子
80. 主板上面主要有(A，B，C，D)等部件。
   A. CPU 插座，内存插座　　B. 扩展槽，电源插槽
   C. 主板芯片组，BIOS 芯片　　D. I/O 接口
81. 主板具有代表性的特色功能有(A，B，D)。
   A. 防病毒入侵 BIOS　　B. 线性调频
   C. STD 功能　　D. STR 功能
82. 目前，一般 PC 机上内存条的引脚数主要有(B，C，D)三种。
   A. 72　　B. 168　　C. 184　　D. 232
83. 硬盘的传输模式主要有(A，B，C，D)。
   A. UltraDMA/33　　B. UltraDMA/66　　C. UltraDMA/100　　D. UltraDMA/133
84. 显卡的主要性能指标是(A，B，C，D)。
   A. 显存大小　　B. 分辨率　　C. 色深　　D. 刷新频率
85. 如果想要更改计算机的日期和时间，正确的操作是(B，C)。
   A. 只能在 DOS 下更改
   B. 双击任务栏上的时间显示
   C. 在控制面板中，双击“日期/时间”图标
   D. 在“开始”菜单更改
86. Excel 的主要功能是(A，C，D)。
   A. 电子表格　　B. 文字处理　　C. 图表　　D. 数据库
87. PowerPoint 提供了两类模版它们是(A，C)。
   A. 设计模板　　B. 普通模板　　C. 内容模版　　D. 备注页模版
88. AutoCAD 的基本功能包括(A，B，C，D)。
   A. 绘制图形　　B. 标注尺寸　　C. 渲染图形　　D. 打印图纸
89. 计算机网络一般由(A，B，C，D)组成。
   A. 服务器　　B. 工作站　　C. 外围设备　　D. 通讯协议

90. 总线型网络的优点主要是(A，B，C，D)。
A. 结构简单　B. 安装方便　C. 成本低　D. 电缆最短
91. 蝶阀具有(A，B，C)等特点。
A. 形体小　B. 轻便
C. 开启迅速　D. 不适于高温高压场合
92. 闸阀在运行中的位置可处于(A，C)。
A. 全开　B. 半开　C. 全关　D. 半关
93. 使用活塞式压力计时(A，B)
A. 传压介质黏度应符合规定　B. 各台压力计的砝码不能互用
C. 活塞的转速没有限制　D. 可用酒精和四氯化碳作为工作液
94. 更换电接点水位计电极，拧入接点时，可在丝扣上涂抹(A，B)。
A. 二硫化钼　B. 铅油　C. 密封硅胶　D. 凡士林
95. DCS 系统中，很多智能单元都可以实现(A，B，C)。
A. 自诊断　B. 自恢复　C. 自维修　D. 提供维修信息
96. DEH 系统的 LVDT 装置包含(A，B，C)。
A. 芯杆、线圈、外壳　B. 二个次级线圈
C. 一个初级线圈　D. 一个次级线圈
97. 可编程控制器通过(A，B)的输入和输出，控制各种类型的生产机械和生产过程。
A. 数字式　B. 模拟式　C. 智能式　D. 分离式
98. PLC 具有很多特点，下面正确的是(A，C，D)。
A. 通用性强　B. 专业性强
C. 系统结构简单，安装调试容易　D. 可靠性高
99. PLC 的最短响应时间等于(A，B，D)之和。
A. 输入延迟时间　B. 一个扫描周期时间
C. 监视时间　D. 输出延迟时间
100. PLC 的通信包括(A，B，C)。
A. PLC 与 PLC 之间　B. PLC 与上位计算机之间
C. PLC 与其他智能设备之间　D. PLC 与传感器之间
101. 早期的 PLC 是为了(A，B，C)而设计的。
A. 取代继电器控制线路　B. 存储程序指令
C. 完成顺序控制　D. 模拟量控制
102. PLC 的可扩展能力包括(A，B，C)等。
A. I/O 点数扩展　B. 存储容量扩展
C. 联网功能扩展　D. 各种功能模块扩展
103. PLC 整个工作过程包括(A，B，C)。
A. 内部处理、通信处理　B. 输入采样、输出刷新
C. 用户程序执行　D. 中断
104. 超声波流量计探头安装时应获得的参数是(A，B，C)
A. 管道尺寸　B. 管道材质　C. 有无衬里　D. 流体温度

105. 容积式流量计安装时(A，D)。

A. 流量计前不需要直管段　　B. 流量计前需要直管段

C. 受管道内流体流速分布的影响　　D. 不受管道内流体流速分布的影响

106. 差压信号管路的敷设应避免(A，B，C)。

A. 受热源的影响　　B. 单管道受热现象

C. 冻管现象　　D. 和测压信号管路并行

107. 对于较重和深度尺寸较大的仪表，在盘上安装时应(A，C)。

A. 使用安装支架固定　　B. 将表体焊接固定

C. 安装支撑角钢　　D. 使用黏合剂固定

108. 仪表管路安装前，若管件内部有油垢，应用(A，C)。

A. 汽油浸洗　　B. 润滑油浸洗　　C. 煤油浸洗　　D. 空气吹扫

109. 盘内布线的导线束，可用(A，B，D)绑扎。

A. 尼龙线　　B. 塑料固定带　　C. 铁丝　　D. 小铝带卡子

110. 电涡流传感器安装时，被测体表面有(A，B，C)都会影响测量结果。

A. 锤击　　B. 镀铬层　　C. 裂纹　　D. 光洁度

111. 下列选项中属于划线工具的是(A，B，C)。

A. 平板　　B. 角度尺　　C. 划针　　D. 圆规

112. 在钳工操作中，划规是用来(A，B，C，D)的划线工具。

A. 划圆　　B. 划弧样冲　　C. 量取尺寸　　D. 等分线段

113. 平面锉削一般使用(A，B，C)等方法。

A. 交叉锉　　B. 顺向锉　　C. 推锉　　D. 拉锉

114. 锉削时应注意的事项，下列说法中正确的是(A，B，C，D)。

A. 合理的选择锉刀

B. 经常检查被锉削工件的尺寸和形状，以免失误

C. 及时清除锉刀上的锉屑，以免将工件表面拉毛

D. 当粗锉接近尺寸时，用力不可过大

简答题

1. 叠加原理的内容是什么？如何应用叠加原理分析计算复杂电路？

答： ① 由多个电源组成的线性电路中，任何一个支路的电流(或电压)，等于各个电源单独作用在此支路中所产生的电流(或电压)的代数和；② 在分析计算复杂电路时，以一个电源为作用电源，其余为不作用电源；③ 对不作用的电压源，将其电动势除去并用导线短接；④ 对不作用的电流源将其开路，保留它们的内电阻，求出这个电源作用下的各支路电流(或电压)；⑤ 然后再逐一求出其他电源作用时的支路电流，最后用叠加原理求出各支路电流(电压)。

2. 使用叠加原理应注意的问题是什么？

答： ① 只适用于线性电路；② 各独立电源单独作用时，其余电源均置零；③ 各分量与待求量正方向之间的关系；④ 电路中的功率响应不能叠加。

3. 在硅稳压管稳压电路中，若调压电阻 $R=0$，能有稳压作用吗？R 在电路中有何作用？

答：① 在稳压管稳压电路中，调压电阻为零时，电路无法稳压；② 因为 R 的作用是当电源电压及负载变化时，由于流过稳压管的电流发生变化，使流过 R 的电流发生变化，导致 R 两端电压改变，以此来保证输出电压基本维持恒定；③ 因此 R 的作用一方面是起电压调节作用，保证输出电压稳定；④ 另一方面又起限流作用，保证流过稳压管的电流不至于过大而使管子烧毁。故不允许等于 0。

4. 简述串联稳压电路的主要组成部分。

答：① 基准电压，② 取样电路，③ 比较放大电路，④ 调整器件。

5. 含有负反馈的放大电路有几种基本类型，分别是什么？

答：有四种基本类型：①电压串联负反馈；②电压并联负反；③电流串联负反馈；④电流并联负反馈。

6. 在放大电路中引入负反馈的作用是什么？

答：①减小放大的失真；②使放大器工作更稳定；③扩展宽通频带；④改变输入输出电阻；⑤降低了电压的放大倍数。

7. 在交流电压放大电路中，产生非线性失真的原因有哪些？

答：①静态值取得不合适，②温度变，③其他一些干扰信号均会引起非线性失真。

8. 放大电路中由于静态工作点设置不当会对放大器的工作带来哪些影响？

答：①如果静态工作点设置不当，可能使放大器的输出信号失真；②如果静态工作点设置过高，将产生饱和失真；③如果静态工作点设置过低，将产生截止失真。

9. 何谓集成运算放大器？它有哪些特点？

答：①集成运算放大器实际上是一个加有深度负反馈的高放大倍数 $10^3 \sim 10^6$ 直流放大器；②它可以通过反馈电路来控制其各种性能；③均一性和重复性很好；④零点漂移很小。

10. 理想集成运放的主要条件有哪些？

答：①开环差模电压放大倍数为无穷大；②差模输入电阻为无穷大；③开环输出电阻为零；④共模抑制比为无穷大；⑤此外还有无限大的通频带和转换速率。

11. 简述电气工具的使用要求。

答：①专人保管；②定期检查；③不合格的不准使用；④出现故障立即找电工处理。

12. 简述使用电钻的注意事项。

答：①工件固定牢固；②电钻与工件垂直。

13. 涡轮流量变送器的流量公式是什么？

答：①$Q=\dfrac{f}{K}$；②式中：f 为脉冲的频率；K 为仪表常数。

14. 灌隔离液的差压流量计，在开启和关闭平衡阀时应注意些什么？

答：①对于灌隔离液的差压流量计，在开启前，即在打开孔板取压阀之前，必须先将衡阀切断，以防止隔离液冲走；②在停用时，必须切断取压阀门，然后方可打开平衡阀门使表处于平衡状态。

15. 差压式流量计在满量程的30%以下一般不宜使用，为什么？如果出现这种情况该如何处理？

答：①这是因为差压与流量的平方成比例，流量低于30%，精度不能保证，造成流量测量不准。流量经常低于满量程的30%以下时刻作如下处理；②如雷诺数足够大，则可以改孔板或差压解决；③改用其他类型的流量计。

16. 什么叫做调节系统的性能指标？其性能指标有哪几个？

答：①所谓性能指标，即衡量系统性能好坏的一些特征量；②其性能指标主要有稳定性、准确性和快速性三方面。

17. 调节系统稳定性指标中，衰减率和系统稳定性之间的有何关系？

答：①衰减率等于1，过渡过程为不振荡过程；②衰减率等于0，过渡过程为等幅振荡过程；③衰减率大于0并小于1，过渡过程为衰减振荡过程；④衰减率小于0，过渡过程为渐扩振荡过程。

18. 若干环节串联和并联后的总传递函数是多少？

答：①若干个环节串联后的总传递函数等于各个环节传递函数的乘积；②若干个环节并联后的总传递函数等于各个环节传递函数的代数和。

19. 在调节系统的传递函数中，信号流图的运算法则有哪些？

答：①加法规则，②乘法规则，③分配规则，④自回路简化规则，⑤反馈回路简化规则。

20. 积分时间的大和小对调解过程有什么影响？

答：①积分时间越小，积分作用越强，调节过程相对越短，但也越容易产生振荡；②积分时间越大，积分作用越弱，调节过程相对越长。

21. 积分作用的特点是什么？

答：①采用积分调节时，被调量没有稳态误差；②积分作用在调节过程中容易出现过调现象；③积分调节作用是不及时的，不可单独使用。

22. 调节器为PI的导前微分控制系统需要整定的参数有哪几个？

答：①微分器的增益，②微分时间常数，③调节器的比例带，④调节器的积分时间。

23. 导前微分控制系统的特点有哪些？

答：①引入导前微分信号缩短了迟延时间，改善了控制对象的动态特性；②引入导前微分信号能减小动态偏差，改善控制品质；③导前微分控制系统有很强的克服内扰的能力。

24. 集散型控制系统网络的拓扑结构主要有哪几种？

答：①总线形，②环形，③星形，④树形，⑤点到点互连模式。

25. 集散型控制系统中，总线型网络结构有哪些特点？

答：①所有节点都并行地连接到公共总线上；②各个节点都通过这条总线互相通信；③一旦总线出现故障，会造成整个系统的瘫痪。

26. FSSS主要由几部分组成？分别是什么？

答：主要由三部分组成；①操作盘，②逻辑控制系统，③就地现场设备。

27. FSSS的主要安全功能有哪些？

答：①炉膛点火前的清扫，②暖炉油点火，③主燃料引入，④连续运行监视，⑤紧急停炉，⑥燃烧后的清扫。

28. V 形球阀有何特点？

答：①流通能力大；②控制性能好；③可调范围大；④具有剪切作用，能严格关闭；⑤操作压力受到限制，高压降不适用。

29. 蝶阀有何优点？

答：①流通能力大；②价格便宜；③阻力损失小，流体通过时压力降低；④沉积物不易积存；⑤结构紧凑安装空间小。

30. 简述高压锅炉电接点水位计电极使用注意事项。

答：①高压锅炉上电接点损坏原因，多见于氧化铝绝缘材料河瓷封件封口处因腐蚀而泄漏；②电接点水位计在使用中应对电接点缓慢预热，防止气流冲击电极和温度骤升损坏电极。

31. 简述电接点水位计电极更换注意事项。

答：①拆卸电极时，应待测量筒充分冷却后再拆，防止电极螺栓和电极座的螺纹损坏；②在检修中不应敲打电极，以免电极受振损坏。

32. 差压信号管路敷设对管路有哪些要求？

答：①信号管路内径不应小于 8 ~ 12mm；②管路按照最短距离敷设，但不得短于 3m，最长不得大于 50m；③敷设应有大于 1∶10 的倾斜度。

33. 电涡流传感器对线圈的设计要求主要有哪些？

答：①灵敏度高；②线性范围大；③稳定性好。

34. 电涡流传感器的安装时对被测体表面有什么要求？

答：①被测体表面应为探头直径的 3 倍以上；②当被测体表面积不应有锤击、撞伤以及小孔和缝隙；③被测体表面不应有镀铬；④传感器头部与被测体表面必须留有一定范围的非导电介质空间。

计算题

1. 电路如图示，求电路中各点 a、b、c 的电位。

已知：$E_1=40\text{V}$，$E_2=10\text{V}$，$R_1=5\Omega$，$R_2=10\Omega$，$R_3=15\Omega$

求：U_a、U_b、U_c 的值。

解：根据图中所示电流正方向，沿逆时针方向列回路电压方程：

$$15I+10+5I+10I-40=0$$

解出 $$I=\frac{(40-10)}{(5+10+15)}=1(\text{A})$$

由于 c 点是接地点，显然 c 点电位应为零伏，即 $U_c=0$

a 点电位 $U_a=15I+10=15\times1+10=25(\text{V})$

b 点电位 $U_b=10I+15I+10=10\times1+15\times1+10=35(\text{V})$

答：电路中 a、b、c 的电位分别为 25V、35V、0V。

2. 如图电路中，$E_1=20\text{V}$，$E_2=10\text{V}$，$R_1=R_2=5\Omega$，求 U_{ac}的值。

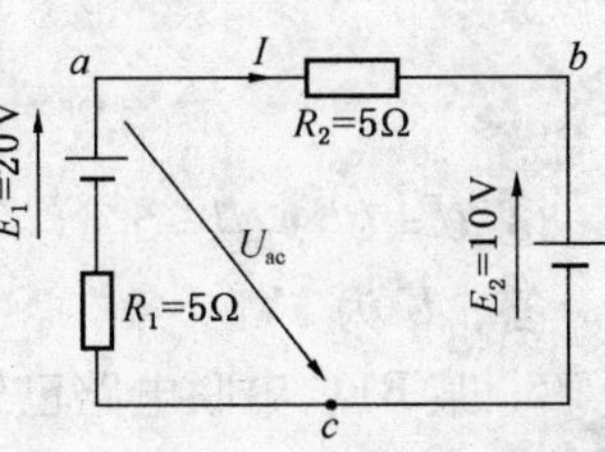

解：①首先列方程求出电流 I

顺时针：∵ $I\cdot R_1+I\cdot R_2=E_1-E_2$

$$\because \quad I=\frac{E_2-E_1}{R_1+R_2}=\frac{20-10}{5+5}=1(\mathrm{A})$$

②用 E_1R_1 支路，取顺时针方向列方程求 U_{ac}

$$\because \quad U_{ac}+I\cdot R_1=E_1$$

$$\because \quad U_{ac}=E_1-I\cdot R_1=20-1=15(\mathrm{V})$$

答：U_{ac}为 15V。

3. 试用叠加原理求图中电阻 R 上的电流 I。

已知：$U=20\mathrm{V}$，电阻为 2Ω、9Ω、3Ω、4Ω，恒流源 4A

求：I_R 的值。

解：①设 20V 恒压源不作用，4A 恒流源作用，可画图 1

② 设 20V 恒压源作用，4A 恒流源不作用，可画出图 2

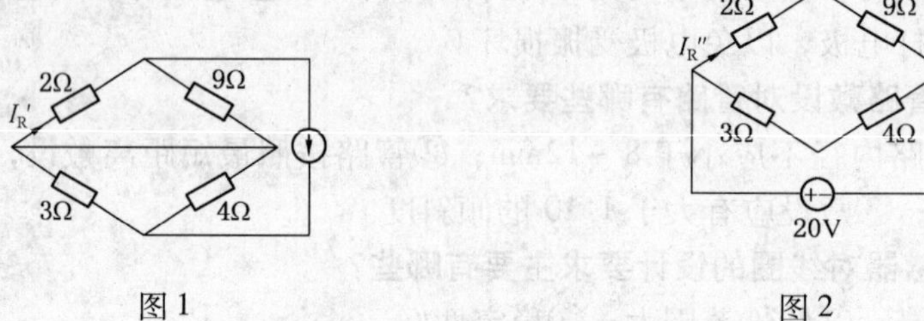

图 1　　图 2

$$I''_R=\frac{U}{(2+9)\,/\!/\,(3+4)}\cdot\frac{(3+4)}{(3+4)+(2+9)}=\frac{20}{11}(\mathrm{A})$$

③ ∴

$$I_R=I'_R+I''_R=\frac{36}{11}+\frac{20}{11}=\frac{56}{11}\approx 5.1(\mathrm{A})$$

答：I_R 为 5.1A。

4. 电路如图所示，已知 $R_1=2\Omega$，$R_2=2\Omega$，$R_3=3\Omega$，$I_{S1}=I_{S2}=6\mathrm{A}$，试用叠加原理计算 U。

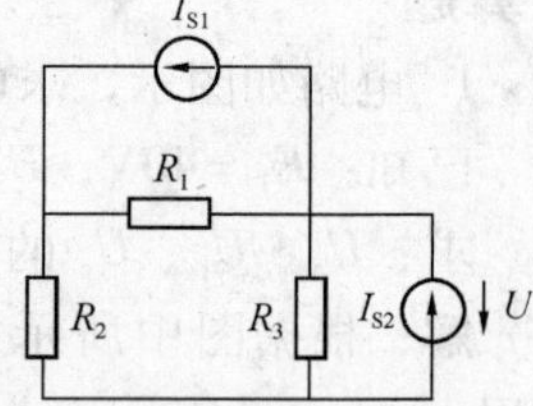

解：①求 U 根据叠加原理将 I_{a1} 除源。因为是电流源，将其开路，开路后电路见图(a)，由图(a)知

$$U=I\cdot\frac{R_1+R_2}{R_1+R_2+R_3}\cdot R_3$$

$$=6\times\frac{2+3}{2+3+1}\times 1=5(\mathrm{V})$$

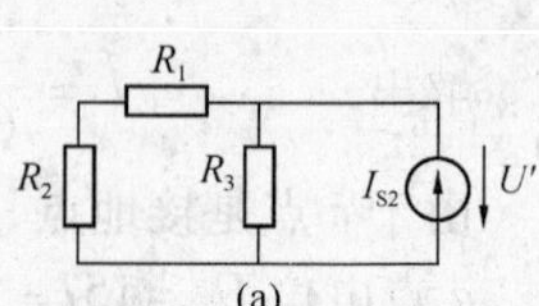

(a)

②求 U，将 I_{S2}除源，电路如图(b)

$$U''=-I_{S2}\cdot\frac{R_1}{R_1+R_2+R_3}\cdot R_3$$

$$=-6\times\frac{2}{2+3+1}\times 1=-2(\mathrm{V})$$

③ $U=U'+U''=5+(-2)=3(\mathrm{V})$

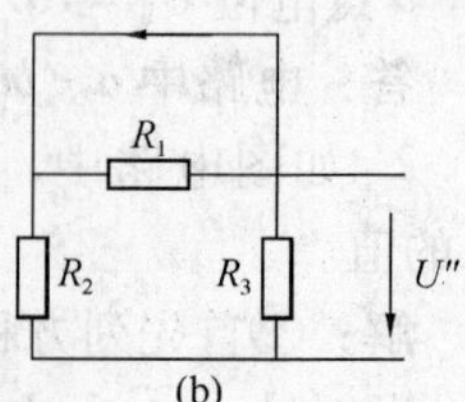

(b)

答：U 为 3V。

5. 某 RLC 串联电路已知 $R=30\Omega$，$L=381\mathrm{mH}$，$C=40\mu\mathrm{F}$，接

于$f=50\text{Hz}$，$U=250\text{V}$的电源上，求：①电路中的电流；②各元件上的电压。

解：①$\because X_L=\omega L=2\pi\times50\times381\times10^{-3}\approx119.6(\Omega)$

$$X_C=\frac{1}{\omega C}=\frac{1}{2\pi\times50\times40\times10^{-6}}\approx79.6(\Omega)$$

电路等效阻

$$Z=\sqrt{R^2+(X_L-X_C)^2}=\sqrt{30^2+(119.6-79.6)^2}=50(\Omega)$$

电路中的电流$I=\dfrac{U}{Z}=\dfrac{250}{50}=5(\text{A})$

②$U_R=I\cdot R=5\times30=150(\text{V})$

$U_L=I\cdot X_L=5\times119.6=598(\text{V})$

$U_C=I\cdot X_C=5\times79.6=398(\text{V})$

答：电路中的电流为5A；R上的电压为150V，L上的电压为598V，C上的电压为398V。

6. 在RLC并联电路中，已知通过R的电流有效值为4A，通过L的电流有效值为8A，通过C的电流有效值为5A。求电路总电流有效值和功率因数。

解：电路总电流有效值为

①$I=\sqrt{I_R^2+(I_L-I_C)^2}=\sqrt{4^2+(8-5)^2}=5(\text{A})$

功率因数

②$\cos\Phi=\dfrac{P}{S}=\dfrac{UI_R}{UI}=\dfrac{4U}{5U}=0.8$。

答：电路总电流有效值为5A，功率因数为0.8。

7. 图示电路中，已知$I_1=3\text{A}$，$I_2=7\text{A}$，$I_3=3\text{A}$，通过做相量图求出电路中电流I。

解：①以电压为参考相量，电阻支路电流I_1与电压同相，电容支路电流I_2超前于电压90°，电感支路电流I_3滞后于电压90°，作相量图。

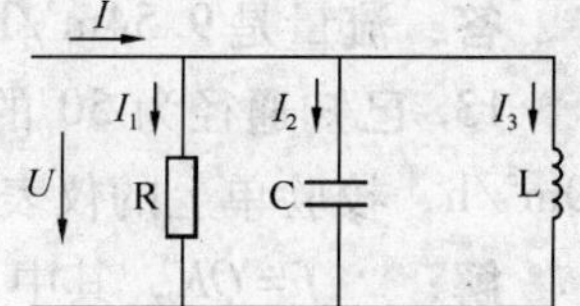

②I_2与I_3反相，$I'=I_2-I_3=7-3=4(\text{A})$

I'方向与I_2同相

③I'，I_1与I构成直角三角形

$$I=\sqrt{I_1^2+(I')^2}=\sqrt{3^2+4^2}=5(\text{A})$$

答：电流为5A。

8. 有一砂轮机，其砂轮转速为1400r/min，且此砂轮机所有砂轮片直径R为300mm，求砂轮的线速度。

解：
$$V=2\pi R\omega=2\times3.14\times0.3\times\frac{1400}{2\times60}=21.98(\text{m/s})$$

答：此砂轮的线速度为21.98m/s。

9. 采用一个气动减法器和一个乘法器，实现算式$y=(P_1-P_2)\cdot P_3$，若$P_1=80\text{kPa}$，$P_2=40\text{kPa}$，$P_3=60\text{kPa}$，则y为多少？

解：由于结构上的特点，气动减法器和气动乘法器在运算时对参数的处理是不同的，气

动加法器可以直接对信号进行运算，不用减去零点风压(20kPa)，即

$$P_1 - P_2 = 80 - 40 = 40(\text{kPa})$$

气动乘法器运算时，则要减去零点风压，化成百分数，最后再换算成相应的风压。

即：$$y = \frac{P_1 - P_2 - P_0}{p_1} \times (P_3 - P_1) + P_0 \quad (P_0\text{——零点风压})$$

$$y = \frac{80 - 40 - 20}{80} \times (60 - 20) + 20 = 30(\text{kPa})$$

答： 则 y 为 30kPa。

10. 有一台智能压力变送器，其精度为 0.2 级，试计算其校验时的允许误差。

解： 其允许误差为 $\pm 0.2\% \times (20 - 4) = 0.032(\text{mA})$

答： 变送器的允许误差为 ±0.032mA。

11. 有一台智能压力变送器，量程为 25MPa，当加压至 0.4MPa 时进行自动调零，则变送器对空时，变送器输出电流 I_0 为多少

解： 迁移 0.4MPa 所对应变送器的毫安值为 I_0，变送器输出电流范围 4～20mA，则

$$\frac{0.4}{25} = \frac{I_0}{20 - 4}$$

$$I_0 = 0.256(\text{mA})$$

变送器对空时，变送器输出电流 $I_0 = 4 - 0.256 = 3.744(\text{mA})$。

答： 变送器对空时，变送器输出电流为 3.744mA。

12. 一台口径为 50 的涡轮流量变送器，代表常数为 151.13 次/L，用频率计测量得它的脉冲数为 400Hz，则流量为多少?

解： $Q = \frac{f}{K} = \frac{400}{151.13} = 2.65(\text{L/s}) = 9.54(\text{m}^3/\text{h})$

答： 流量是 $9.54\text{m}^3/\text{h}$。

13. 已知通径为 50 的涡轮流量变送器，其涡轮上有 6 个叶片，流量测量范围为 5～$50\text{m}^3/\text{h}$，校验单上的仪表常数是 37.1 次/L，求在最大流量时，该仪表的转速是多少?

解： $\because f = QK$，其中 $Q = 50\text{m}^3/\text{h}$，$K = 37.1$(次/L)

$\therefore f = (50 \times 10^3 \times 37.1) \div 3600 = 515.28$(次/s)；

又因为涡轮上有 6 片叶片，所以涡轮的转速 ω：

$$\omega = \frac{515.28}{6} = 85.88(\text{次/s})$$

答： 转速为 85.88 次/s。

14. 当用漩涡流量计测量汽油的流量时，若汽油的密度 $\rho = 700\text{kg/m}^3$，温度为 30℃，管道内的平均流速为 6m/s，P_0 为 2550Pa 绝压(30℃时的汽油蒸汽压)，为防止汽油发生汽化和汽蚀现象，管道内的压力至少应多少?

解： 工作状态下管道内的压力损失 ΔP 可按下式算得：

$\Delta P = 1.2\rho v^2$　其中，ρ 为流体的密度，v 为流速

$$\Delta P = 1.2 \times 700 \times 6^2 = 30240(\text{Pa})$$

为防止汽油发生汽化和汽蚀现象，管道内的最小压力 P 可按下式计算：

$$P \geqslant 2.7\Delta P + 1.3P_0$$

则有：$$P \geqslant 2.7 \times 30240 + 1.3 \times 2550 = 8496(\text{Pa})$$

答：管道内的压力至少应为 84963Pa。

15. 椭圆齿轮流量计的半月形空腔体积为 0.5L，今要求机械计数器末位代表 100L，试问传动系数的减速比应为多少？

解：通过椭圆齿轮流量计的体积流量 $q = 4nV$，其中，n 为椭圆齿轮地转速，转；V 为月牙形计量室的容积，cm^3；因为 $V = 0.5L$，$q = 100L$，根据上式可求出相应的 n 值。

$$n = \frac{q}{4V} = \frac{100}{4 \times 0.5} = \frac{100}{2} = 50(\text{转})$$

答：指针每转一周，机械技术器末位每跳一个字，即代表 100L，椭圆齿轮要转 50 周，减速比应为 $V = 1/50$。

16. 有一台椭圆齿轮流量计，某一天 24h 的走字为 120。已知其换算系数为 $1m^3$/字，求该天的物料量为多少？平均流量为多少？

解：流量值 $= 120 \times 1 = 120(m^3)$

该天的平均流量为$\frac{120}{24} = 5(m^3/h)$

答：该天的物料量为 $120m^3$，平均流量为 $5m^3/h$。

17. 用差压变送器测流量，差压 $\Delta p_m = 25kPa$，二次表量程为 0 ~ 200t/h，求流量在 100t/h时对应的 Δp_x 值和电流值？

解：根据差压流量公式$\frac{\Delta p_x}{\Delta p_m} = \left(\frac{q_x}{q_m}\right)^2$

$$\Delta p_x = 25 \times \left(\frac{100}{200}\right)^2 = 6.25(\text{kPa})$$

$$I = \frac{6.25}{25} \times 16 + 4 = 8(\text{mA})$$

答：差压为 6.25kPa，电流为 8mA。

18. 若调节阀的流量系数 C 为 50，当阀前后压差为 16kPa，流体重度为 $0.81gf/cm^3$ 时，所能通过的最大流量是多少？

解：

体积流量：$Q = C\sqrt{\Delta p/r} = 50\sqrt{16/0.81} = 222(m^3/h)$

质量流量：$Q = C\sqrt{\Delta p \times r} = 50\sqrt{16 \times 0.81} = 180(t/h)$

答：能通过的最大流量：体积流量为 $222m^3/h$，质量流量为 180t/h。

19. 有一等百分比调节阀，其最大流量为 $50Nm^3/h$，最小流量为 $2Nm^3/h$，若全行程为 3cm，那么在 1cm 开度时流量是多少？

解：可调比为：

$$R = \frac{Q_{max}}{Q_{min}} = \frac{50}{2} = 25$$

于是在 1cm 开度下的流量为：

$$Q = Q_{min}R^{1/L} = 2 \times 25^{(1/3)} = 5.85(Nm^3/h)$$

答：在1cm开度时流量是5.85(Nm^3/h)。

20. 为了对动圈进行温度补偿，在动圈上串联一由半导体热敏电阻R_T和锰铜电阻R_B并联而成的电阻，R_T在20℃时为100Ω，50℃时30Ω，动圈在20℃时为80Ω，由漆包铜线绕制，要求在20℃和50℃为全补偿，求锰铜电阻R_B的阻值(动圈电阻温度系数$\alpha = 4.25 \times 10^{-3}/℃$)。

解：设R_T和R_B的并联电阻值为R_K，补偿后的电阻值$R = R_{动} + R_K$

$$R_K = \frac{R_T R_B}{R_T + R_B}$$

$R_{动50} = R_{动20} \times (1 + \alpha_0 \Delta t) = 80 \times (1 + 4.25 \times 10^{-3} \times 30) = 90.2(\Omega)$

要求20℃和50℃时为全补偿，即$R_{20} = R_{50}$

$$\therefore \quad \frac{100 \times R_B}{100 + R_B} + 80 = \frac{30 \times R_B}{30 + R_B} + 90.2$$

得$R_B = 36.28(\Omega)$

答：锰铜电阻R_B的阻值为36.28Ω。

21. 某人将镍铬-镍硅补偿导线极性接反，当炉膛温度实际控制于800℃时，若热电偶接线盒处温度为50℃，仪表接线端子排处温度为40℃，问测量结果和实际结果相差多少？(800℃：33.29mV，40℃：1.61mV，50℃：2.02mV，761℃：31.68mV，862℃：34.9mV，741.5℃：30.86mV，792℃：33.05mV)

解：当补偿导线正确连接时，仪表实得电势为：

$$33.29 - 1.61 = 31.68(\text{mV})$$

查表得761℃；

如果补偿导线接反，则仪表时得电势为：

$$(33.29 - 2.02) - (2.02 - 1.61) = 30.86(\text{mV})$$

查表得741.5℃

和实际相差741.5-761=-19.5(℃)。

答：测量结果和实际结果相差-19.5℃。

22. 椭圆齿轮流量计的测量上限为$20m^3/h$。标定一次表时发现6min累计流量200L，输出500脉冲。求计算满刻度时的流量的赫兹数。

解：每升的脉冲数ζ

$$\zeta = F/q_V$$

式中　F——脉冲频率，$F = 500$脉冲/360s；

q_V——流量，$q_V = 200\text{L}/360\text{s}$；

故：$\zeta = \left(\frac{500}{360}\right) / \left(\frac{200}{360}\right) = 2.5$(脉冲/L)

满刻度流量的赫兹数为：

$$F = \zeta q_V = 2.5 \times \frac{20 \times 10^3 \text{L}}{3600\text{s}} = 13.9(\text{Hz})$$

答：满刻度时的流量的赫兹数是13.9。

23. 某活塞压力计，出厂时专用砝码质量是按照标准重力加速度配重的。某使用单位作为标准量具使用时，砝码没有进行修正，测压时，压力计指示5MPa，室温为20℃，求因不同地区重力加速度的影响所引起的绝对误差是多少？（标准重力加速度 $g_0=980.665\text{cm/s}^2$，某使用单位所在地区重力加速度 $g=978.83\text{cm/s}^2$，活塞有效面积 1.00cm^2，空气密度 $\rho_f=1.2\text{kg/m}^3$，砝码钢材密度 $\rho_c=7.8\times10^3\text{kg/m}^3$）

解：依据公式：$P=P_0\cdot\dfrac{g}{g_0}=5\times\dfrac{978.83}{980.665}=4.9906(\text{MPa})$

其绝对误差 $\Delta P=P_0-P=5-4.9906=0.0094(\text{MPa})$

答：所引起的绝对误差为0.0094MPa。

四、技能操作鉴定要素细目表

鉴定范围						鉴定点	
一级		二级		三级		代码	名称
代码	名称	代码	名称	代码	名称		
A	技能要求	A	测量与绘识	A	绘识图	001	自动控制系统逻辑图的读识
						002	法兰盘加工图的绘制
		B	校验调整	A	校验仪表	001	转速表的校验
						002	智能巡检表的校验
				B	调整设备	001	变送器正负迁移的调整
						002	电接点压力表定值的调整
						003	转速探头间隙的调整
						004	电子记录仪量程的调整
		C	维护更换安装	A	维护设备	001	计算机系统的组装
						002	智能变送器参数的检查
						003	工业 pH 计运行情况检查
				B	更换设备	001	电接点水位计电极的更换
						002	PLC 模件的更换
						003	截止门盘根的更换
				C	安装设备	001	U 形管的冷弯配置
						002	根据图纸盘间电缆接线
						003	根据图纸盘内布线接线
		D	钳工技术	A	钳工操作	001	仪表短管的手工锯割
						002	平面的锉削

五、技能操作试题

试题1：自动控制系统逻辑图的读识（实际操作）

（考核时间：20min）

序号	考核内容	考核要点	配分	评分标准	检测结果	扣分	得分	备注
1	准备工作	准备工具、用具	2	未准备扣2分，少一件扣1分				
2	识图	能识别给定功能块	5	未识别或识别错误扣5分				
		能依图说出给定块上下限值	5	未说出正确数值扣6分				
		能识别赋值功能块	5	未识别或识别错误扣5分				
		能识别加法逻辑	3	未识别或识别错误扣3分				
		能识别减法逻辑	3	未识别或识别错误扣3分				
		能识别除法逻辑	3	未识别或识别错误扣3分				
		能识别绝对值逻辑	5	未识别或识别错误扣5分				
		能识别滞环功能块	5	未识别或识别错误扣5分				
		能说出滞环块的动作、复位值	5	未说出正确数值扣5分				
		能识别死区功能块	5	未识别或识别错误扣5分				
		能依图说出死区数值	5	未说出正确数值扣5分				
		能识别或逻辑	5	未识别或识别错误扣5分				
		能识别PID调节器	5	未识别或识别错误扣5分				
		能依图说出比例系数值	5	未说出正确数值扣5分				
		能依图说出积分时间值	5	未说出正确数值扣5分				
		能识别调节器跟踪量	5	未识别或识别错误扣5分				
		能识别调节器跟踪开关	5	未识别或识别错误扣5分				
		能识别小值选择器	5	未识别或识别错误扣5分				
		能识别大值选择器	5	未识别或识别错误扣5分				
		能依图说出调节原理	5	未说出正确原理扣10分				
3	阐述步序	阐述条理清晰	2	条理不清晰扣2分				
		步序	2	步序混乱扣2分				
4	其他	在规定时间内完成		超时停止操作				—
		合　计	100					

试题2：法兰盘加工图的绘制（技能笔试）

（考核时间：20min）

序号	考核内容	考核要点	配分	评分标准	检测结果	扣分	得分	备注
1	准备工作	准备工具、用具	5	未准备扣5分，少一件扣1分				
2	绘图	按比例绘制主视图	10	未按比例绘制扣10分				
		绘制主视图中心线	5	未画或画错中心线扣5分				
		主视图位置应符合标准	5	主视图的位置错误扣5分				
		主视图能反映零件的基本形状	5	主视图不能反映零件的基本形状扣分				
		主视图可见轮廓线完整	5	可见轮廓线不完整扣5分				
		按比例绘制左视图	10	未按比例画扣10分				
		绘制左视图中心线	5	未画或画错中心线扣5分				
		左视图位置符合标准	5	左视图位置错误扣5分				
		左视图能基本反映零件的形状	5	左视图未能基本反映零件的形状扣5分				
		左视图可见轮廓线完整	5	轮廓线不完整扣5分				
		尺寸线和尺寸界线清晰完整	5	尺寸线和尺寸界线画错一处扣1分				
3	标柱尺寸	标出法兰盘厚度尺寸	5	未标或标注错误扣5分				
		标出法兰盘外径尺寸	5	未标或标注错误扣5分				
		标出法兰盘螺丝孔尺寸	5	未标或标注错误扣5分				
		标出法兰盘螺丝孔之间圆心距尺寸	5	未标或标注错误扣5分				
4	标注粗糙度	标出粗糙度(2处)	4	未标或少标一处扣2分				
5	填写标题栏	标题栏主要内容(名称、材料、比例)	6	标题栏主要内容少填一项扣2分				
6	清理现场	清理现场		未清理现场从总分中扣5分			—	
7	其他	图面整洁		图面不整洁从总分中扣2分			—	
		在规定时间内完成		超时停止笔试			—	
		合　计	100					

试题3：转速表的校验（实际操作）

（考核时间：20min）

序号	考核内容	考核要点	配分	评分标准	检测结果	扣分	得分	备注
1	准备工作	穿戴劳保用品规范	3	穿戴不规范扣3分				
		工具、用具准备	5	未准备扣5分，少一件扣1分				
2	检查	检查转速表外观	4	未检查扣4分				
		检查万用表	4	未检查扣4分				
		检查传感器	4	未检查扣4分				
		检查固定支架	4	未检查扣4分				
3	安装接线	安装传感器	4	未安装或安装错误扣4分				
		检查间隙	4	未检查扣4分				
		转速表电源接线	4	未接线或接线松动扣4分				
		校验装置电源接线	5	未接线或接线松动扣5分				
		信号回路接线	5	未接线或接线错误扣5分				
		线路检查	6	未检查扣6分				
				少一项扣2分				
		送电	4	未送电扣4分				
				少一项扣2分				
4	校验	升速校验	10	未进行扣10分				
				少一点扣2分				
		降速校验	10	未进行扣10分				
				少一点扣2分				
		报警点校验	5	未校验扣5分				
5	拆除设备	停电	3	未停电扣3分				
		验电	3	未验电扣3分				
		拆除回路接线	4	未操作此项扣4分				
		拆除传感器	4	未操作此项扣4分				
6	整理数据	填写记录	5	未填写扣5分，错误一项扣1分				
7	清理现场	使用工具		工具使用错误一次从总分中扣2分				—
		清理现场		未清理从总分中扣5分				—
8	安全及其他	按国家或企业有关安全规定执行操作		违规一次从总分中扣5分；严重违规停止操作				—
		在规定时间内完成		超时停止操作				—
		合计	100					

试题4：温度智能巡检表的校验(实际操作)

（考核时间：30min）

序号	考核内容	考核要点	配分	评分标准	检测结果	扣分	得分	备注
1	准备工作	穿戴劳保用品规范	3	穿戴不规范扣3分				
		准备工具、用具	5	未准备扣5分，少一件扣1分				
		检查标准仪器	4	未检查扣4分，少一项扣2分				
2	校验	电源接线	6	接线错误扣6分				
		信号接线	5	接线错误扣5分				
		通电前检查线路	5	未检查扣5分，接线松动出现一次扣1分				
		预热10min	6	少于10min扣6分				
		选择检定点	5	选择检定点错误扣5分，错误一点扣1分				
		检查校验前示值	5	未进行该项扣5分				
		仪表调整	5	未进行该项扣5分				
		上行程校验	10	未进行该项扣10分，少一点扣2分				
		下行程校验	10	未进行该项扣10分，少一点扣2分				
		设定首末路(1～10路)	6	设定错误扣6分				
		通电前检查线路	6	未检查扣6分，接线松动出现一次扣1分				
		设定报警值	6	设定错误扣6分				
		设定线路电阻	7	设定错误扣7分				
3	整理数据	填写校验记录	6	未填写扣6分，填写错误一项扣1分				
4	清理现场	使用工具		工具使用错误一次从总分中扣2分			—	
		清理现场		未清理从总分中扣5分			—	
5	安全及其他	按国家或企业有关安全规定执行操作		违规一次从总分中扣5分；严重违规停止操作			—	
		在规定时间内完成		超时停止操作			—	
		合　计	100					

试题5：变送器正负迁移的调整（实际操作）

（考核时间：20min）

序号	考核内容	考核要点	配分	评分标准	检测结果	扣分	得分	备注
1	准备工作	穿戴劳保用品规范	3	穿戴不规范扣3分				
		准备工具、用具	3	未准备扣3分，少一件扣1分				
		检查标准表	4	未检查扣4分，少一项扣2分				
		检查被校表	4	未检查扣4分，少一项扣2分				
2	安装	接头无泄漏	4	出现泄漏扣4分				
		接线	4	接线错误扣4分				
3	校验	选择检定点	5	选择检定点错误扣5分，错误一点扣1分				
		检查校验前示值	3	未进行该项扣3				
		零点调整	5	未进行该项扣5分，调整超差扣5分				
		量程调整	5	未进行该项扣5分，调整超差扣5分				
		线性调整	5	未进行该项扣5分，调整超差扣5分				
		上行程校验	5	未进行该项扣5分，少一点扣2分				
		下行程校验	5	未进行该项扣5分，少一点扣2分				
		判断示值误差	5	判断错误扣5分				
4	迁移	正压室加迁移量压力	5	操作错误扣5分				
		调整零点电位器	10	调整错误扣10分				
		负压室加迁移量压力	5	操作错误扣5分				
		调整零点电位器	10	调整错误扣10分				
5	处理数据	修约	5	修约错误扣5分				
		填写校验记录	5	未填写校验记录扣5分少填写或错填一项扣1分				
6	清理现场	使用工具		工具使用错误一次从总分中扣2分			—	
		清理现场		未清理现场从总分中扣5分			—	
7	安全及其他	按国家或企业有关安全规定执行操作		违规一次从总分中扣5分；严重违规停止操作			—	
		在规定时间内完成		超时停止操作			—	
		合　计	100					

试题6：电接点压力表定值的调整(实际操作)

(考核时间：25min)

序号	考核内容	考核要点	配分	评分标准	检测结果	扣分	得分	备注
1	准备工作	穿戴劳保用品规范	3	穿戴不规范扣3分				
		准备工具、用具	7	未准备扣7分，一件扣1分				
		选取标准压力表	3	选取错误扣3分				
		检查标准压力表	4	未检查扣4分，少一项扣2分				
		检查被校验表	4	未检查扣4分，少一项扣2分				
2	安装	安装位置正确	4	安装位置错误扣4分				
		接头无泄漏	6	出现泄漏一次扣3分				
3	校验	选择检定点	5	选择检定点错误扣5分，错误一点扣1分				
		检查校验前示值	5	未进行该项扣5分				
		仪表调整	5	未进行该项扣5分				
		上行程校验	5	未进行该项扣5分，少一点扣1分				
		下行程校验	5	未进行该项扣5分，少一点扣1分				
		轻敲读数	10	少一点扣1分				
		判断示值误差	4	判断错误扣4分				
4	调整报警值	对触点进行打磨	5	未进行打磨扣5分				
		数字万用表选用二极管挡	5	选错扣5分				
		两表笔分别接高、中	5	接错扣5分				
		根据要求设定高值报警误差符合要求	5	设定值错误扣5分				
5	处理数据	修约	4	修约错误扣4分				
		填写校验记录	6	未填写校验记录扣6分，少填写或错填一项扣1分				
6	清理现场	使用工具		工具使用错误一次从总分中扣2分			—	
		清理现场		未清理从总分中扣5分			—	
7	安全及其他	按国家或企业有关安全规定执行操作		违规一次从总分中扣5分；严重违规停止操作			—	
		在规定时间内完成		超时停止操作			—	
		合　计	100					

试题7：转速探头间隙的调整（实际操作）

（考核时间：30min）

序号	考核内容	考核要点	配分	评分标准	检测结果	扣分	得分	备注
1	准备工作	穿戴劳保用品规范	3	穿戴不规范扣3分				
		准备工具、用具	4	未准备扣4分，少一件扣1分				
2	检查设备	检查万用表	4	未检查扣4分				
		检查塞尺	5	未检查扣5分				
		检查传感器支架	4	未检查扣4分				
		检查传感器开关外观	5	未检查扣5分				
		检查传感器阻值	5	未检查扣5分				
3	安装调试	安装传感器	6	未安装或安装错误扣6分				
		间隙1调整	10	误差超过±0.15mm扣10分				
		紧固传感器	10	未紧固或松动扣10分				
		间隙检查	10	未检查扣10分，超差一次扣5分				
		间隙2调整	10	误差超过±0.15mm扣10分				
		紧固传感器	10	未紧固或松动扣10分				
		间隙检查	10	未检查扣5分，超差一次扣5分				
4	整理数据	填写数据	4	未填写扣4分，填写数据错误一处扣1分				
5	清理现场	使用工具		工具使用错误一次从总分中扣2分			—	
		清理现场		未清理从总分中扣5分			—	
6	其他	按国家或企业颁发有关安全规定执行操作		每违反一项规定从总分中扣5分；严重违规停止操作			—	
		在规定时间内完成		超时停止操作			—	
		合　计	100					

试题8：电子记录仪量程的调整（实际操作）

（考核时间：30min）

序号	考核内容	考核要点	配分	评分标准	检测结果	扣分	得分	备注
1	准备工作	穿戴劳保用品规范	3	穿戴不规范扣3分				
		准备工具、用具	5	未准备扣5分，少一件扣1分				
		检查标准仪器	3	未检查标准表扣3分				

续表

序号	考核内容	考核要点	配分	评分标准	检测结果	扣分	得分	备注
2	调整	电源接线	7	接线错误扣7分				
		信号接线	7	接线错误扣7分				
		通电前检查线路	6	未检查扣6分，接线松动出现一次扣1分				
		预热10min	7	少于5分钟扣7分，多于5min，不够10min扣2分				
		选择检定点	10	选择检定点错误扣10分，错误一点扣2分				
		检查校验前示值	4	未进行该项扣4分				
		仪表调整	10	未进行该项扣10分				
		上行程校验	10	未进行该项扣10分，少一点扣2分				
		下行程校验	10	未进行该项扣10分，少一点扣2分				
		设定报警值	6	设定错误扣6分				
		设定线路电阻	6	设定错误扣6分				
3	整理数据	填写校验记录	6	未填写扣6分，填写错误一项扣1分				
4	清理现场	使用工具		工具使用错误一次从总分中扣2分			—	
		清理现场		未清理从总分中扣5分			—	
5	安全及其他	按国家或企业有关安全规定执行操作		违规一次从总分中扣5分；严重违规停止操作			—	
		在规定时间内完成		超时停止操作			—	
		合　计	100					

试题9：工业控制计算机的组装(实际操作)

（考核时间：30min）

序号	考核内容	考核要点	配分	评分标准	检测结果	扣分	得分	备注
1	准备工作	穿戴劳保用品规范	3	穿戴不规范扣3分				
		工具、用具准备	3	未准备扣3分，少一件扣1分				

续表

序号	考核内容	考核要点	配分	评分标准	检测结果	扣分	得分	备注
2	安装设备	检查硬盘跳线	6	未检查扣6分				
		安装硬盘并紧固	6	安装错误或松动扣6分				
		安装硬盘电源线	6	安装错误或松动扣6分				
		安装硬盘 IDE 排线	6	安装错误或松动扣6分				
		安装光驱并紧固	6	安装错误或松动扣6分				
		安装光驱电源线	6	安装错误或松动扣6分				
		安装光驱 IDE 排线	6	安装错误或松动扣6分				
		安装软驱并紧固	6	安装错误或松动扣6分				
		安装软驱电源线	5	安装错误或松动扣5分				
		安装软驱 IDE 排线	5	安装错误或松动扣5分				
		安装 CPU 散热风扇	5	安装错误或松动扣5分				
		插上风扇电源	5	安装错误或松动扣5分				
		安装内存条并紧固	5	安装错误或松动扣5分				
		安装显卡并紧固	5	安装错误或松动扣5分				
		安装网卡并紧固	5	安装错误或松动扣5分				
		安装显示器	5	安装错误扣5分				
		通电试验	6	未通电试验扣6分				
3	清理现场	使用工具		工具使用错误一次从总分中扣2分			—	
		清理现场		未清理现场从总分中扣5分			—	
4	安全及其他	按国家或企业有关安全规定执行操作		违规一次从总分中扣5分；严重违规停止操作			—	
		在规定时间内完成		超时停止操作			—	
		合　计	100					

试题10：智能变送器参数的检查(模拟操作)

（考核时间：20min）

序号	考核内容	考核要点	配分	评分标准	检测结果	扣分	得分	备注
1	准备工作	穿戴劳保用品规范	3	穿戴不规范扣3分				
		准备工具、用具	2	未准备扣2分，少一件扣1分				
2	接线	编程器、变送器连接	16	未连接扣16分，回路未串接电阻扣8分，电阻接错扣8分				

续表

序号	考核内容	考核要点	配分	评分标准	检测结果	扣分	得分	备注
3	通电运行	检查接线	8	未检查接线扣8分，接线不牢固一次扣4分				
		变送器通电运行	6	未通电扣6分				
4	调整变送器参数	设置测量单位	13	设置错误扣13分				
		设置上、下限	16	设置错误扣16分，上限设置错误扣8分，下限设置错误扣8分				
		设置输出为线性	12	设置错误扣12分				
		设置指示计的显示方式为百分比	12	设置错误扣12分				
		设定反向输出	12	设置错误扣12分				
5	清理现场	使用工具		工具使用不正确一次从总分中扣5分			—	
		清理现场		未清理现场从总分中扣5分			—	
6	安全及其他	按国家或企业有关安全规定执行操作		违规一次从总分中扣5分；严重违规停止操作			—	
		在规定时间内完成		超时停止操作			—	
		合　计	100					

试题11：工业pH计的运行状况检查（模拟操作）

（考核时间：20min）

序号	考核内容	考核要点	配分	评分标准	检测结果	扣分	得分	备注
1	准备工作	穿戴劳保用品规范	3	穿戴不规范扣3分				
		准备工具、用具	4	未准备扣4分，少一件扣1分				
2	检查管路	检查管路无泄漏	3	未检查此项扣3分				
		检查管路取样门无泄漏	3	未检查此项扣3分				
		检查进出水管接头无泄漏	3	未检查此项扣3分				
		检查水样流速	3	未检查此项扣3分				
3	检查线路	检查设备标识清晰、线号正确	5	未操作此项扣5分				
		线路电压测试(24DCV)	5	未操作此项扣5分				
		线路电流测试(4～20mA)	5	未操作此项扣5分，万用表使用错误扣5分				

续表

序号	考核内容	考核要点	配分	评分标准	检测结果	扣分	得分	备注
4	检查电极	停仪表电源	6	未操作此项扣6分				
		关闭仪表取样门	6	未操作此项扣6分				
		检查清洗 pH 电极	6	检查方法错误扣6分				
		对电极杯进行清洗	6	未操作此项扣6分				
		安装电极	6	安装动作过大扣6分				
5	投运仪表	仪表送电	6	未操作此项扣6分				
		开启水样门	6	未操作此项扣6分				
		检查有无泄漏	6	出现漏泄扣6分				
		调整水样流速	6	未操作此项扣6分，水样流速调整不正确扣6分				
		调整仪表进入测量状态	6	未操作此项扣6分				
		检查 DCS 画面显示	6	未操作此项扣6分				
6	清理现场	使用工具		工具使用不正确一次从总分中扣5分			—	
		清理现场		未清理从总分扣5分			—	
7	安全及其他	按国家或企业有关安全规定执行操作		违规一次从总分中扣5分；严重违规停止操作			—	
		在规定时间内完成		超时停止操作				
	合　计		100					

试题12：电接点水位计电极的更换(模拟操作)

（考核时间：30min）

序号	考核内容	考核要点	配分	评分标准	检测结果	扣分	得分	备注
1	准备工作	穿戴劳保用品规范	3	穿戴不规范扣3分				
		准备工具、用具	7	未准备扣7分，少一件扣1分				
2	布置安全措施	开一种工作票	5	未开工作票扣5分				
		解除相关保护设备	4	未解列相关保护扣4分				
		安全防护措施	4	未做安全措施扣4分				
3	更换电极	通知运行人员关闭一次门	4	未确认关闭扣4分				
		关闭二次门	4	未关闭二次门扣4分				
		开排污门泄压	5	未开排污门扣5分，压力未泄净扣3分				

续表

序号	考核内容	考核要点	配分	评分标准	检测结果	扣分	得分	备注
4	投入仪表	确认筒体冷却	5	未确认冷却扣5分				
		检查电极	4	未检查电极扣4分				
		检查垫片，经淬火处理，表面平整，无划痕	4	未检查垫片扣4分				
		拆除接线	4	未拆线扣4分				
		拆卸电极	4	未拆卸电极扣4分				
		加装垫片	4	未加垫片扣4分				
		更换电极并紧固	4	未更换电极扣4分，未紧固扣2分				
		接线	4	未接线扣4分				
		关闭排污门	4	未关排污门扣4分				
		通知运行人员开一次门	4	未通知运行人员开一次门扣4分				
		开二次门	4	未开二次门扣4分				
		检查电极泄漏情况	5	未检查泄漏情况扣4分				
		确认后投入液位计	5	未投入液位计扣5分				
		投入相关保护设备	4	为投入相关保护扣4分				
		封工作票	5	未封工作票扣5分				
5	清理现场	使用工具		工具使用不正确一次从总分中扣5分				
		清理现场		未清理从总分扣5分			—	
6	安全及其他	按国家或企业有关安全规定执行操作		违规一次从总分中扣5分；严重违规停止操作			—	
		在规定时间内完成		超时停止操作			—	
		合　计	100					

试题13：PLC模件的更换（模拟操作）

（考核时间：30min）

序号	考核内容	考核要点	配分	评分标准	检测结果	扣分	得分	备注
1	准备	穿戴劳保用品规范	3	穿戴不规范扣3分				
		准备工具、用具	2	未准备扣2分，少一件扣1分				
2	检查模件参数	选择模件型号	10	选择错误扣10分				
		检查模件外观	5	未检查扣5分				

续表

序号	考核内容	考核要点	配分	评分标准	检测结果	扣分	得分	备注
3	更换模件	停电	5	未停电扣5分				
		验电	5	未验电扣5分				
		打开前端盖	5	未打开扣5分				
		解除锁定	5	未解除扣5分				
		拔出连接器	5	未拔出扣5分				
		旋松模件螺丝	5	未旋松扣5分				
		拆卸模件	10	未拆卸或拆卸方法错误扣10分				
		安装模件	10	未安装或安装方法错误扣10分				
		紧固模件	5	未紧固扣5分				
		插入连接器	5	未插入扣5分				
		锁定连接器	5	未锁定扣5分				
		关闭前端盖	5	未关闭扣5分				
		送电	5	未送电扣5分				
		检查模件工作情况	5	未检查扣5分				
4	清理场地	使用工具		工具使用错误一次从总分中扣2分			—	
		清理现场		未清理从总分中扣5分			—	
5	安全及其他	按国家或企业颁发有关安全规定执行操作		每违反一项规定从总分中扣5分；严重违规停止操作			—	
		在规定时间内完成		超时停止操作			—	
		合　计	100					

试题14：截止门盘根的更换(模拟操作)

（考核时间：40min）

序号	考核内容	考核要点	配分	评分标准	检测结果	扣分	得分	备注
1	准备工作	穿戴劳保用品规范	3	穿戴不规范扣3分				
		准备工具、用具	3	未准备扣3分，少一件扣1分				
		检查工具、用具	10	未检查扣10分，少检查一件扣2分				
2	阀门解体	截止阀外观检查	4	未检查扣4分				
		解体截止阀	12	未用夹住阀体扣4分，损坏紧固螺丝扣4分，损坏丝杠扣4分				
		检查阀体内部配件	10	未用手电筒检查法兰座端面扣10分，未检查法兰头端面扣5分				
		拆卸旧盘根	6	未拆除盘根此项扣6分，少拆卸一个扣1分				

续表

序号	考核内容	考核要点	配分	评分标准	检测结果	扣分	得分	备注
3	更换	选择新盘根	10	未选择扣10分，选择错误一个扣2分				
		更换盘根	10	盘根少于5个扣10分，损坏一个盘根扣2分				
		安装紧固	10	未安装或安装错误扣10分，未紧固扣5分				
4	阀门组装	压兰紧固	10	压兰两侧螺丝紧固程度不一致扣5分，压兰上偏扣5分				
		阀杆检查	6	未检查扣6分，阀杆轻易转动扣6分				
		铭牌检查	6	未检查扣6分，丢失阀门铭牌扣6分				
5	清理现场	使用工具		工具使用错误一次从总分中扣2分			—	
		清理现场		未清理从总分中扣5分			—	
6	安全及其他	按国家或企业有关安全规定执行操作		违规一次从总分中扣5分；严重违规停止操作			—	
		在规定时间内完成		超时停止操作			—	
		合　计	100					

试题15：U形管的冷弯配置(实际操作)

（考核时间：25min）

序号	考核内容	考核要点	配分	评分标准	检测结果	扣分	得分	备注
1	准备工作	穿戴劳保用品规范	3	穿戴不规范扣3分				
		准备工具、用具	1	未准备扣1分				
		检查锯弓	4	未检查扣4分				
		安装锯条	4	安装错误扣4分				
2	制作缓冲弯	表管校直、清理	4	未校直扣2分，未清理扣2分				
		估算需要管路长度	8	剩余废料≤5cm，估算错误扣8分				
		锯表管	8	使用工具不当扣4分，锯口歪斜扣4分				
		划线	8	未划线或方法错误扣8分				

续表

序号	考核内容	考核要点	配分	评分标准	检测结果	扣分	得分	备注
		固定表管	6	表管未固定扣6分				
		冷弯表管	12	未正确使用弯管器扣6分，未正确使用台钳扣6分				
		锯除多余废料	6	未锯除扣6分				
		接口处理	10	未打磨扣10分，接口不平整扣6分				
3	确认尺寸	考评员对尺寸进行确认	9	尺寸误差超过2mm每次扣3分				
			6	椭圆度≤10％超差扣6分				
			6	表管平行程度每点3分				
			5	表管不在同一平面扣5分				
4	清理现场	使用工具		工具使用不正确一次从总分中扣5分			—	
		清理现场		未清理从总分中扣5分			—	
5	安全及其他	按国家或企业有关安全规定执行操作		违规一次从总分中扣5分；严重违规停止操作			—	
		在规定时间内完成		超时停止操作			—	
		合　计	100					

试题16：根据图纸盘间电缆接线（实际操作）

（考核时间：40min）

序号	考核内容	考核要点	配分	评分标准	检测结果	扣分	得分	备注
1	准备工作	穿戴劳保用品规范	3	穿戴不规范扣3分				
		准备工具、用具	6	未准备扣6分，少一件扣1分				
2	制作电缆接头	电缆进端子排一端应作电缆头	8	未作电缆头扣8分				
		电缆头应均匀平滑呈菱形或椭圆形	6	形状不符合标准扣6分				
		电缆头应包裹紧密	5	电缆头包裹松散扣5分				
		电缆头应绑接牢固	6	未绑或捆绑松动扣6分				
3	接线	所有接线不应有伤痕	8	接线有伤痕扣8分				
		汇线槽外的布线不能有交叉	8	布线有交叉扣8分				

续表

序号	考核内容	考核要点	配分	评分标准	检测结果	扣分	得分	备注
		接线必须紧固	5	接线松动扣5分				
		接线不可压接线外皮	5	有压接外皮现象扣5分				
		接线不可有金属芯裸露	10	芯线一处裸露扣1分				
		信号方头方向为由下至上	5	方向一处错误扣1分				
		信号方头字面朝外	5	方向一处错误扣1分				
		端子排接线必须有缓冲弯	5	一处错误扣1分				
		短路线应环在汇线槽外	5	一处错误扣1分				
		电缆接线应与图纸相符	10	一处不符扣2分				
4	清理现场	使用工具		工具使用错误一次从总分中扣2分			—	
		清理现场		未清理现场从总分中扣5分			—	
5	安全及其他	按国家或企业有关安全规定执行操作		违规一次从总分中扣5分；严重违规停止操作			—	
		在规定时间内完成		超时停止操作			—	
		合　计	100					

试题17：根据图纸盘内布线接线（实际操作）

（考核时间：40min）

序号	考核内容	考核要点	配分	评分标准	检测结果	扣分	得分	备注
1	准备工作	穿戴劳保用品规范	3	穿戴不规范扣3分				
		准备工具、用具	5	未准备扣5分，少一件扣1分				
2	接线	所有接线不应有伤痕	10	如接线有伤痕扣10分				
		汇线槽外的布线不能有交叉	6	布线有交叉扣6分				
		接线必须紧固	6	接线松动扣4分				
		接线不可压接线外皮	6	有压接外皮现象扣4分				
		接线不可有金属芯裸露	4	有金属芯裸露扣4分				
		所有接线都应有信号方头	10	缺一个信号方头扣10分				
		垂直接线信号方头方向为由下至上	5	一处方向错误扣1分				
		水平接线信号方头方向为由左至右	5	一处方向错误扣1分				

续表

序号	考核内容	考核要点	配分	评分标准	检测结果	扣分	得分	备注
		信号方头字面朝外	5	一处方向错误扣1分				
		端子排接线必须有缓冲弯	5	没有缓冲弯扣5分				
		短路线应环在汇线槽外	5	短路线不符要求扣5分				
		所有接线应与图纸相符	10	一处不符扣2分				
		盘内指示灯接线作带弧度直角	5	未按要求接线扣5分				
		盘内设备扣损坏	10	设备损坏扣10分				
3	清理现场	使用工具		工具使用错误一次从总分中扣2分			—	
		清理现场		未清理现场从总分中扣5分			—	
4	安全及其他	按国家或企业有关安全规定执行操作		违规一次从总分中扣5分；严重违规停止操作			—	
		在规定时间内完成		超时停止操作			—	
	合　计		100					

试题18：仪表短管的手工锯割(实际操作)

（考核时间：40min）

序号	考核内容	考核要点	配分	评分标准	检测结果	扣分	得分	备注
1	准备工作	穿戴劳保用品规范	3	穿戴不规范扣3分				
		检查锯弓	3	未检查扣3分				
		检查锯条	3	未检查扣3分				
		安装锯条	5	安装错误扣5分				
		检查台虎钳	3	未检查扣3分				
		检查仪表管直度	5	未检查扣5分				
2	锯割下料	测量仪表管长度尺寸	4	卷尺使用错误扣4分				
		按要求划线、确认切割位置	10	未化线扣10分，划线错误一处扣2分				
		固定仪表管	12	未用台虎钳固定扣12分，固定不牢固一次扣3分				
		锯割仪表管	16	锯口不平齐一个扣4分				
		手锯操作	8	手锯操作错误扣4分，锯条断一次扣4分				
		锉平锯口	16	未操作此项扣16分，未锉平管口一次扣2分，管口不光滑有毛刺一个扣2分				

续表

序号	考核内容	考核要点	配分	评分标准	检测结果	扣分	得分	备注
3	验证尺寸	验证仪表管长度	12	任意一个仪表管尺寸误差≥±2mm扣12分，尺寸误差>±1mm一个扣3分				
4	清理现场	使用工具		工具使用不正确一次从总分中扣2分			—	
		清理现场		未清理现场从总分中扣5分			—	
5	安全及其他	按国家或企业有关安全规定执行操作		违规一次从总分中扣5分；严重违规停止操作			—	
		在规定时间内完成		超时停止操作			—	
	合　计		100					

试题19：平面的锉削（技能笔试）

（操作时间：30min）

序号	考核内容	考核要点	配分	评分标准	检测结果	扣分	得分	备注
1	准备工作	穿戴劳保用品规范	3	穿戴不规范扣3分				
		检查锯弓	4	未答该项扣4分				
		检查锯条	4	回答错误扣4分				
		安装锯条	4	未答该项扣4分				
		检查台虎钳	4	未答该项扣4分				
2	锉削工件	将工件牢固的夹持在虎钳上	7	未答该项扣7分				
		按要求尺寸在工件上划线，划线清晰	12	未答该项扣12分				
		按划线锉削平面	15	未答划线锉削扣15分，回答锉削方法、姿势、动作要领不正确一次扣3分，未答清理锉刀扣4分				
		按划线锉削端面	15	未答划线锉削扣15分，回答锉削方法、姿势、动作要领不正确一次扣3分，未答清理锉刀扣4分				
		精修工件	8	未答精修工件扣8分				

续表

序号	考核内容	考核要点	配分	评分标准	检测结果	扣分	得分	备注
3	验证	验证平行度	6	未答验证平行度一处扣2分				
		验证平面度	6	未答验证平面度一处扣2分				
		验证粗糙度	6	未答验证粗糙度一处扣2分				
		验证公差	6	未答验证公差一处扣2分				
4	清理现场	使用工具		工具使用不正确一次从总分中扣2分			—	
		清理现场		未清理现场从总分中扣5分			—	
5	安全及其他	按国家或企业有关安全规定执行操作		违规一次从总分中扣5分；严重违规停止操作			—	
		在规定时间内完成		超时停止笔试			—	
合　计			100					

第四部分

技师/高级技师

一、石油石化职业资格等级标准（技师工作要求）

职业功能	工作内容	技能要求	相关知识
一、测量与绘识	（一）绘图	能绘制热控系统图、热工调节系统组成图	热工控制系统特点、热工调节系统的特点
	（二）识图	能读识热力设备布置图	热力系统设备图例标准
二、校验调整	调整设备	1. 能设定和整定变频器参数 2. 能进行模拟量控制系统的开环试验和静态参数整定操作 3. 能对 DCS 系统、DEH 系统 I/O 通道进行调试和参数调整 4. 能调整 TSI 模件参数 5. 能调试电动执行机构	1. 变频器参数的设定、整定方法 2. 热工自动调节系统的特点与调试方法 3. DCS 系统、DEH 系统特点与调试方法 4. TSI 系统特点与调整方法 5. 电动执行机构的调试方法 6. 计算机应用技术
三、维护更换安装	维护设备	1. 能维护可编程控制器系统 2. 能维护锅炉、汽轮机主保护系统 3. 能维护 DCS、DEH 控制系统 4. 能修理特殊仪表和执行机构	1. 可编程控制器模块特点 2. 发电厂机炉主要保护系统特点 3. DCS、DEH 系统结构特性 4. 特殊仪表的性能、执行机构的特点
四、分析处理故障	（一）分析故障	1. 能分析热工仪表在运行中产生误差的原因 2. 能分析热工自动调节设备在运行中产生的疑难问题 3. 能分析程控保护系统产生故障的原因 4. 能分析 DCS 系统、DEH 系统故障现象 5. 能分析化学分析仪表故障原因	1. 热工测量仪表的性能 2. 热工自动调节系统与设备故障现象与分析方法 3. 程控保护系统故障现象 4. DCS 系统、DEH 系统故障现象与分析方法 5. 化学分析仪表故障现象与分析方法
	（二）处理故障	1. 能处理热工仪表在运行中产生的故障 2. 能解决 DCS 系统故障 3. 能解决 DEH 系统故障 4. 能解决各类执行器故障 5. 能解决调节回路故障 6. 能处理化学分析仪表故障	1. 热工仪表故障的处理方法 2. DCS 故障的处理方法 3. DEH 故障的处理方法 4. 执行机构故障处理方法 5. 调节回路的故障处理方法 6. 化学分析仪表故障处理技术
五、钳工技术	钳工操作	1. 能进行攻丝、套丝操作 2. 能进行仪表阀门研磨操作	1. 攻丝、套丝的概念和操作方法 2. 研磨的方法与要求
六、培训	培训与指导	1. 能撰写技术论文 2. 能培训初、中、高级操作人员 3. 能传授特有的操作经验和技能	1. 技术论文的撰写方法 2. 教案编写方法
七、管理	（一）质量管理	1. 能组织 QC 小组开展质量攻关活动 2. 能按质量管理体系要求指导生产	1. 全面质量管理方法 2. 质量管理体系运行要求
	（二）生产管理	1. 能制定安全措施 2. 能组织、指导班组进行生产活动分析 3. 能撰写出一般设备事故的分析报告	1. 一般性的生产施工设计方法 2. 一般性的生产施工的方法 3. 事故分析报告的写作方法
	（三）技术管理	1. 能编写检修计划 2. 能编写热工设备检修规程 3. 能撰写技术总结	1. 生产计划编写方法 2. 检修规程编写方法 3. 技术总结撰写方法

二、石油石化职业资格等级标准(高级技师工作要求)

职业功能	工作内容	技能要求	相关知识
一、测量与绘识	(一)绘图	能绘制机组逻辑保护图，控制装置接线图	热工程控保护系统、自动控制系统的主要类别与特点
	(二)识图	1. 能读识机组工艺系统流程图和热力设备工艺流程图、热工测点布置图 2. 能读识DCS中的燃烧器管理(BMS)，顺序控制(SCS)，协调控制(CCS)和数据采集(DAS)计算机组态图 3. 能读识控制原理图、逻辑图	1. 热力系统及设备图例标准 2. BMS系统原理，SCS原理、CCS控制原理 3. 控制原理图、逻辑图读识方法
二、校验调整	调整设备	1. 能进行主机保护、联锁保护试验 2. 能使用计算机应用软件 3. 能进行串级控制系统调试操作 4. 能整定单元机组主控制系统运行参数	1. 热工程控保护系统的调试方法 2. 计算机应用软件的使用方法 3. 自动调节系统的调试方法 4. 自动控制设备的调试方法
三、维护更换安装	维护设备	1. 能投运调节系统 2. 能验收新安装的自动调节系统 3. 能检修顺控系统和保护设备	1. 自动调节和控制系统投运条件与设备性能 2. 自动调节系统的验收项目 3. 顺控和保护设备的检修方法
四、分析处理故障	(一)分析故障	1. 能分析PLC故障原因 2. 能分析变频器故障原因 3. 能对控制系统可能出现的问题提出分析改进报告 4. 能分析热工保护装置故障原因 5. 能分析计算机系统出现的故障原因	1. PLC控制系统和设备性能特点 2. 变频器故障现象与分析方法 3. 热工控制系统的优化与分析方法 4. 热工保护系统特点与设备性能分析 5. 计算机系统故障分析方法
	(二)处理故障	1. 能处理PLC故障 2. 能处理变频器故障 3. 能处理热工保护装置故障 4. 能处理计算机故障	1. PLC故障处理方法 2. 变频器故障的处理方法 3. 热工保护系统故障处理方法 4. 计算机故障的处理方法
五、钳工技术	(一)材料识别	能识别金属材料类型	金属材料的分类与特点
	(二)钳工操作	1. 能制作仪表取压管路 2. 能进行锉削、锯削操作	1. 仪表管路的制作要求 2. 锉削、锯削的概念与操作方法
六、培训	培训与指导	1. 能讲授本工种知识，能制订本工种培训班教学计划 2. 能安排教学内容，选择适当的教学方法	培训计划的编写方法
七、管理	(一)质量管理	能提出提高产品质量的改进方案并组织实施	质量管理体系特点
	(二)生产管理	1. 能组织实施节能降耗措施 2. 能进行生产施工设计 3. 能组织实施一般性的生产施工	1. 经济活动分析方法 2. 生产施工设计方法 3. 生产施工的方法
	(三)技术管理	1. 能编写技术改造方案 2. 能编写各类生产方案	1. 技术改造方案编写方法 2. 生产方案的编写方法

三、理论知识鉴定要素细目表

鉴定范围						鉴定点		
一级		二级		三级		代码	名称	重要程度
代码	名称	代码	名称	代码	名称			
A	基本要求	A	基础知识	A	安全质量环保	001	ISO 9000 族标准质量管理审核的依据	Y
						002	ISO 9002 质量管理系列标准	X
						003	火灾事故的预防措施	X
				B	电工、电子学基础知识	001	振荡电路的特点	X
						002	逻辑电路的基础知识	X
						003	线性电容的伏安特性	X
						004	线性电感的伏安特性	X
						005	集成运算放大电路的线性应用特点	X
						006	集成运算放大电路的非线性应用特点	Y
						007	集成逻辑电路的基础知识	X
						008	晶闸管的特点	X
						009	晶闸管的伏安特性	X
						010	晶闸电路的特点	X
						011	单相晶闸管整流电路特点	X
						012	三相晶闸管整流电路特点	X
						013	带感性负载时的晶闸管整流电路	X
						014	A/D 转换原理	X
						015	D/A 转换原理	X
				C	工器具的使用与维护方法	001	锉刀的种类	X
						002	百分表的使用方法	X
						003	塞尺的使用方法	X
						004	螺纹规的种类	X
						005	信号发生器的原理	X
						006	砂轮的使用注意事项	Y
						007	使用锉刀的注意事项	Y
B	相关知识	A	校验调整	A	调整设备	001	调节对象的动态特性	X
						002	调节系统的稳定性	X
						003	调节系统的幅相频率特性	X
						004	调节系统的对数频率特性	X
						005	比例积分(PI)调节器的特性	X
						006	比例微分(PD)调节器的特性	X

续表

鉴定范围						鉴定点		
一级		二级		三级		代码	名　称	重要程度
代码	名　称	代码	名　称	代码	名　称			
						007	调节系统的工程整定法	X
						008	DCS 控制系统的特点	X
						009	DCS 控制系统的组态方法	X
						010	网络通信模拟信号的调制方式	X
						011	DCS 控制系统现场总线的特性	X
						012	DKJ 系列电动执行器的调试方法	X
						013	罗托克 IQ 系列电动执行器的调试方法	X
						014	SIPOS 系列电动执行器的调试方法	X
						015	汽温自动调节系统的特性	X
						016	串级三冲量给水自动调节系统的特性	X
						017	协调自动调节系统的控制方式	X
						018	自动发电控制系统(AGC)的实现条件	X
						019	上海新华系列 DEH 系统的组态方法	X
						020	变频器主电路功能	X
						021	变频器变频也变压的实施方法	X
						022	变频器的频率设定方法	X
						023	改善变频器功率因数的方法	Y
						024	变频器的保护功能	X
						025	变频器的显示功能	X
						026	变频器的预置功能	X
						027	变频调速拖动系统的设计方法	Y
						028	特殊电动机的变频调速方法	Z
						029	变频器的降速制动方法	X
						030	ETS 的可靠性设计原则	X
						031	ETS 的冗余设计	Z
						032	锅炉水位保护的应用特点	X
						033	锅炉水位保护的设计原则	X
						034	保护系统配制基本原则	X
						035	保护信号处理要求	X
						036	联锁顺控的设计优化原则	X
						037	火焰检测器可靠性分析要点	X
						038	FSSS 控制装置的可靠性分析要点	X

续表

鉴定范围						鉴定点		
一级		二级		三级		代码	名称	重要程度
代码	名称	代码	名称	代码	名称			
						039	灭火保护逻辑可靠性分析要点	X
						040	TSI 调试方法	X
						041	RB 联锁保护分析方法	Z
						042	注册表基础	X
						043	注册表结构	X
						044	Windows 2000 系统注册表的基本设置方法	Y
						045	Word 2000 高级应用	X
						046	Excel 2000 高级应用	X
						047	PowerPoint 2000 高级应用	X
						048	多媒体信息处理技术	Y
						049	AutoCAD 制图方法	X
						050	AutoCAD 三维实体基本知识	Y
		B	维护更换安装	A	维护设备	001	计算机网络通讯协议特点	X
						002	计算机网络设备	X
						003	计算机病毒常识	Z
						004	PLC 功能指令	X
						005	PLC 联网通信	X
						006	PLC 应用系统设计特点	X
						007	标准节流装置的应用原则	X
						008	标准孔板的技术要求	X
						009	标准喷嘴的技术要求	X
						010	角接取压装置的技术指标	X
						011	标准节流装置管道条件	X
						012	标准孔板的安装注意事项	X
						013	标准节流装置的流动公式	X
						014	ICS 系列电子皮带秤的运行要求	X
						015	HART 协议的通信方式	Y
						016	仪表系统的防冻措施	X
						017	仪表系统的防护措施	X
						018	DCS 系统的体系结构	X
						019	DEH 系统 DPU 的特性	X
						020	前馈—反馈复合控制系统的调节规律	Y
						021	比值控制原理	X
						022	气动单元组合仪表的调节单元	X

续表

鉴定范围						鉴定点		
一级		二级		三级		代码	名称	重要程度
代码	名称	代码	名称	代码	名称			
		C	分析处理故障	A	分析故障	001	弹簧管压力表的现场故障分析方法	X
						002	热电偶测温系统的故障现象	X
						003	热电偶测温系统的故障原因分析	X
						004	热电阻测温系统的故障现象	X
						005	热电阻测温系统的故障原因分析	X
						006	气动执行机构的故障原因	X
						007	电子皮带秤的故障分析	Z
						008	差压流量变送器的故障现象	X
						009	差压水位变送器的故障现象	X
						010	保护系统的拒动现象	X
						011	保护系统的误动现象	X
						012	程控保护系统故障分析方法	X
						013	DCS 控制系统故障现象	X
						014	DCS 控制系统故障原因	X
						015	DEH 控制系统故障现象	X
						016	DEH 控制系统故障原因	X
						017	DKJ 系列电动执行器故障的原因	X
						018	变频器的抗干扰措施	Y
						019	变频器故障原因	X
						020	富士通用变频器故障代码的含义	X
						021	DCS 控制系统通信网络拓扑结构的特点	Y
						022	工业 pH 计的常见故障分析	X
						023	工业电导率仪的常见故障分析	X
				B	处理故障	001	测温系统的故障处理方法	X
						002	上海新华系列 DEH 控制系统故障处理方法	X
						003	SIPOS 系列电动执行器故障的处理方法	X
						004	DCS 系统画面数据异常的检查方法	X
						005	变频器起动过程中应采取的措施	X
						006	变频器的过电流保护功能	X
						007	变频器的承载特性	Y
						008	自动调节回路故障处理方法	X
						009	氧量测量系统的故障处理	X
						010	汽轮机振动大(热工侧)的故障消除方法	X
						011	阀门泄漏处理方法	X
						012	操作员站突然死机的处理方法	X

续表

鉴定范围						鉴定点		
一级		二级		三级		代码	名称	重要程度
代码	名称	代码	名称	代码	名称			
		D	钳工技术	A	钳工操作	001	攻丝的注意事项	X
						002	攻丝的应用要点	X
						003	丝锥的种类	X
						004	研磨工具	X
						005	研磨材料的使用	X
						006	孔加工的方法	X
						007	钻孔的加工过程	X
						008	钻孔时的注意事项	Y
						009	钻削的加工工艺	X
				B	材料识别	001	钢的种类	X
						002	钢的性能	X
						003	钢号的意义	X
		E	培训与指导	A	培训指导	001	培训教学的基本要求	X
						002	培训计划的编写要求	X
						003	培训教案编写的要求	X
						004	培训教学的组织实施	X
						005	评估培训效果的意义	X
		F	综合管理	A	质量管理	001	ISO 9000 质量管理体系基础的内容	X
						002	ISO 9000 族标准的核心标准	X
						003	ISO 9000 族标准“质量”的意义	X
						004	ISO 9001 标准的八项管理原则	X
				B	生产管理	001	班组管理的内容	X
						002	班组的岗位职责	X
						003	班组的经济管理	X
						004	生产管理	X
						005	生产技术管理	X
						006	现场的管理措施	X
						007	设备的维护管理	X
						008	设备缺陷的管理	X
				C	技术管理	001	机组检修的报告	X
						002	检修方案的主要内容	X
						003	技术论文编写的基本要素	X
						004	技术改造的基本要素	X

四、理论知识试题

判断题

1. ISO 9000 质量保证模式的标准可以作为质量审核的依据。 (√)

2. ISO 9002 质量体系是设计生产和试验的质量保证模式。 (×)

正确答案： ISO 9002 质量体系是生产和安装的质量保证模式。

3. 检查氢系统是否漏气时应用肥皂水，不准用火。 (√)

4. 油罐区可以不设接地装置，但必须有避雷装置。 (×)

正确答案： 油罐区必须有避雷装置和接地装置。

5. 电感三点式振荡器的振荡频率比电容三点式振荡器高。 (×)

正确答案： 电感三点式振荡器的振荡频率比电容三点式振荡器低。

6. 逻辑电路中的"与"门和"或"门是相对的，即正"与"门就是负"或"门，正"或"门就是负"与"门。 (√)

7. 在电路中，当电容两端电压不随时间变化而为一恒定值时，电容电流为任意值。 (×)

正确答案： 在电路中，当电容两端电压不随时间变化而为一恒定值时，电容电流为零。

8. 非正弦波信号发生器，是集成运算放大电路非线性应用之一。 (√)

9. 晶闸管维持电流的大小和结温有关，结温越高，维持电流越大。 (×)

正确答案： 晶闸管维持电流的大小和结温有关，结温越高，维持电流越小

10. 晶闸管桥式整流电路可分为半控与全控两种。 (√)

11. 三相桥式全控整流一般不用于有源逆变负载或要求可逆调速的中、大容量直流电动机负载。 (×)

正确答案： 三相桥式全控整流一般用于有源逆变负载或要求可逆调速的中、大容量直流电动机负载。

12. 采样保持电路是 A/D 转换的一个中间环节，它的输出是一系列宽度不等的阶梯脉冲。 (×)

正确答案： 采样保持电路是 A/D 转换的一个中间环节，它的输出是一系列等宽度的阶梯脉冲。

13. A/D 转换的目的是把在时间上连续变化数字量转换为模拟量。 (×)

正确答案： A/D 转换的目的是把在时间上连续变化模拟量转换为数字量。

14. 能将数字量转换为模拟量的电路称为模数转换器。 (×)

正确答案： 能将数字量转换为模拟量的电路称为数模转换器。

15. 普通锉刀按断面形状可分为粗、中、细三种。 (×)

正确答案： 普通锉刀按锉齿粗细可分为粗、中、细三种。

16. 双锉纹的锉刀，其面锉纹和底锉纹的方向和角度是一样的。 (×)

正确答案： 双锉纹的锉刀，其面锉纹和底锉纹的方向和角度不一样。

17. 楔型塞尺测量方便、快捷，将塞尺置于被测间隙或孔径即可读数。 (√)

18. 楔型塞尺是汽轮机通流间隙校调的必备专用测量工具。 (×)

正确答案： 喷嘴异型塞尺是汽轮机通流间隙校调的必备专用测量工具。

19. 螺纹通规模拟被测螺纹的最大实体牙型，检验顶径实际尺寸是否超过其最大实体

尺寸。 (×)

正确答案：螺纹通规模拟被测螺纹的最大实体牙型，检验底径实际尺寸是否超过其最大实体尺寸。

20. 任意波形发生器是信号源的一种。 (✓)

21. 数字信号源可以克服数字电路与模拟电路之间的干扰。 (×)

正确答案：数字信号源难以有效克服数字电路与模拟电路之间的干扰。

22. 使用手提砂轮机时应先作安全检查。 (✓)

23. 砂轮无需装用钢板制成的防护罩。 (×)

正确答案：砂轮必须装有钢板制成的防护罩。

24. 砂轮无需装用钢板制成的防护罩。 (×)

正确答案：砂轮必须装有钢板制成的防护罩。

25. 锉刀是工具中比较硬的一种，可兼作敲打工具用。 (×)

正确答案：锉刀是工具中比较硬的一种，但不可以作敲打用，只可以锉销。

26. 锉销加工的速度必须配合锉刀的长度，锉刀愈长，锉销速度愈慢。 (✓)

27. 调节对象的动态特性与负荷有关，所以试验应分别在最小负荷和最大负荷两种工况下进行。 (×)

正确答案：调节对象的动态特性与负荷有关，所以试验应分别在最小负荷和最大负荷以及中间负荷三种工况下进行。

28. 调节对象是调节系统中的一个环节，不同的调节对象需要采用不同的调节系统。(✓)

29. 稳定的调节过程只有衰减振荡一种。 (×)

正确答案：稳定的调节过程有衰减振荡和非周期过程两种。

30. 自动调节系统的稳定性是指在扰动消失后，系统由初始不平衡状态能否重新回到原平衡状态或给定的新平衡状态的动态性质。 (✓)

31. 幅频特性和相频特性通常可用曲线来表示，这两条曲线分别能够完整地表示出该系统环节的频率特性。 (×)

正确答案：幅频特性和相频特性通常可用曲线来表示，这两条曲线联合起来才能够完整地表示出该系统环节的频率特性。

32. 频率响应特性是表示系统动态特性的一种方式，它与传递函数之间有着必然的联系。 (✓)

33. 比例积分(PI)调节器的比例系数为零时，系统容易产生过调现象。 (✓)

34. 如果比例微分(PD)调节器中的微分时间设置为零，该调节器的微分作用为最强。 (×)

正确答案：如果比例微分(PD)调节器中的微分时间设置为零，该调节器不具备微分作用。

35. DCS 控制系统具有系统结构网络化、控制功能集中化、功能软件模块化等特点。 (×)

正确答案：DCS 控制系统具有系统结构网络化、控制功能分散化、功能软件模块化等特点。

36. 在 DCS 控制系统中，系统各种控制方案的实现是由软件来完成的，而控制软件的生成是通过功能软件的“组态”来实现的。 (✓)

37. DCS 控制系统的数据库组态，一般是通过专用软件进行。 (✓)

38. DCS控制系统的组态，通常需要经过实际应用测试过程，以此来发现组态中的语法错误。(×)

正确答案： DCS控制系统的组态，通常需要经过编译过程，以此来发现组态中的语法错误。

39. 在DCS控制系统的网络通信中，当数字数据要用模拟信号传输时，首先必须将脉冲信号变换成一定频率范围的数字信号。(×)

正确答案： 在DCS控制系统的网络通信中，当数字数据要用模拟信号传输时，首先必须将脉冲信号变换成一定频率范围的模拟信号。

40. 在DCS控制系统的网络通信中，将数字数据从加载的载波信号上取出的过程称为信号的解调。(√)

41. DCS控制系统现场总线装置的组态，都是在DCS系统的操作员站上进行。(×)

正确答案： DCS控制系统现场总线装置的组态，不能在DCS系统的操作员站上进行。

42. DCS控制系统的现场总线中，一根双绞线可连接多台设备，从而减少了导线数量，降低了配线成本。(√)

43. 在DKJ型电动执行器的调试过程中，如果发现执行器有惰走现象，这时应该增大制动器气隙距离。(×)

正确答案： 在DKJ型电动执行器的调试过程中，如果发现执行器有惰走现象，这时应该减小制动器气隙距离。

44. 在DKJ型电动执行器的调试过程中，如果输出轴向阀门全开方向旋转，开始时输出毫安表指针向负方向偏转，说明有"假零点"。(√)

45. 在罗托克IQ系列电动执行器的调试过程中，如果要设定执行器的开关扭矩值的大小，则需要用设定遥控器对LO及LC两项进行分别更改。(×)

正确答案： 在罗托克IQ系列电动执行器的调试过程中，如果要设定执行器的开关扭矩值的大小，则需要用设定遥控器对TO及TC两项进行分别更改。

46. 在罗托克IQ系列电动执行器的调试过程中，如果要让显示器返回到阀位指示状态，最简便的方法是同时按下遥控器中两个带箭头的键。(√)

47. 在对SIPOS系列电动执行器进行调试的时候，如果我们要选择其关断模式为力矩关断，那么我们在程序中的选项为"travel - dependent"。(×)

正确答案： 在对SIPOS系列电动执行器进行调试的时候，如果我们要选择其关断模式为力矩关断，那么我们在程序中的选项为"torque - dependent"。

48. 在对SIPOS系列电动执行器进行调试的时候，如果此时执行器处于"local"状态，则只能对其进行就地操作，而无法实现远方控制。(√)

49. 在主汽温自动调节系统的特性中，采用分段调节的主汽温自动调节系统，适用于各种形式的过热器。(×)

正确答案： 在主汽温自动调节系统的特性中，采用分段调节的主汽温自动调节系统，适用于纯对流形式的过热器。

50. 串级三冲量给水自动调节系统的主回路能够迅速调节给水流量，以保持其与蒸汽流量的平衡。(×)

正确答案： 串级三冲量给水自动调节系统的副回路能够迅速调节给水流量，以保持其与蒸汽流量的平衡。

51. 串级三冲量给水自动调节系统的三冲量是指：汽包水位、给水流量、蒸汽流量。（√）

52. 按指令信号间接平衡的协调控制系统，属于以锅炉跟随控制方式为基础的协调控制系统。（×）

正确答案： 按指令信号间接平衡的协调控制系统，属于以汽机跟随控制方式为基础的协调控制系统。

53. 联合控制的协调控制方式，允许汽压有一定波动，以便能充分利用锅炉的蓄热量，使机组能够较快地适应电网的负荷要求。（√）

54. 实现 AGC 自动控制必须以网络通讯及其上层管理系统为基础。（×）

正确答案： 实现 AGC 自动控制必须以实时数据采集及其监控系统为基础。

55. 如果系统供电紧张，靠拉闸限电等被动手段来维持周波，是不可能实现 AGC 自动控制。（√）

56. 变频器的主电路中，直－交转换部分的续流二极管为有功电流返回交流电源时提供“通道”。（×）

正确答案： 变频器的主电路中，直－交转换部分的续流二极管为无功电流返回直流电源时提供“通道”。

57. 变频器的主电路中，直－交转换部分的每个逆变管旁还应接入缓冲电路，以减缓电压和电流的变化率。（√）

58. 变频器变频也变压的实施方法中，采用脉宽调制方法只需控制整流电路便可实现。（×）

正确答案： 变频器变频也变压的实施方法中，采用脉宽调制方法只需控制逆变电路便可实现。

59. 变频器变频也变压的实施方法中，如果采用正弦波脉宽调制方法，当正弦值为最大值时，脉冲的宽度也最大。（√）

60. 当负载惯性较大，而降速时间设定太长时，会引起变频器过流保护动作。（×）

正确答案： 当负载惯性较大，而降速时间设定太短时，会引起变频器过流保护动作。

61. 变频器欠电压保护动作是由于电源电压过低、电源缺相或者是变频器电路出现问题等原因造成的。（√）

62. 变频器的功能码是指表示各种功能所需设定的数据和代码。（×）

正确答案： 变频器的数据码是指表示各种功能所需设定的数据和代码。

63. 变频器的功能预置，根据拖动系统的惯性大小及对起、制动时间的要求来预置升、降速时间和方式。（√）

64. 设计变频调速拖动系统时要明确一点，对于时而运行时而停止的断续负载，必须要满足温升的要求，但是对过载能力要求不大。（×）

正确答案： 设计变频调速拖动系统时要明确一点，对于时而运行时而停止的断续负载，在满足温升方面要求的同时，还必须要有足够的过载能力。

65. 电动机的发热情况对于设计变频调速拖动系统来说，是十分重要的。（√）

66. 在变频器的降速制动特性中，再生电流大，泵生电压也大，反过来，泵生电压大了也使再生电流继续增大。（×）

正确答案： 在变频器的降速制动特性中，再生电流大，泵生电压也大，反过来，泵生电压大了将抑制再生电流，使其减小。

67. 一般情况下，变频器降速时间的设定范围都和升速时间的设定范围都不相同。（×）

正确答案： 一般情况下，变频器降速时间的设定范围都和升速时间的设定范围相同。

68. ETS 的电源冗余设计中，一路直流 220V，一路交流 220V 配置的优点是：能真正实现无扰切换。（×）

正确答案： ETS 的电源冗余设计中，两路均采用直流配置的优点是：能真正实现无扰切换。

69. ETS 的电源冗余设计中，可以采用一路直流 220V，一路交流 220V 的配置。（√）

70. 锅炉汽包水位保护在锅炉启动前和停炉前应进行实际传动校检。用上水方法进行高水位保护试验、用排污门放水的方法进行低水位保护试验，也可以用信号短接方法进行模拟传动替代。（×）

正确答案： 锅炉汽包水位保护在锅炉启动前和停炉前应进行实际传动校检。用上水方法进行高水位保护试验、用排污门放水的方法进行低水位保护试验，严禁用信号短接方法进行模拟传动替代。

71. 当在运行中无法判断汽包实际水位时，应紧急停炉。（√）

72. 汽包水位计水侧取样管孔位置应高于锅炉汽包水位停炉保护动作值点。（×）

正确答案： 汽包水位计水侧取样管孔位置应低于锅炉汽包水位停炉保护动作值点。

73. 冗余的 I/O 信号应通过相同的 I/O 模件引入。（×）

正确答案： 冗余的 I/O 信号应通过不同的 I/O 模件引入。

74. 在泵的启停顺序控制设计中，应遵循泵运行前先关泵下游阀门，等泵运行后再开泵下游阀的顺序设计。（√）

75. 在火焰检测中只需检测火焰的闪烁频率即可保证火焰检测器的可靠性。（×）

正确答案： 在火焰检测中既要检测火焰的亮度又要检测火焰的闪烁频率才能保证火焰检测器的可靠性.

76. 为进一步提高 FSSS 装置的可靠性，在信号配置时，一定仔细推敲尽力使卡件的分布与现场设备功能的分布相匹配，保护信号要选取独立节点模块.（√）

77. 锅炉的每一个燃烧器层均有一套独立控制的逻辑。即所谓“分层控制”方式，当某一层出现故障时会影响整个机组，这叫作“危险集中”。（×）

正确答案： 锅炉的每一个燃烧器层均有一套独立控制的逻辑。即所谓“分层控制”方式，当某一层出现故障时，不会影响整个机组，这叫作“危险分散”。

78. 用于灭火保护的信号接点要从源头取信号，不能中间转接或从其他系统通讯过来。（√）

79. SCS 控制系统在 RB 工况下作为 MCS 系统的执行级，调节并稳定机前压力。（×）

正确答案： DEH 控制系统在 RB 工况下作为 MCS 系统的执行级，调节并稳定机前压力。

80. RB 是当锅炉、汽轮机和发电机主体设备正常运行时，机组主要辅机设备发生故障，控制系统将机组负荷降至仍在运行辅机能够承担的负荷范围为止，保证机组继续运行的一种重要联锁保护功能。（√）

81. 创建新的键值项时，系统默认的名字是“新项#1”。（×）

正确答案：创建新的键值项时，系统默认的名字是“新值#1”。

82. 在Windows2000系统中，进入注册表编辑器的方法有两种。 (√)

83. 在Word文档，要想选定全文内容，按Alt+A组合键。 (×)

正确答案：在Word文档，要想选定全文内容，按Ctrl+A组合键。

84. 在Word中，域的用途是在文档中生成可变的动态信息。 (√)

85. 在Excel中，运算符按优先级由高到低排列的顺序是数学运算符、比较运算符、字符串运算符。 (×)

正确答案：在Excel中，运算符按优先级由高到低排列的顺序是数学运算符、字符串运算符、比较运算符。

86. 在一数据清单中，若单击任一单元格后选择“数据”/“排序”，Excel将自动把排序范围限定于整个清单。 (√)

87. 在计算机网络中，通常把提供并管理共享资源的计算机称为路由器。 (×)

正确答案：在计算机网络中，通常把提供并管理共享资源的计算机称为服务器。

88. 路由器有两大典型功能：数据通道功能和控制功能。 (√)

89. 数据通信主要采用串行通信和并行通信两种方式。 (√)

90. PLC应尽量采用独立接地方式，且接地电阻小于200Ω。 (×)

正确答案：PLC应尽量采用独立接地方式，且接地电阻小于100Ω。

91. 角接取压装置采用的环室，也就是单独钻孔取得节流件前后的差压。 (×)

正确答案：角接取压装置采用的夹紧环即单独钻孔取得节流件前后的差压。

92. 安装标准节流装置用的管道应该是直的，必须经过精细测量。 (×)

正确答案：安装标准节流装置用的管道应该是直的，它只需目测检验。

93. 节流装置应安装在两段有恒定截面积的圆形直管段之间。 (√)

94. 孔板直角入口边缘不锐利，则基本流量公式中的流量系数会变大。 (√)

95. 如果角接取压法正取压孔离孔板端面距离偏大，则基本流量公式中的流量系数会变小。 (×)

正确答案：如果孔板的厚度不足规定值时，则基本流量公式中的流量系数会变大。

96. ICS系列电子皮带秤在使用中荷重应尽量均匀。 (√)

97. ICS系列电子皮带秤在进行调零之前，必须保证空转10min以上。 (×)

正确答案：ICS系列皮带秤在进行调零之前，必须保证空转30min以上。

98. 冬季仪表伴热的蒸气量愈大愈好。 (×)

正确答案：冬季仪表伴热蒸气量应适当。

99. 对于沸点比较低的物料保温伴热过高，会出现汽化现象，引起输出振荡。 (√)

100. 仪表管路的防腐主要是在金属表面涂上油漆，它对周围的腐蚀介质起隔离作用。 (√)

101. 运行员操作站是运行员与DCS系统的人机接口设备，运行员可以通过它来监视和控制整个生产过程，并对生产过程的逻辑进行组态。 (×)

正确答案：运行员操作站是运行员与DCS系统的人机接口设备，运行员可以通过它来监视和控制整个生产过程，工程师站能够对生产过程的逻辑进行组态。

102. DCS系统可以分为过程控制级、过程管理级、生产管理级、经营管理级。 (√)

103. 在 DEH 系统中，分散控制器（DPU）能完成与过程接口、数据采集和过程控制等所有功能。（√）

104. 前馈反馈复合控制系统中，前馈补偿对于系统的稳定性没有影响。（√）

105. 工业生产上为保持两种以上物料的比值为一定的控制叫串级控制。（×）

正确答案：工业生产上为保持两种以上物料的比值为一定的控制叫比值控制。

106. 当检验气动单元组合仪表 PID 调节器的积分时间时，微分针阀应放在全关位置，比例度一般放在 100% 位置，也可放在其他位置。（×）

正确答案：当检验气动单元组合仪表 PID 调节器的积分时间时，微分针阀应放在全开位置，比例度一般放在 100% 位置，也可放在其他位置。

107. 气动单元组合仪表一般分为变送、调节、显示、计算、给定、转换和辅助单元。（√）

108. 如果热电偶冷端温度保持 20℃，则测温装置的温度指示值，是随热端温度变化而变化的。（×）

正确答案：如果热电偶冷端温度保持 0℃，则测温装置的温度指示值，是随热端温度变化而变化的。

109. 当热电阻有断路现象发生时，显示仪表会产生显示负值的现象。（×）

正确答案：当热电阻有断路现象发生时，显示仪表会产生显示无穷大的现象。

110. 气动执行机构操作不动的原因主要有：三断闭锁装置动作、切换阀损坏、气路漏气严重漏气以及阀门卡涩等。（√）

111. 如果输入电流信号低于额定最低值，将会导致气动执行机构的行程降低到零点以下。（×）

正确答案：如果输入电流信号低于额定最低值，将会导致气动执行机构发生自锁，从而操作不动，保持原位置不动。

112. 差压流量变送器膜盒冻坏则流量计指示不变或指示变化无规律。（√）

113. 温度对主汽流量变送器的测量没有影响。（×）

正确答案：温度对主汽流量变送器的测量有影响。

114. 当工艺参数达到动作定值时，保护系统没有产生动作即为拒动。（√）

115. 信号报警和联锁系统拒动比系统误动的危害更大。（√）

116. 保护误动是保护装置的一项保护功能。（×）

正确答案：保护误动不是保护装置的一项保护功能

117. 当工艺参数没有达到报警或动作定值时，保护系统产生动作即为误动作。（√）

118. PLC 故障不能导致程控系统停止工作。（×）

正确答案：PLC 故障将导致程控系统停止工作。

119. PLC 故障码能够准确地反映出自身故障原因和故障部件。（√）

120. 一旦有一块总线模件故障，则 DCS 系统件全部无法正常显示和操作。（×）

正确答案：如果有一块总线模件故障，DCS 系统的冗余总线模件将工作，DCS 系统仍可以正常显示和操作。

121. 如果 DCS 系统的总线模件故障造成数据通讯错误，绝对不能在线更换。（×）

正确答案：如果 DCS 系统的总线模件故障造成数据通讯错误，一般情况下不建议在线更换，但是如果安全措施得当，也可以在线更换。

122. 如果DCS系统某块I/O模件故障，会造成数据通讯错误，不会造成整个DCS系统的瘫痪。（√）

123. DEH控制系统的LVDT装置调整不当、伺服阀堵塞、输出指令开路、单侧DPU故障等，都会造成调速汽门操作不动。（×）

正确答案：DEH控制系统的LVDT装置调整不当、伺服阀堵塞、输出指令开路、双侧DPU故障等都会造成调速汽门操作不动。

124. 若DEH控制系统的调节参数设置不当，则在升速过程中，转速会在一定范围内有规则的摆动。（√）

125. 如果DEH控制系统的伺服阀接线开路，会造成调速汽门只能开到某一中间位置。（×）

正确答案：如果DEH控制系统的伺服阀堵塞，会造成调速汽门只能开到某一中间位置。

126. DEH控制系统在单阀控制时，阀门振荡，其原因是阀门进入非线性区，或是调节参数设置不当。（√）

127. DKJ系列电动执行器操作不动的故障原因有很多，主要为：操作线断路；分相电容损坏；电动机损坏；反馈装置损坏、制动器调整不当。（×）

正确答案：DKJ系列电动执行器操作不动的故障原因有很多，主要为：操作线断路；分相电容损坏；电动机损坏；制动器调整不当。

128. DKJ系列电动执行器阀位突然回零的原因有很多，主要为：反馈回路断线；反馈装置损坏；执行器电源消失。（√）

129. 在变频器电源输入侧，对于通过线路传播的干扰信号，可以串入一个电感，该电感在所有频率下均呈现出很高的阻抗，起到了有效的抑制干扰作用。（×）

正确答案：在变频器电源输入侧，对于通过线路传播的干扰信号，可以串入一个电感，该电感只有在较高频率下才呈现出很高的阻抗，起到了有效的抑制干扰作用。

130. 在变频器侧，对于通过辐射传播的干扰信号，主要通过吸收的方法来削弱。（√）

131. 变频器最高频率的预置值必须小于或等于上限频率和基本频率的预置值，否则会导致电动机不转。（×）

正确答案：变频器最高频率的预置值必须大于上限频率和基本频率的预置值，否则会导致电动机不转。

132. 变频器因欠电压而跳闸，其原因有：电源电压过低、电源断相、变频整流桥故障。（√）

133. 富士通用变频器的故障代码如果显示为"LU"其含义是欠电压故障。（√）

134. DCS控制系统通信网络拓扑结构中，星形结构的特点是：每一个节点都通过多条链路连接到一个中央节点上。（×）

正确答案：DCS控制系统通信网络拓扑结构中，星形结构的特点是：每一个节点都通过一条链路连接到一个中央节点上。

135. DCS控制系统通信网络拓扑结构中，环形结构的信息在环上只能按某一确定的方向传输。（√）

136. pH计测量时，如果响应缓慢主要的原因是被测溶液的置换缓慢，玻璃电极没有充分浸泡，玻璃电极被污染或盐桥被阻塞。（√）

137. 电极回路接触电阻阻值增大能引起仪表指示偏高的故障现象。 （×）

正确答案： 电极回路接触电阻阻值增大能引起仪表指示偏低的故障现象。

138. DEH 控制系统的 DPU，如果在线检查逻辑时，即使是挪动一下逻辑块的位置，也会造成副控 DPU 处于初始化状态。 （√）

139. 如果 SIPOS 系列电动执行器出现故障，并且显示窗内故障信息为“runtime error”，则应该检查最终控制元件是否运转灵活，提高设定力矩限幅值，并检查是否电位器故障或固定位置不当。 （√）

140. 如果 SIPOS 系列电动执行器出现故障，并且显示窗内故障信息为“highcurr. fault”，则应该检查主回路电源电压是否超过了允许的25%的范围。 （×）

正确答案： 如果 SIPOS 系列电动执行器出现故障，并且显示窗内故障信息为“highcurr. fault”，则应该检查主回路电源电压是否超过了允许的15%的范围。

141. 在变频器的起动设定中，其启动前制动电流的百分数是指直流制动电流与变频器额定电流之比。 （×）

正确答案： 在变频器的起动设定中，其启动前制动电流的百分数是指直流制动电流与电动机额定电流之比。

142. 变频器设定起动频率的原则是，在启动电流不超过允许值的前提下，以拖动系统能够顺利起动为宜。 （√）

143. 针对变频调速系统的调试，大体上应遵循“先空载，后重载”的一般规律。 （√）

144. “恒转矩”负载的特点是：负载转矩的大小仅仅取决于负载的轻重以及转速的大小。 （×）

正确答案： “恒转矩”负载的特点是：负载转矩的大小仅仅取决于负载的轻重，和转速大小无关。

145. 针对某一小容积单回路水位自动调节系统，如果水位波动大，应该增加微分调节规律。 （×）

正确答案： 针对某一小容积单回路水位自动调节系统，如果水位波动大，应该取消微分调节规律。

146. 如果自动调节回路发生由自动切至手动的现象，那么主要是检查：调节参数、调节回路等。 （√）

147. 氧化锆探头上炉后，未堵标气入口，会造成氧量偏低。 （×）

正确答案： 氧化锆探头上炉后，未堵标气入口，会造成氧量偏高。

148. 检查氧化锆氧量计故障时，用数字万用表 200Ω 挡测量加热炉阻值应为 55～75Ω，如果过大或开路探头须返厂家维修。 （√）

149. 为了不造成汽轮机振动保护故障，垂直测量和水平测量的传感器的型号应完全一样。 （×）

正确答案： 为了不造成汽轮机振动保护故障，垂直测量和水平测量的传感器的型号应该不一样。

150. 传感器的螺丝松动将造成振动偏大。 （√）

151. 现场安装的仪表阀门发生漏泄，应确认无压后，方可更换。 （√）

152. 现场安装的压力表阀门发生漏泄，则该压力表指示偏大。 （×）

正确答案：现场安装的压力表阀门发生漏泄，则该压力表指示偏小。

153. 操作员站突然死机后，重新启动工控软件时不需要输入密码。（×）

正确答案：操作员站突然死机后，重新启动工控软件时需要输入密码。

154. 操作员站突然死机后，应重点检查硬件和软件两大方面。（√）

155. M6 ~ M24 的丝锥一套有 1 支。（×）

正确答案：M6 ~ M24 的丝锥一套有 2 支。

156. 从丝锥的使用特点上分类，丝锥分手用丝锥、机用丝锥和管螺纹丝锥三种。（√）

157. 阀门的密封面缺陷深度超过 0.3mm 时，可采用车削的方法修复，一般是在车床上车一刀后再进行研磨。（√）

158. 用粘胶剂或其他粘接物把砂布粘贴在锥面研具上，粘贴时接头要对接或搭接。（×）

正确答案：用粘胶剂或其他粘接物把砂布粘贴在锥面研具上，粘贴时接头要对接。

159. 钢的化学成分为 C、Si、Mn、S、P、Fe。（√）

160. 优质钢的含硫量和含磷量控制在 0.02% 以下。（×）

正确答案：优质钢的含硫量和含磷量控制在 0.03% 以下。

161. 教师学历高低是影响培训效果的关键因素。（×）

正确答案：教师授课技巧的高低是影响培训效果的关键因素。

162. 在培训活动中，学员不仅是学习资料的摄取者，同时也是一种可以开发利用的宝贵的学习资源。（√）

163. 全面质量管理的 C 阶段为检查效果、发现问题阶段。（√）

164. ISO 9004：2000 标准是“指南”，可供组织作为内部审核的依据，也可用于认证合同目的。（×）

正确答案：ISO 9001：2000 标准是“指南”，可供组织作为内部审核的依据，也可用于认证合同目的。

165. ISO 9000 族标准中，质量仅指产品质量。（√）

166. 日常检查是指操作人员每天对设备进行的检查。（√）

167. 在设备评级管理中，三类设备是有重大缺陷的设备，不能保证安全、经济运行。（√）

168. 在设备缺陷管理中，二类设备缺陷指需要停止主要设备运行才能消除的设备缺陷。（√）

169. 检修方案包括检修任务的落实。（√）

170. 技术论文的标题是论文中心内容和观点的概括，必要时可以使用副标题，对正题加以补充。（√）

171. 技术改造申请的原则是各单位在调研、论证的基础上组织申报。（×）

正确答案：技术改造申请的原则是各单位应结合生产实际，在充分调研、论证的基础上组织申报。

172. 采用直流电抗器能够将变频器的功率因数提高到 0.95。（√）

173. MOV 指令不能指定 TC 作为传送目的通道。（√）

单选题

1. 在 ISO 9000 族标准中，可以作为质量管理体系审核的依据是(D)。

A. GB/T 19011　　B. GB/T 19000　　C. GB/T 19021　　D. GB/T 19001

2. 在 ISO 9000 族标准中质量体系审核的依据(C)。

A. 不包括 ISO 9001　B. 不包括 ISO 9002

C. 不包括 ISO 90014　D. 不包括 ISO 9003

3. 现场质量管理指的是(C)。

A. QC 小组　B. 检查组的工作

C. 生产一线的质量管理　D. 生产技术管理部门的管理

4. 阐明一个组织的质量方针并描述其质量体系的文件，称为(D)。

A. 质量计划　B. 质量评审　C. 质量评价　D. 质量手册

5. 汽轮机高压油大量漏油，引起火灾事故，应立即(B)。

A. 减负荷　B. 打闸停机

C. 增开油泵，提高油压　D. 降低轴承进油温度

6. 电路能形成自激振荡的主要原因是在电路中(B)。

A. 引入了负反馈　B. 引入了正反馈

C. 电感线圈起作用　D. 供电电压正常

7. 在正逻辑系统中，若要求“与”门输出高电平，则其输入端(A)。

A. 全为高电平　B. 全为低电平

C. 只要有一个高电平就行　D. 只要有一个低电平就行

8. 在正逻辑系统中，若要求“与”门输出低电平，则其输入端(D)。

A. 全为高电平　B. 必须全为低电平

C. 只要有一个高电平就行　D. 只要有一个低电平就行

9. 根据线性电容伏安关系式可知，如果任一时刻电容电流皆为有限值，则电容电压是(C)的。

A. 剧烈变化　B. 阶跃变化　C. 连续变化　D. 不变化

10. 根据线性电感伏安关系式可知，如果任一时刻电感电压皆为有限值，则电感电流是(C)的。

A. 断续变化　B. 阶跃变化　C. 连续变化　D. 不变化

11. 集成运算放大电路线性应用时，输出量与输入量呈(C)关系。

A. 非线性　B. 放大　C. 线性　D. 折线

12. 集成运算放大电路非线性应用的电路是(D)。

A. 信号变换电路　B. 加法运算电路　C. 比例运算电路　D. 电压比较器

13. 通态平均电压值是衡量晶闸管质量好坏的指标之一，其值(B)。

A. 越大越好　B. 越小越好

C. 适中为好　D. 视晶闸管类型决定

14. 在电阻性负载的单相全波晶闸管整流电路中每个管子承受的电压为(A)。

A. 最大正向电压为$\sqrt{2}U_2$，最大反向电压 $2\sqrt{2}U_2$

B. 最大正向电压为$\sqrt{3}U_2$，最大反向电压为$\sqrt{2}U_2$

C. 最大正向电压为 $2\sqrt{2}U_2$，最大反向电压$\sqrt{2}U_2$

D. 最大正向电压为 $2\sqrt{2}U_2$，最大反向电压 $2\sqrt{2}U_2$

15. 在电阻性负载单相半波晶闸管整流电路中，输出电压的平均值 U_d 的大小为(B)。

A. $U_d=0.45u_2$　B. $U_d=0.45u_2(1+\cos a)/2$

C. $U_d=0.9u_2$　D. $U_d=0.9u_2(1+\cos a)/2$

16. 要使晶闸管由通态转化为阻断状态的方法是(C)。

A. 门极对阴极加上适当的反向电压

B. 断开门极与阳极的电源

C. 使流过晶闸管的通态电流小于维持电流

D. 门极对阳极加上适当的正向电压

17. 晶闸管常用张弛振荡器作为触发电路，其张弛振荡器是指(B)电路。

A. 阻容移相触发电路　B. 单结晶体管触发电路

C. 正弦波触发电路　D. 锯齿波的触发器

18. 三相半波可控整流电路等电阻负载时，其触发脉冲控制角 α 的移相范围是(C)。

A. 120°　B. 180°　C. 150°　D. 90°

19. 带感性负载的可控整流电路加入续流二极管后，晶闸管的导通角比没有二极管前减小了，此时电路的功率因数(A)。

A. 提高了　B. 减小了　C. 并不变化　D. 微小变化

20. D/A 转换输出的模拟电压(或电流)与输入的二进制数码成(B)。

A. 反比　B. 正比　C. 比例　D. 线性

21. 锉刀共分 3 种，有普通型、特种锉、(C)。

A. 刀口锉　B. 菱形锉　C. 整形锉　D. 椭圆锉

22. 测量圆柱形工件时，测量杆要与工件的中心线成(D)角。

A. 30°　B. 45°　C. 60°　D. 90°

23. 喷嘴异型塞尺适用于测量汽轮机通流间隙，不仅测量数据正确，而且方便快捷，其精度(B)mm。

A. 0.05　B. 0.1　C. 0.15　D. 0.2

24. 公制螺纹塞规用(B)制成的高品质精度的螺纹塞规。

A. 优质合金钢　B. 高级合金钢　C. 合金钢　D. 铸铁

25. 在通用模拟式函数信号发生器中，是以(B)为基础经二极管所构成的正弦波整型电路产生正弦波，同时经由比较器的比较产生方波。

A. 方波产生电路　B. 三角波产生电路

C. 斜波产生电路　D. 正弦波产生电路

26. 砂轮机必须装有(B)制成的防护罩，其强度应保证砂轮破裂时挡住砂块。

A. 木质板　B. 钢板　C. 铁皮　D. 塑料板

27. 不允许用嘴吹工件上的铁屑，要用(C)清除。

A. 铁刷　B. 钢刷　C. 毛刷　D. 铜刷

28. 在调节对象动态特性测试中，扰动信号可以采用(D)信号。

A. 正弦脉冲或阶跃　B. 阶跃或谐波脉冲

C. 正弦脉冲　D. 矩形脉冲或阶跃

29. 在调节对象动态测试中，如果进行阶跃响应曲线的现场实验，扰动量应足够大，一般为额定负荷(C)。

A. 1% ~5%　　B. 5% ~30%　　C. 10% ~15%　　D. 15% ~30%

30. 调节系统的稳定程度可以用衰减率来表示，如果我们想获得一个稳定的调节曲线，则前提条件必须要保证(C)。

A. 衰减率 <0　　B. 衰减率 =0　　C. 0 < 衰减率 <1　　D. 衰减率 =1

31. 在调节系统阶跃响应曲线中，设 Y_1 为第一个波形的幅值，Y_3 为第三个波形的幅值，为了保证系统的稳定性，最理想的是 $Y_1:Y_3=$(A)。

A. 4:1 至 10:1　　B. 5:1 至 11:1　　C. 2:1 至 8:1　　D. 3:1 至 9:1

32. 当一个调节系统的动态特性可以由一个线性微分方程表示时，最简单的求取频率特性的方法是直接由系统的(A)求得。

A. 传递函数　　B. 阶跃曲线　　C. 频率幅值　　D. 脉冲曲线

33. 调节系统的对数频率特性曲线中，当环节的放大倍数改变时，幅频特性只需上下平行移动，则(D)。

A. 曲线形状压缩，相频特性不变　　B. 曲线形状不变，相频特性改变

C. 曲线形状改变，相频特性也发生改变　　D. 曲线形状不变，相频特性不变

34. 调节系统的对数频率特性中，在计算串联环节的频率特性时，把两个环节幅频特性的(A)就得到串联后的幅频特性。

A. 曲线叠加起来　　B. 传递函数相乘

C. 传递函数相除　　D. 传递函数相减

35. 比例积分(PI)调节器中，比例是主要的调节作用，积分只是用来消除(B)的一种辅助调节作用。

A. 阶跃扰动　　B. 稳态误差　　C. 输出死区　　D. 输入死区

36. 比例积分(PI)调节器中，如果积分时间设置成无穷大，则(C)。

A. 被调量基本与给定值相同　　B. 系统容易出现过调现象

C. 被调量有稳态误差　　D. 被调量无稳态误差

37. 采用比例微分(PD)调节器的调节系统，如果被调量的变化速度逐渐减小，微分调节作用(C)。

A. 不变　　B. 随之增大

C. 随之减小　　D. 先增强后减弱

38. 比例微分(PD)调节器中的微分调节作用，与(D)有关。

A. 被调量与给定值的偏差　　B. 被调量的动作方向

C. 系统中扰动量的大小　　D. 被调量的变化速度

39. 自动调节系统临界比例带法整定的要点是将调节器设成纯比例作用，将系统投入运行并将比例带由大到小改变，直到系统(A)为止。

A. 产生等幅振荡　　B. 产生发散振荡

C. 产生衰减振荡　　D. 稳态误差为零

40. DCS 控制系统的特点是：它的可靠性比较高，一个控制站(C)。

A. 控制很多的控制回路，属于集中控制

B. 控制很多的控制回路，但是属于分散控制

C. 控制少数几个控制回路

D. 控制一台机组的所有回路

41. DCS 控制系统控制算法的组态包括(B)工作。

A. 控制柜内安装接线
B. 电机操作回路设计
C. 报警画面设计
D. 操作画面设计

42. DCS 控制系统网络通信中，模拟信号的调制方式一般分为调幅、调频和(B)三种。

A. 调峰
B. 调相
C. 调压
D. 调波

43. DCS 控制系统现场总线(D)。

A. 一根双绞线只能连接一台设备
B. 无法实现多重通信
C. 采用的是双向模拟通信方式
D. 实现了多重通信

44. 在 DKJ 系列电动执行器的调试过程中，其制动器的气隙距离不应太大，应在(A) mm 以下，并保证制动盘旋转时，不碰罩盖。

A. 1
B. 2
C. 3
D. 4

45. 罗托克 IQ 系列电动执行器的调试过程中，我们在一级设定中可以设定(D)。

A. 紧急保护方向
B. 现场保持功能
C. 触点功能
D. 执行器开关扭矩值

46. 在 SIPOS 系列电动执行器的调试过程中，所有的程序调整必须要在(D) 状态下才能进行。

A. “Local”
B. “Remote”
C. “Local”或“Remote”
D. “Locpal”

47. 在主汽温自动调节系统中，为了有效降低负荷变化对汽温的影响，一般采用(A)信号作为前馈调节。

A. 蒸汽流量
B. 蒸汽温度
C. 减温水流量
D. 除氧器水位

48. 采用串级三冲量调节的主给水自动调节系统，其副调节器的输入信号为主调的输出和(A)信号，这样才能保证整个调节系统的稳定。

A. 主汽流量及给水流量
B. 给水流量及汽包水位
C. 汽包水位及汽包压力
D. 给水压力及给水流量

49. 对于采用串级三冲量的给水自动调节系统，其主调节器接受(D)信号，同时，主调的输出作为副调的给定值。

A. 给水流量
B. 蒸汽温度
C. 蒸汽流量
D. 汽包水位

50. 协调控制系统如果采用汽机跟随控制方式，则汽机调节器和锅炉调节器分别对应(B) 信号进行控制。

A. 功率和机前压力
B. 机前压力和功率
C. 功率和主汽流量
D. 主汽流量和功率

51. 对负荷(C)的变化可以按负荷曲线安排机组启停，编制合理的发电计划，来实现 AGC 自动控制。

A. 随机分量
B. 脉动分量
C. 持续分量
D. 断续分量

52. AGC 自动控制系统的实现的必要条件之一是，系统发电机组的最大容量应(A)总负荷。

A. 大于 B. 小于 C. 等于 D. 小于或等于

53. 上海新华系列 DEH 系统组态时，必须(A)。

A. 先组态好点目录，再组态 DPU 和 MMI 软件

B. 先组态好 DPU，再组态点目录和 MMI 软件

C. 先组态好 MMI，再组态点目录和 DPU 软件

D. 先组态好 MMI 软件和点目录，再组态 DPU 软件

54. 变频器主电路中，交一直转换部分的滤波电容器的功能是：滤平全波整流后的电压纹波以及当负荷变化时，使(A)保持平稳。

A. 直流电压 B. 直流电流 C. 交流电压 D. 交流电流

55. 变频器变频也变压的实施，如果采用脉幅调制(PAM)的方法，则变频器在改变输出频率的同时，也改变了(D)。

A. 输入功率的振幅值 B. 输出功率的振幅值

C. 电流的振幅值 D. 电压的振幅值

56. 在对变频器的回避频率设定中，必须使拖动系统"回避"(C)的转速。

A. 电动机最高 B. 变频器最低

C. 可能引起谐振 D. 可能引起电机过热

57. 在变频器输入电路中，改善功率因数的根本途径是(B)。

A. 增强谐波电流 B. 削弱谐波电流

C. 增强输入电流 D. 削弱输入电流

58. 当变频器的负载惯性较大，而(A)时，将产生过流保护。

A. 升速时间设定太短 B. 升速时间设定太长

C. 上限频率值太小 D. 基准转矩设定太小

59. 变频器的显示设备中，一般有数据显示屏、液晶显示屏以及(B)等。

A. 电脑显示屏 B. 发光二极管 C. 外接毫安表 D. 频率测量屏

60. 变频器具有自动补偿功能，其输出频率常常是不稳定的，这种情况下，作为一般观察，以显示(D)为好。

A. 输出频率 B. 输入电流 C. 输入电压 D. 给定频率

61. 变频器的功能预置，是为了(A)。

A. 使拖动系统运行在最佳状态 B. 消除变频器的噪声

C. 增加变频器的启动电流 D. 提高变频器的功率

62. 在设计变频调速拖动系统时，首先必须了解负载的机械特性，对于恒转矩的负载，其负载阻转矩的大小(C)。

A. 随转速升高而变大 B. 随转速升高而变小

C. 与转速无关 D. 调速时转矩有变化

63. 在给双速电动机配备变频器时，注意要考虑(D)。

A. 该电动机功率因数较高 B. 该电动机效率较高

C. 该电动机额定电压较高 D. 该电动机额定电流较高

64. 双速电动机配备变频器调速时，如果要进行切换磁极对数的换挡，(A)。

A. 必须在停止变频器的情况下进行　B. 不会发生过电流现象
C. 可以不用停止变频器运行　D. 肯定不能导致变频器跳闸

65. 如果一台变频器带多台电动机，则变频器参数应设计为(C)。

A. 额定电流等于各电动机额定电流　B. 额定电流等于各电动机额定电流之和
C. 额定电流大于各电动机最大电流之和　D. 额定电压大于各电动机最大电压之和

66. 为了使变频调速拖动系统能够平稳地降速，应适当调整(B)。

A. 启动频率　B. 降速时间　C. 最低转速　D. 最低频率

67. 变频器不可降速过快，否则会经常出现(C)的故障。

A. 过电流　B. 欠电压　C. 过电压　D. 超温

68. 为了保障ETS的相对(A)，避免保护误动或拒动，必须将其与其他系统分开设计。

A. 独立性　B. 可调节性　C. 可行性　D. 可操作性

69. 为了方便分析汽轮机跳闸的原因，ETS都设计了(B)的产生逻辑。

A. 失电跳闸　B. 首出跳闸　C. 在线试验　D. 冗余配置

70. 为了保障ETS的输入信号的可靠性，重要信号采取(C)与逻辑处理相结合的原则。

A. 失电跳闸　B. 首出跳闸　C. 硬件冗余　D. 在线试验

71. ETS的相对独立性，主要是为了避免因其他系统软件或硬件的修改，或其他系统的操作试验而引起保护的(C)。

A. 误动　B. 拒动　C. 误动或拒动　D. 正确动作

72. ETS的电源冗余控制包括(B)冗余和分布电源冗余。

A. UPS电源　B. 主电源　C. 工作电源　D. 保安电源

73. 在锅炉汽包水位保护中，汽侧取样管应(C)向汽包方向倾斜。

A. 向左　B. 向右　C. 向上　D. 向下向上

74. 锅炉汽包水位高、低保护应采用独立测量的(A)逻辑判断方式

A. 三取二　B. 四取一　C. 六取一　D. 三取一

75. 水位计、水位平衡容器或变送器与汽包连接的取样管，一般应至少有(C)的斜度。

A. 1∶50　B. 1∶80　C. 1∶100　D. 1∶200

76. 热工保护系统的操作指令应执行(A)

A. 保护优先　B. 调节优先
C. 闪光报警优先　D. 音响报警

77. 热工保护系统的独立性原则，禁止通信总线传送(D)。

A. MIS信号　B. Web信号
C. 专家诊断指令　D. 机组跳闸指令

78. 保护信号电缆在敷设时，应充分考虑(C)分开的原则，以避免造成信号干扰，来提高系统的可靠性。

A. 保护电缆和调节电缆　B. 保护电缆和控制电缆
C. 强电电缆和弱电电缆　D. 信号电缆和保护电缆

79. 对于DCS系统或PLC系统的模拟量保护信号，宜采用(A)且在该侧单点接地。

A. 屏蔽电缆　B. 通信电缆　C. 铜芯电缆　D. 钢铠电缆

80. 当辅助设备保护和主设备保护发生冲突时，应执行(B)的原则。

A. 辅助设备保护优先　　B. 主设备保护优先

C. 主设备调节优先　　D. 辅助设备调节优先

81. 电站的物料输送系统在设计时，必需满足启动时先启动(C)。

A. 前级设备　　B. 中间级设备　　C. 后级设备　　D. 任意级设备

82. 为了消除炉膛内“背景光”，如炉膛四壁、熔渣等发出的光线的干扰，保证火焰检测器的可靠性火焰检测器应采用(C)双信号的设置。

A. 形状和色彩　　B. 亮度和色彩

C. 亮度和频率　　D. 频率和形状

83. 选用可靠的耐高温的光导纤维可以保证能够低损耗地传递火焰信号，通径不小于(B)mm的适应光纤效果较为理想。

A. 3　　B. 4　　C. 5　　D. 10

84. 灭火保护逻辑中，用(D)的信号闭锁以后可以消除假火焰信号引起的“炉内无火”的误动。

A. 送风机　　B. 引风机　　C. 给水泵　　D. 燃料

85. 在TSI调试时，用于串轴、胀差就地指示的工具是(B)。

A. 塞尺　　B. 百分表　　C. 千分表　　D. 游标卡尺

86. 在TSI系统，epro公司的模件通道输出菜单中，(C)的默认选择为激活。如果取消该功能，就无法设置报警值、报警迟滞等功能。

A. 报警倍增高功能　　B. 报警倍增系数

C. 限值监测功能　　D. 模块温度报警

87. 如果要把TSI模件中几个通道正常输出串联起来使用，调试中应考虑在每个输出上会产生最大(D)V的电压降。

A. 0.5　　B. 0.8　　C. 1.0　　D. 1.5

88. RB联锁保护即(A)控制功能。

A. 主要辅机故障减负荷　　B. 锅炉故障减负荷

C. 汽轮机故障减负荷　　D. 发电机故障减负荷

89. Windows的(B)实际上是一个庞大的数据库，用来存储计算机软硬件的各种配置信息。

A. 操作系统　　B. 注册表　　C. 应用软件　　D. 数据库

90. Windows的注册表是针对(D)位硬件、驱动程序和应用而设计的。

A. 4　　B. 8　　C. 16　　D. 32

91. 用户可以通过(A)来管理应用程序和文件的关联、硬件设备说明、状态属性以及各种状态信息和数据等。

A. 注册表　　B. BIOS　　C. 系统软件　　D. 应用软件

92. 注册表是一种(D)结构，以键和子键的方式组织起来。

A. 目录　　B. 总线　　C. 环状　　D. 层叠式

93. Win9X系统中，包括(D)个根键。

A. 3　　B. 4　　C. 5　　D. 6

94. 如果需要将一个键值项删除，应在(B)菜单下，单击“删除”按钮。

A. 文件　B. 编辑　C. 查看　D. 注册表

95. 若要查找键、值项和数据时，选用某一个根键后，再单击(D)菜单下的“查找”命令，进行查找。

A. 注册表　B. 文件　C. 编辑　D. 查看

96. 要在 Word 中建一个表格式履历表，最简单的方法是(B)。

A. 在“表格”菜单中选择表格自动套用格式

B. 在新建中选择具有履历表格式的空文档

C. 用插入表格的方法

D. 用绘图工具进行绘制

97. 在 Word 中，保存一个新建的文件后，要想此文件不被他人查看，可以在保存的“选项”中设置(B)。

A. 修改权限口令　B. 打开权限口令

C. 建议以只读方式打开　D. 快速保存

98. 在 Excel 的高级筛选中，将筛选结果复制到其他位置是指(B)。

A. 复制到其他文件中　B. 复制到当前工作表中的其他位置

C. 复制到其他工作表中　D. 以文件的形式另存到指定盘中

99. 在 PowerPoint 中，对于已创建的多媒体演示文稿可以用(A)命令转移到其他未安装 PowerPoint 的机器上放映。

A. “文件”/“打包”　B. “幻灯片放映”/“设置幻灯片放映”

C. “复制”　D. “文件”/“发送”

100. 在 PowerPoint 中，(B)。

A. 不可以向表格中插入新行或新列　B. 能合并和拆分单元格

C. 不可以改变列宽和行高　D. 不可以给表格添加边框

101. 属于音频文件的是(D)。

A. JPG　B. AVI　C. ZIP　D. MP3

102. 属于图像文件的是(D)。

A. WBV　B. WMF　C. MP3　D. AVI

103. 如果要将坐标系图标隐藏起来，用(D)命令。

A. HIDE　B. FILL 中的 OFF

C. PLAN　D. 选 UCSICON 的 OFF 项

104. 生成三维平面的命令是(B)。

A. SOLID　B. 3DFACE　C. 3DPOLY　D. POLYLINE

105. 线框模型时描绘三维对象的骨架，线框模型中(D)。

A. 没有点　B. 没有直线　C. 没有曲线　D. 没有面

106. 三维观察的“视点”命令为(B)。

A. DDVPOINT　B. VPOINT　C. 3DORBIT　D. LINE

107. 比较适用于只有单个网络或整个环境都桥接起来的小工作组环境的协议(C)，是一种不可路由的网络协议。

A. IPX/SPX　B. TCP/IP　C. NETBEUI　D. ISO

108. TCP/IP 协议的含义是(C)。

A. 局域网传输协议　　B. 拨号入网传输协议

C. 传输控制协议和网际协议　　D. OSI 协议集

109. 通常一台计算机要接入互联网，应该安装的设备是(A)。

A. 调制解调器或网卡　　B. 网络查询工具

C. 网络操作系统　　D. 浏览器

110. 网络互联设备通常分以下四种，在不同的网络间存储并转发分组，必要时可通过(B)进行网络层上的协议转换。

A. 协议转换器　　B. 网关　　C. 重发器　　D. 桥接器

111. 计算机病毒破坏的主要对象是(D)。

A. 软盘　　B. 磁盘驱动器　　C. CPU　　D. 程序和数据

112. 防止软盘感染病毒的有效方法是(B)。

A. 对软盘进行格式化　　B. 对软盘进行写保护

C. 对软盘进行擦拭　　D. 将软盘放到软驱中

113. 计算机病毒是一种(C)。

A. 特殊的计算机部件　　B. 游戏软件

C. 人为编写的特殊软件　　D. 能通过接触键盘传染的生物病毒

114. 使用字传送指令 MOVD 时，控制字 Bi 中 0～3 位表示(A)。

A. 要传送的首位数字在源通道中的数位

B. 要传送的数字个数

C. 要传送的首位数字在目的通道中的目标数位

D. 没有使用

115. 在执行 ADD 命令时，(C)。

A. 和有进位时，CY 置 1　　B. 两个加数相加

C. 两个加数与 CY 一起相加　　D. 和没有进位时，CY 置 0

116. 适用于长距离而速度要求不高的场合，使用的通信方式是(B)。

A. 并行通信　　B. 串行通信　　C. 以太网　　D. PROFIBUS

117. RS－232C 直接通信最长距离为(A)m。

A. 15　　B. 30　　C. 50　　D. 80

118. 热电厂给水流量的测量，使用的节流件，最好是采用(D)。

A. 弯管　　B. 标准喷嘴　　C. 文丘利管　　D. 标准孔板

119. 在流量测量中，孔板测量和喷嘴测量造成的不可逆压力损失是(C)。

A. 孔板＝喷嘴　　B. 喷嘴＞孔扳

C. 喷嘴＜孔板　　D. 孔板≤喷嘴

120. 标准孔板孔径应(D)设计。

A. 只按压力　　B. 只按温度　　C. 只按流量　　D. 按工艺要求

121. 用孔板测量某种气体流量，假定该气体的压力不高，温度亦不高，接近于理想气体，那么，在孔板设计中，流束膨胀系数 ε 将(C)。

A. ＝1　　B. ＞1　　C. ＜1　　D. ＝0

122. 检验喷嘴圆筒形部分直径时，孔径应至少取(B)次单测值的算术平均值。

A. 2　　B. 4　　C. 6　　D. 8

123. 检验喷嘴圆筒形部分直径时，孔径 d 应取算术平均值。特别应在靠近出口的横截面上测量，任意单测值与平均值的差不得超过(C)。

A. 0.02%　　B. 0.2%　　C. 0.05%　　D. 0.5%

124. 环室取压装置包括(A)。

A. 环室和节流件　　B. 节流件和取压孔

C. 取压孔和取压管路　　D. 取压法兰和取压管路

125. 环室取压装置的前后环室的厚度分别为 S 及 S'，则 $S \leqslant$(B)。

A. $0.25D$　　B. $0.5D$　　C. $1D$　　D. $2D$

126. 标准节流装置是在流体的(B)工况下工作的。

A. 层流型　　B. 紊流型　　C. 涡流型　　D. 任意

127. 在管道上安装孔板时需要与管道(A)。

A. 垂直　　B. 平行

C. 与管道倾斜45°　　D. 与管道倾斜30°

128. 在管道上安装孔板时需要与管道轴线垂直，其偏差不应超过(A)。

A. ±1°　　B. ±2°　　C. ±3°　　D. ±4°

129. ICS 系列电子皮带秤在运行中，皮带秤载荷一般为量程的(D)。

A. 50%　　B. 60%　　C. 70%　　D. 80%

130. HART 协议一种用于(C)和控制室设备之间的通信协议。

A. 现场Ⅱ型变送器　　B. 现场Ⅲ型变送器

C. 现场智能仪表　　D. 任意仪表

131. HART 协议采用基于 Bell202 标准的 FSK 频移键控信号，在低频的4~20mA 模拟信号上叠加幅度为(B)mA 的音频数字信号进行双向数字通讯。

A. 0.1　　B. 0.2　　C. 0.5　　D. 1

132. 在 HART 协议通信中主要的变量和控制信息由(B)传送。

A. 0~10mA　　B. 4~20mA　　C. 数字脉冲　　D. HART 协议

133. 机组停运时，变送器的防冻措施为(D)。

A. 关闭正负取压阀　　B. 关闭平衡阀

C. 变送器放空　　D. 变送器和取压管放空

134. 保温伴热作用是(B)。

A. 提供仪表运行能源　　B. 防止仪表冻坏

C. 增加仪表精度确度　　D. 保证仪表动特性

135. 在意外的情况下，金属控制柜金属部分带电，工作人员一旦接触就可能发生触电事故。防止此类事故最有效、最可靠的方法是将金属部分可靠的与大地连接，这种接地叫(C)。

A. 屏蔽保护　　B. 静电保护　　C. 接地保护　　D. 人身保护

136. 抗干扰有很多形式，其中双绞线是(B)方式。

A. 物理隔离　　B. 减少磁干扰　　C. 屏蔽　　D. 消磁

137. 变送器及其执行器均属于 DCS 系统的(B)设备，实现对生产过程的控制。

A. 控制级　B. 现场级　C. 监控级　D. 管理级

138. DEH 控制系统中，分散控制器(DPU)实际上就是(A)。

A. 一个分散的控制站　B. 一个数据通讯模块

C. 一个数据存储单元　D. 一台工程师站

139. DEH 控制系统中的(D)不属于分散控制器(DPU)的硬件构成中的一部分。

A. 数据高速公路接口　B. 过程 I/O 模件

C. 功能处理器　D. LVDT 装置

140. 前馈—反馈复合控制系统，前馈控制中的完全补偿条件(B)。

A. 相对变化　B. 不变　C. 更加优越　D. 有所减少

141. 前馈—反馈复合控制系统补偿控制的规律不仅与对象控制通道的传递函数有关，还与(A)有关。

A. 反馈调节器的位置　B. 前馈调节器的位置

C. 比例系数大小　D. 复合调节器的位置

142. 安装在现场的弹簧管压力表接头渗漏，会造成(B)。

A. 示值增大　B. 示值减小　C. 示值不变　D. 指针打弯

143. 安装在现场的弹簧管压力表，在运行过程中表盘内有水珠，原因是(C)。

A. 环境温度过高　B. 环境温度过低

C. 弹簧管漏泄　D. 压力表量程选择过小

144. 安装在疏水罐下方 2m 的压力表，测量疏水罐内水压力，若压力表不做修正，则压力表(A)。

A. 示值比实际值大　B. 示值比实际值小

C. 测量的为实际压力值　D. 示值为零

145. 用镍铬－镍硅热电偶测量主蒸汽温度时，误用了镍铬－康铜热电偶的补偿导线，导致产生测量误差，造成仪表的显示的现象是(B)。

A. 指示偏小　B. 指示偏大

C. 指示不变　D. 要视测点温度而定

146. 使用铁－康铜热电偶测温时，错用了铂铑 10－铂热电偶的补偿导线，造成仪表的显示的现象是(A)。

A. 偏低　B. 正常　C. 偏高　D. 忽高忽低

147. 动圈仪表配热电阻时，在测量某一温度时，电阻体断路后仪表会产生(A)的现象。

A. 跳向最大　B. 跳向最小

C. 在断路前的位置处　D. 位置不定

148. 在热电阻的常见故障中，热电阻丝材料受腐蚀变值可导致产生(D)的现象。

A. 仪表示值偏低　B. 仪表示值正常

C. 仪表示值偏高　D. 阻值与温度关系有变化

149. 气动执行机构的量程过大，其原因是(C)。

A. 气源压力低　B. 量程挡块位置太低

C. 量程挡块位置太靠上　D. 输入信号过大

150. 气动执行机构的行程动作缓慢，其原因是(D)。
A. 输入信号超量程 B. 电源电压过低
C. 输入信号开路 D. 气缸有漏气

151. ICS 系列电子皮带秤的零点漂移一般与(B)有关。
A. 线路故障 B. 皮带输送机系统
C. 积算器累积错误 D. 积算器突然断电

152. ICS 系列电子皮带秤的间隔漂移一般原因是(A)。
A. 皮打机张力改变 B. 秤重桥架上积尘积料
C. 皮带机粘料 D. 皮带机不均匀

153. 差压流量变送器正压侧导压管路有漏泄时则流量计指示(B)。
A. 偏大 B. 偏小
C. 不变 D. 有时偏大有时偏小

154. 差压变送器使用平衡容器测量汽包水位时，水位最低，输出差压为(A)。
A. 最大 B. 最小 C. 中间值 D. 0

155. 若一台差压水位变送器正压侧接隔离罐，若隔离罐灌水未满则(A)。
A. 指示偏低 B. 指示偏高 C. 指示 4mA 以下 D. 指示 20mA

156. 当信号超过动作定值时，一次元件不发出信号，这时保护系统发生(B)。
A. 误动 B. 拒动 C. 先动 D. 能动

157. 对于一次元件常闭接点不能有效断开或接通，会使保护系统产生(B)。
A. 误动 B. 拒动 C. 先动 D. 正确动作

158. 如果没有解除联锁就检查仪表零位，会使信号报警和连锁系统(A)。
A. 误动 B. 没反应 C. 损坏 D. 停止动作

159. 电动门就地可以操作，但程控操作不动的主要原因是(B)。
A. 电机故障 B. 闭锁条件已满足 C. 失电 D. 指示灯故障

160. 在程控保护系统中保护投入开关故障将使(A)。
A. 程控保护系统拒动 B. 程控保护系统误动
C. 程控保护系统失电 D. 无影响

161. DCS 系统的(A)会造成操作员站 CRT 画面操作块无法操作。
A. 模件故障 B. 就地设备故障
C. 操作方式不正确 D. 操作员站 CRT 分辨率低

162. DCS 系统运行正常，如果(D)会造成某台设备的控制逻辑无法上传。
A. 操作员站画面丢失 B. 就地被控设备故障
C. 操作员站硬件损坏 D. 工程师站总线接口坏

163. DCS 系统所有操作员站 CRT 画面的所有数据为坏点，是(C)造成的。
A. 模拟量输入模件故障 B. 部分 I/O 模件故障
C. 总线模件故障 D. 操作员站 CRT 分辨率低

164. DCS 系统所有操作员站的某一画面的部分数据成为坏点，那么是(C)造成的。
A. DCS 系统程序出错 B. 总线模件故障
C. 某一功能模件故障 D. 系统文件故障

165. 如果 DEH 控制系统的转速(C)，可以导致操作画面上显示转速信号波动大。

A. 信号量程设置得太大　　B. 信号屏蔽线单端接地

C. 信号屏蔽线双端接地　　D. 测速卡未安装

166. 一个处于全开的高调门，如果将其两支中的一支线性位移差动变送器(LVDT)拆下，将导致(C)。

A. 调门全关　　B. 调门关至 50%

C. 调门不动　　D. 调门将无规则摆动

167. DEH 系统操作员站所有参数显示为坏点，是(A)造成的。

A. 系统通讯故障　　B. 量程设置过高

C. 零点设置过高　　D. 单侧 DPU 故障

168. 如果 DKJ 系列电动执行器的(C)将导致执行器出力不够。

A. 操作线开路　　B. 操作线短路

C. 分相电容容量不够　　D. 限位调整不当

169. 某台 DKJ 系列电动执行器发生严重惰走故障，其原因为(A)。

A. 制动器气隙距离太大　　B. 制动器气隙距离太小

C. 限位开关调整的不当　　D. 分相电容损坏

170. 在变频器输出侧和电动机之间(C)，非但起到了抗干扰作用，还削弱了电动机中由于谐波电流引起的附加转矩。

A. 窜入滤波电容　　B. 并入滤波电容

C. 窜入滤波电抗器　　D. 并入滤波电抗器

171. DCS 控制系统通信网络拓扑结构中，星形结构连接方式的特点：简单直观，而且(D)。

A. 中心节点负荷较小　　B. 即使中心节点故障也不会中断通信

C. 中心节点根本不需要冗余　　D. 中心节点负荷较重

172. DCS 控制系统通信网络拓扑结构中，环形结构的特点是：网上信息(B)。

A. 双向围绕环路循环　　B. 按点对点方式传输

C. 按点对面方式传输　　D. 按面对点方式传输

173. 如果 SIPOS 系列电动执行器操作不动，而且显示窗内出现"localdisabled"故障提示，则必须(B)，才能消除故障。

A. 更换控制板　　B. 取消 PROFIBUS 主站上所作的禁止

C. 更换电源板　　D. 更换整个控制单元

174. 如果 SIPOS 系列电动执行器出现故障，而且显示窗内出现"movedtoofar"故障提示，则必须要(C)，才能消除故障。

A. 更换位置传感器　　B. 更换整个控制单元

C. 重新进行末端位置调整　　D. 重新调整扭矩值大小

175. DCS 系统所有监视画面的所有数据突然异常，应检查(C)是否处于故障状态。

A. 某 I/O 卡件　　B. 所有 I/O 卡件

C. 总线通讯故障　　D. 操作员站 CRT 故障

176. DCS 系统某一台操作员所有画面均操作不了，应该检查是否有(D)。

A. 就地设备出错　　B. 总线卡件故障

C. 某一卡件故障　　D. 应用程序故障

177. DCS 系统所有操作员站的某一画面的一个数据显示超量程，此时应该首先检查是否有(D)。

A. 系统程序出错　　B. 总线卡件故障

C. 操作员站故障　　D. 一次元件故障

178. DCS 系统某一台操作员站监视画面上的所有数据突然异常，应检查(C)是否处于故障状态。

A. 总线卡件故障　　B. 此操作员站显卡

C. 该计算机与总线通讯　　D. 该计算机的应用程序

179. 在变频器的起动过程中，其参数的设定原则是：在(B)不超过允许值的前提下，尽可能地缩短升速时间。

A. 电动机起动电压　　B. 电动机起动电流

C. 变频器起动频率　　D. 电动机额定转速

180. 在变频器的起动设定中，必须要设定好直流制动的时间和制动电流的百分数，其作用是用于保证(D)。

A. 拖动系统跟踪电机转速　　B. 电动机快速启动

C. 电动机从随动转速启动　　D. 拖动系统从零速开始启动

181. 在工作中，电动机遇到冲击负载，或传动机构出现“卡住”现象，引起电动机电流突然增加，造成变频器因(B)保护而动作。

A. 过电压　　B. 过电流　　C. 欠电压　　D. 欠电流

182. 在变频器重新启动时，一升速就过流而跳闸，这是过电流十分严重的表现，主要原因是：(B)。

A. 负载侧断路　　B. 负载侧短路

C. 降速时间设定太长　　D. 升速时间设定太长

183. 普通型变频器的过载能力为(D)。

A. 130%，1min　　B. 110%，1min

C. 120%，1min　　D. 150%，1min

184. 专用型变频器的过载能力为(B)。

A. 110%，1min　　B. 120%，1min

C. 130%，1min　　D. 150%，1min

185. 某一执行机构，手动操作时正常，一旦投入自动，立即自动大范围波动，应检查自动调节回路的调节器是否(D)。

A. 比例系数过小　　B. 积分时间太长

C. 微分时间过短　　D. 微分增益过大

186. 如果某一投入自动的调节系统，由于系统延迟较大，需要(D)。

A. 增大比例带　　B. 减小比例系数

C. 增大积分时间　　D. 增加微分调节

187. 当(B)时，氧化锆氧量计的测量结果指示偏高。

A. 探头灰堵　　B. 探头标气入口螺帽未拧紧

C. 氧化锆元件老化　　D. 加热炉丝断

188. 在汽轮机启停过程中，为防止汽轮机在临界转速时，振动过大，造成不必要的停机，可适当(A)。

A. 提高报警倍增系数　　B. 减低报警倍增系数

C. 提高模块温度报警值　　D. 降低模块温度报警值

189. 若现场使用针形门作为仪表二次门，其接头发生泄漏，在一次门关严的情况下可以(B)。

A. 更换盘根　　B. 更换垫片　　C. 紧固法兰压帽　　D. 调整门的开度

190. 若现场使用针形门作为仪表二次门，其门杆滴水，在一次门关严的情况下可进行(C)处理。

A. 紧固接头　　B. 更换垫片　　C. 紧固法兰压帽　　D. 调整门的开度

191. 操作员站突然死机鼠标、键盘操作时工控机及 CRT 无任何反应，此故障为(A)。

A. 操作系统故障　　B. 工控软件故障

C. 鼠标故障　　D. 键盘故障

192. 操作员站突然死机，重新启机后操作系统会提示几十秒后系统自动关机，此故障为(A)。

A. 病毒　　B. 工控软件故障　　C. 通信故障　　D. WORD 故障

193. 攻丝时每次板转铰杠，丝锥的旋进不应太多，一般每次旋进(B)圈为宜。

A. 1/4　　B. 1/2　　C. 1　　D. 2

194. 头锥攻丝感到费力时，应用(A)交替攻丝。

A. 二锥和头锥　　B. 头锥和三锥　　C. 头锥和四锥　　D. 二锥和三锥

195. 用丝锥攻丝时的步骤是钻底孔，倒角，头锥攻丝和(A)。

A. 二锥攻丝　　B. 三锥攻丝　　C. 攻丝　　D. 四锥攻丝

196. 加工内螺纹的钢质工件时，底孔的直径等于(A)。

A. 螺纹外径减螺距　　B. 螺纹内径加螺距

C. 螺纹外径减牙高　　D. 螺纹内径加牙高

197. 加工同样直径的内螺纹的工件时，脆性材料的底孔直径比普通材料的底孔直径要(C)。

A. 稍大些　　B. 加工精度高一些

C. 稍小些　　D. 加工精度低一些

198. 手用丝锥切削部分的锥面上的后角为(A)。

A. 4°~6°　　B. 6°~8°　　C. 8°~10°　　D. 10°~12°

199. 3－M－12－3 的丝锥中后面的 3 表示精度等级为(B)级。

A. 2　　B. 3　　C. 4　　D. 5

200. 用来研磨锥形密封面的研磨工具是(B)。

A. 平面研磨工具　　B. 锥面研磨工具

C. 球形密封面研磨工具　　D. 阀门专用工具

201. 事先预制成的固体研磨剂叫做(B)。

A. 磨料　B. 研磨膏　C. 研磨工具　D. 砂布

202. 用胶黏剂把磨料均布在布或纸上的一种研磨材料叫做(C)。

A. 油石　B. 研磨膏

C. 砂纸、砂布　D. 研磨胎具

203. 在斜面上钻孔时应(B)，然后再钻孔。

A. 电焊补平　B. 铣出一个平面

C. 锯出一个平面　D. 用榔头敲出一个平面

204. 对孔的精度要求不高但对表面粗糙度要求一般时，应选用起(B)作用的切削液。

A. 润滑　B. 冷却　C. 冲洗　D. 防腐

205. 在孔快要钻穿时，必须减少(A)钻头才不易损坏。

A. 进给量　B. 吃刀深度　C. 切削速度　D. 润滑液

206. 对孔的精度要求较高但对表面粗糙度要求较小时，加工中应取(B)。

A. 较大的进给量，较低的切削速度　B. 较大的切削深度

C. 较小的进给量，较高的切削速度　D. 较高的切削速度

207. 钻不通孔时，要按钻孔深度调整(D)。

A. 切削速度　B. 进给量　C. 吃刀深度　D. 挡块

208. 在铝件上钻孔时，一般(B)进行冷却。

A. 不用　B. 可用混有煤油的肥皂水

C. 可用乳化液　D. 可用矿物质

209. 不规则形状工件钻孔适于用(D)夹持方法。

A. 手握法　B. 钳夹法　C. 螺栓定位法　D. 压板夹持法

210. 在铜、铝及铸铁材料上钻孔时可(A)冷却润滑液降低切削温度。

A. 不用　B. 用3% ~5%乳化液作

C. 用7%硫化乳化液作　D. 用15%硫化乳化液作

211. 操作钻床不准戴(A)。

A. 手套　B. 安全帽　C. 眼镜　D. 防护口罩

212. 使用钻床时，工件应该夹牢，以防止钻头带动(A)一起转动，造成机械和人身事故。

A. 工件　B. 垫块　C. 切削粉沫　D. 断屑

213. 通孔快要钻透时，应该由自动改为手动缓慢进刀，防止工件随动和(B)。

A. 切削刃磨损　B. 扭断钻头　C. 电机烧坏　D. 皮带断裂

214. 钻柄套规格按莫氏锥度的大小分成(B)号。

A. 三　B. 五　C. 八　D. 九

215. 钻削同一规格螺纹底孔直径时，脆性材料底孔直径应(A)韧性材料底孔直径。

A. 稍大于　B. 等于

C. 稍小于　D. 稍大于或小于

216. 在钻削加工精度等级要求较高、直径为30 ~50mm的孔时，应分(C)次钻削。

A. 4　B. 3　C. 2　D. 1

217. 切削用量是(C)的总称。

A. 切削速度、钻头直径、吃刀深度　B. 切削速度、钻头直径、进给量

C. 切削速度、进给量、吃刀深度　D. 钻头直径、进给量、吃刀深度

218. 钻削要求精度较高的铸铁孔时，应选用(B)切削液。

A. 菜油　B. 煤油　C. 硫化　D. 机油

219. 按钢的质量分类，主要根据钢中含硫、磷元素多少来分，可分为(B)。

A. 普通钢、优质钢、结构钢　B. 普通钢、优质钢、高级优质钢

C. 普通钢、优质钢、工具钢　D. 优质钢、高级优质钢、合金钢

220. 钢按含(A)量可分为低碳钢、中碳钢和高碳钢。

A. 碳　B. 铁　C. 锰　D. 钒

221. 优质碳素结构钢中，20 号钢的含碳量平均值为(C)。

A. 0.1% ~0.13%　B. 0.25% ~0.37%

C. 0.17% ~0.24%　D. 0.42% ~0.51%

222. 属于低碳钢的是(C)钢。

A. 35 号　B. 45 号　C. 20 号　D. 35CrM

223. 16MnR 是(B)用钢。

A. 锅炉　B. 压力容器　C. 船　D. 矿

224. 合金结构钢牌号的前面 2 位数字表示钢中平均含碳量为(D)。

A. 百分之几　B. 十分之几　C. 万分之几　D. 十万分之几

225. Q235 - AF 是(A)钢。

A. 沸腾　B. 半镇静　C. 镇静　D. 合金

226. 头脑风暴法是围绕某个中心议题，毫无顾忌、畅所欲言地发表独立见解的一种(C)的思想方法。

A. 系统性　B. 逻辑性　C. 创造性　D. 启发性

227. 在培训教学中，案例法有利于参加者(D)。

A. 提高创新意识　B. 系统接受新知识

C. 获得感性知识　D. 培养分析解决实际问题能力

228. 在企业培训中，最基本的培训方法是(A)。

A. 讲授法　B. 专题讲座法　C. 研讨法　D. 参观法

229. 演示教学法是运用一定的(D)，通过实地示范，使受训者明白某种事务是如何完成的。

A. 实物　B. 教具　C. 案例　D. 实物和教具

230. 为使培训计划富有成效，一个重要的方法是(A)。

A. 建立集体目标

B. 编成训练班次讲授所需的技术和知识

C. 把关于雇员的作茧自缚情况的主要评价反馈给本人

D. 在实施培训计划后公布成绩

231. 制定培训方案的基础是进行(D)。

A. 培训目标的设置　B. 确定受训者

C. 培训内容的选择　D. 培训需求分析

232. 培训需求分析需从多角度来进行，包括(D)等几个方面。
A. 组织、工作　　B. 工作、个人
C. 组织、个人　　D. 组织、工作、个人

233. 在培训教学中，制定培训规划的原则不包括(D)。
A. 政策保证　　B. 系统完美　　C. 务求实效　　D. 目的明确

234. 课程设计过程的实质性阶段是(C)。
A. 课程规划　　B. 课程安排　　C. 课程实施　　D. 课程评价

235. 培训教案的实质性内容是(A)。
A. 确立培训主题　　B. 材料整理
C. 材料搜集　　D. 构思培训提纲

236. 培训教学设计的内容包括(A)。
A. 培训教学方法的选用　　B. 培训场所的选择
C. 培训时机的选择　　D. 教材的选择

237. 企业培训的成功有赖于培训(A)的指导与规范。
A. 制度　　B. 内容　　C. 计划　　D. 措施

238. 正确评估培训效果要坚持一个原则，即培训效果应在(B)中得到检验。
A. 培训过程　　B. 实际工作　　C. 培训教学　　D. 培训评价

239. 培训效果的有效性是指(A)。
A. 培训工作对培训目标的实现程度　　B. 培训工作带来的经济效益
C. 培训工作带来的社会效益　　D. 培训工作带来的全部效益

240. 评价培训效果包括学员在(D)等方面学到了什么。
A. 知识　　B. 技能
C. 态度　　D. 知识、技能或态度

241. 质量管理体系要求企业除应有(A)上的保证能力以外，还应有资源上的保证能力。
A. 管理　　B. 质量计划
C. 质量政策与程序　　D. 质量文件

242. 企业的质量方针是由(D)决策的。
A. 全体员工　　B. 基层管理人员
C. 中层管理人员　　D. 最高管理层人员

243. 在全面质量管理中，C 阶段是指(D)阶段。
A. 实施　　B. 计划　　C. 处理　　D. 检查

244. 在全面质量管理中，P 阶段是指(B)阶段。
A. 检查　　B. 计划　　C. 处理　　D. 实施

245. ISO 9001 和 ISO 9004 的区别在于(D)。
A. 采用以过程为基础的质量管理体系模式
B. 建立在质量管理八项原则的基础之上
C. 强调与其他管理标准的相容性
D. 用于审核和认证

246. 对于质量定义中的“要求”理解不正确的是(C)。

A. 要求是指明示的需求或期望　B. 要求是指通常隐含的需求或期望

C. 要求是指标准规定的需求和期望　D. 要求是指必须履行的需求和期望

247. 按 ISO 9001：2000 标准建立质量管理体系，鼓励组织采用(D)方法。

A. 管理的系统　B. 全员参与的

C. 基于事实的决策　D. 过程

248. “利用员工的知识和经验，通过培训使得他们能够参与决策和对过程的改进，让员工以实现组织的目标为己任”是 ISO 9000 族标准(A)原则在质量管理中的应用。

A. 全员参与　B. 过程方法　C. 持续改进　D. 系统管理

249. PDCA 循环是实施 ISO 9000 族标准(B)原则的方法。

A. 系统管理　B. 持续改进

C. 过程方法　D. 以事实为决策依据

250. “将各个过程的目标与组织的总体目标相关联。”是实施 ISO 9000 族标准中(C)原则带来的效应。

A. 过程方法　B. 持续改进　C. 系统管理　D. 全员参与

251. 利用各种因素的实际数与其对计划完成情况的影响程度进行分析的方法称为(B)。

A. 因素分析法　B. 差额分析法　C. 动态分析法　D. 调查分析法

252. 劳动定额有(A)种基本形式。

A. 2　B. 3　C. 4　D. 5

253. 班组长的(D)素质的高低，往往影响着全班组职工的政治觉悟。

A. 技术　B. 管理　C. 文化　D. 政治

254. 班组长的(C)素质往往决定着班组职工培训工作的效果和全班人员技术水平的高低。

A. 文化　B. 政治　C. 技术　D. 管理

255. 发动组员讨论生产计划，组织劳动竞赛，组织班组政治、文化和文体活动的民主管理员为(B)。

A. 安全员　B. 工会组长　C. 技术员　D. 考评员

256. 编制和落实班组的培训计划，作好培训总结，组织开展岗位练兵活动属于班组(C)的职责。

A. 安全员　B. 考勤员　C. 技术员　D. 材料员

257. 班组经济核算的方法归纳起来，大体可分为数量指标核算法和(D)核算法 2 大类。

A. 工时定额　B. 质量指标　C. 统计指标　D. 金额指标

258. 统计指标核算法适用于工艺比较复杂、上下工序的责任难以划分，又没有制定(C)的班组。

A. 工序定额　B. 节约额　C. 工序价格　D. 降低能耗

259. 班组经济活动分析形式有(D)种。

A. 2　B. 3　C. 4　D. 7

260. 在生产过程中，由于操作不当造成原材料、半成品或产品损失的，属于(A)事故。

A. 生产　B. 质量　C. 破坏　D. 操作

261. 工业企业生产过程的核心是(B)过程。

A. 生产技术准备　B. 基本生产　C. 辅助生产　D. 生产服务

262. 生产管理在企业中处于(C)地位。

A. 决策　B. 指挥　C. 中心　D. 一般

263. 带电作业工具应定期进行电气试验及机械试验，其中预防性试验每(D)一次。

A. 半年　B. 三个月　C. 两年　D. 一年

264. 一经合闸，即可送电到施工设备的开关和刀闸的操作把手上，应悬挂(C)的标示牌。

A. “在此工作”　B. “高压危险”

C. “禁止合闸，有人工作!”　D. “禁止送电”

265. 在工作人员上下的构架或梯子旁，应悬挂(C)的标示牌。

A. “在此工作!”　B. “在此攀登”　C. “从此上下”　D. “禁止通过”

266. “实行标准化，消除五花八门的杂乱现象”体现现场目视管理的(A)要求。

A. 统一　B. 简约　C. 严格　D. 实用

267. 分层管理是现场5－S管理中(C)常用的方法。

A. 常清洁　B. 常整顿　C. 常组织　D. 常规范

268. 现场5－S管理不包括(D)。

A. 常组织　B. 常清洁　C. 常整顿　D. 常整洁

269. 对设备的主体部分进行解体检查和调整，同时更换一些磨损的零部件，并对主要零部件的磨损情况进行测量监督，这是设备的(D)保养。

A. 一级　B. 二级　C. 例行　D. 三级

270. 设备一级维护保养的主要内容(D)。

A. 不包括彻底清洗、擦拭外表　B. 不包括检查设备的内脏

C. 不包括检查油箱油质、油量　D. 不包括局部解体检查

271. 在电力设备缺陷管理中，不需要停止主要设备运行可随时消除的设备缺陷为(C)类设备缺陷。

A. 一　B. 二　C. 三　D. 四

272. 检修报告的主要内容有：设备名称、设备(A)、检修方法或手段，达到质量标准程度及验收情况等。

A. 解体后状况　B. 解体前状况　C. 位置　D. 规范

273. 设备检修的种类有(C)三类。

A. 保养、维护、修理　B. 一般、标准、特殊

C. 计划检修、事故检修、维护检修　D. 常规、非标、特殊

274. 检修报告的主要内容有：设备解体后状况、设备(A)、检修方法或手段，达到质量标准程度及验收情况等。

A. 名称　B. 解体前状况　C. 位置　D. 规范

275. 在标准改造项目中，(B)。

A. 包括重要的技术改造　B. 包括全面检查、清扫、修理

C. 不包括消除设备缺陷，更换易损件　D. 不包括进行定期试验和鉴定

276. 机组大修的开工方案中，(D)。

A. 不包括开工前的准备条件
B. 不包括开工的条件确认
C. 包括设备运行情况
D. 包括开工过程中事故预防和处理

277. 技术论文的特点是，其具有(A)。

A. 客观性　B. 主观性　C. 通用性　D. 效益性

278. 通常情况下技术论文(D)。

A. 应标新立异
B. 不必要阐述背景
C. 不必要阐述意义
D. 应概括情况、说明意义、提出问题

279. 属于技术改造的是(C)。

A. 原设计系统的恢复的项目
B. 旧设备更新的项目
C. 工艺系统流程变化的项目
D. 新设备的更新项目

280. 技术改造的目的是通过采用(C)，解决制约系统安、稳、优生产运行的问题。

A. 原技术　B. 原工艺　C. 新技术　D. 更换全套设备

281. 在技术改造方案中，(B)设施可不按设计要求与主体工程同时建成使用。

A. 环境保护　B. 交通　C. 消防　D. 劳动安全卫生

282. 汽轮机振动保护示值偏大，从传感器灵敏度角度考虑，可(D)。

A. 灵敏度设置为1
B. 降低灵敏度
C. 灵敏度设置为0
D. 提高灵敏度

多选题

1. 储存(A，B，C，D)的油罐应装呼吸阀。

A. 轻柴油　B. 汽油　C. 煤油　D. 原油

2. 正弦波振荡电路根据选频网络的不同可分为(A，C，D)。

A. RC正弦波振荡电路
B. RL正弦波振荡电路
C. LC正弦波振荡电路
D. 石英晶体正弦波振荡电路

3. 逻辑运算中基本的三种逻辑运算是(A，B，C)。

A. 与门　B. 或门　C. 非门　D. 与非门

4. 在正弦交流电路中，当电感元件的电压u和电流i参考方向相同时，则关系式成立的是(A，B，D)。

A. $u=L\dfrac{di}{dt}$　B. $U=I\omega L$　C. $U=j\omega LI$　D. $\dot{U}=j\omega L\ \dot{I}$

5. 当集成运放工作在线性区时，利用外接负反馈电路的方法，可实现(C，D)的运算。

A. 积分运算　B. 微分运算　C. 同相比例　D. 反相比例

6. 集成运放工作在非线性区时，可用于构成(A，C)。

A. 电压比较器
B. 电压跟随器
C. 非正弦波信号发生器
D. 正弦波信号发生器

7. 三态门的三种输出是(A，B，C)。

A. 逻辑1态　B. 逻辑0态　C. 高阻态　D. 无电平态

8. 普通晶闸管具有(A，D)的导电特性。

A. 正向导通　B. 正向截至　C. 反向导通　D. 反向截止

9. 晶闸管的导通和关断是由(A, C)和门极电压、电流决定的。

A. 阳极电压　　B. 阴极电压　　C. 阳极电流　　D. 阴极电流

10. 晶闸管整流电路中，对晶闸管触发电路的要求有(A, B, C, D)。

A. 触发脉冲的电压或电流，要求大于可控制硅控制极所要求的触发电压和触发电流

B. 触发脉冲的宽度要满足可控硅主电路电流建立时间，并且触发脉冲能在一定的范围内移相，以达到控制可控制硅导通角

C. 触发脉冲的上升沿要陡，使触发时间准确

D. 触发脉冲与主回路电源电压频率和相位上是有相互协调配合的关系

11. 单相半波可控硅整流电路带纯电阻负载时具有(A, C)的特点。

A. 控制角具有确定的起点　　B. 控制角具有确定的终点

C. 导通角具有确定的起点　　D. 导通角具有确定的终点

12. 三相桥式半控桥式整流电路要求的触发脉冲移相范围是0°~180°(A, C)。

A. 触发脉冲间隔120°　　B. 触发脉冲间隔150°

C. 晶闸管的最大导通角是120°　　D. 触发脉冲间隔150°

13. 晶闸管整流电路中，晶闸管的过压保护可采用(A, B, C, D)。

A. 变压器次级并联阻容电路保护　　B. 晶闸管并联阻容电路保护

C. 用硒堆作过压保护　　D. 用金属氧化物压各敏电阻作过压保护

14. A/D 转换的参考电压为2.5V，要求转换误差≤0.001V，能够满足此要求的 A/D 转换器的位数有(C, D)。

A. 8位　　B. 10位　　C. 12位　　D. 16位

15. D/A 转换的参考电压为5V，要求转换误差≤0.005V，能够满足此要求的 D/A 转换器的位数有(B, C, D)。

A. 8位　　B. 10位　　C. 12位　　D. 16位

16. 锉刀有(A, B, C)等种类。

A. 普通锉　　B. 特种锉　　C. 整形锉　　D. 椭圆锉

17. 内径百分表可用来测量(A, D)。

A. 工件的孔径　　B. 工件的长度

C. 工件的锥度　　D. 孔的形位误差

18. 在塞尺的使用时，(A, B, C)。

A. 其使用前必须先清除塞尺和工件上的污垢与灰尘

B. 可用一片或数片重叠插入间隙

C. 测量时动作要轻，不允许硬插

D. 可以测量温度较高的零件

19. 公制螺纹量规包括(A, B, C)。

A. 公制齿轮螺纹塞规　　B. 公制齿轮螺纹环规

C. 公制梯形螺纹环规　　D. 英制螺纹环规

20. 函数信号源是使用最广的通用信号源，它能提供(A, B, C, D)等波形。

A. 锯齿波　　B. 方波　　C. 正弦波　　D. 脉冲

21. 在操作砂轮机前，必须检查(A，B，C，D)是否正常、良好，确认无问题后，方可进行操作。

A. 各部机件　B. 运转部分　C. 防护装置　D. 电源

22. 锉刀齿的粗细要根据加工工件的(A，B，C，D)来选择。

A. 余量大小　B. 加工精度　C. 材料性质　D. 表面粗糙度

23. 影响无自平衡能力单容对象动态特性的参数有(B，C)。

A. 飞升幅度　B. 飞升速度　C. 积分时间　D. 延迟时间

24. 目前自动调节系统常用的稳定性判据有(C，D)判据。

A. 指数　B. 分数　C. 频率　D. 代数

25. 调节系统的频率特性中包括(B，C)特性函数关系。

A. 相幅　B. 幅频　C. 相频　D. 频相

26. 在调节系统的对数频率特性曲线中，当环节的时间常数改变时，(A，C)曲线左右平行移动，曲线形状不变。

A. 幅频特性　B. 指数特性　C. 相频特性　D. 分数特性

27. 比例积分(PI)调节器中，(A，D)。

A. 比例是主要调节作用　B. 积分是主要调节作用

C. 比例用来消除稳态误差　D. 积分用来消除稳态误差

28. 比例微分(PD)调节器中(A，D)。

A. 比例是主要调节作用　B. 微分是主要调节作用

C. 比例能够消除稳态误差　D. 微分用来加强超前调节

29. DCS 控制系统的特点是(B，C)

A. 控制功能主要由硬件实现　B. 控制功能主要由软件实现

C. 可维修性优于常规系统　D. 可维修性逊于常规系统

30. DCS 系统控制算法的组态内容有(A，B，D)。

A. 热电偶的型号设置　B. 电机操作回路设计

C. 报警画面文字设计　D. 测点的量程设置

31. DCS 控制系统现场总线的传输方式是(B，C，D)

A. 模拟　B. 数字　C. 双向　D. 串行

32. 为防止 DKJ 系列电动执行器在操作过程中超出输出转角范围，应调整(A，B，D)。

A. 机械限位　B. 电气限位　C. 电气零点和量程　D. 抱闸松紧度

33. 罗托克 IQ 系列电动执行器的调试过程中，我们在二级设定中可以设定(A，B，C)

A. 紧急保护方向　B. 现场保持功能

C. 触点功能　D. 执行器开关扭矩值

34. 在 SIPOS 系列电动执行器的调试过程中，在可调参数里能够进行(A，B，C，D)

A. 设置输入信号量程　B. 设置开、关力矩

C. 设置输入信号类型　D. 设置反馈值量程

35. 在主汽温自动调节系统中，影响汽温变化的因素主要由(A，B，C)这几方面。

A. 减温水扰动　B. 负荷扰动

C. 烟气流量扰动　D. 汽包水位扰动

36. 如果协调控制系统采用锅炉跟随控制方式，则(B，C)。

A. 锅炉调节器调节负荷　　B. 锅炉调节器调节汽压

C. 汽机调节器调节负荷　　D. 汽机调节器调节汽压

37. 上海新华系列 DEH 系统趋势软件的配置文件中，包含(A，B，C)参数。

A. 测点名　　B. 显示方式　　C. 线宽　　D. 刷新速率

38. 在变频器直 - 交流电路中，逆变管在关断和导通的瞬间(A，C)。

A. 电流变化率很大　　B. 电流变化率很小

C. 电压变化率很大　　D. 电压变化率很小

39. 如果采用脉宽调制(PWM)的方法，需要同时调节(B，D)。

A. 制动部分　　B. 整流部分　　C. 交流部分　　D. 逆变部分

40. 在一定的范围之内，如果变频器的载波频率越低，则(C，D)。

A. 电压波形的平滑性越好　　B. 电流波形的平滑性越好

C. 逆变过程开关损耗越小　　D. 对附近设备的干扰越小

41. 可以通过(A，C)来改善变频器的功率因数。

A. 削弱谐波电流　　B. 增强谐波电流

C. 电路中串入电抗器　　D. 电路中并入电抗器

42. 变频器的保护功能中有(A，B，D)保护。

A. 欠电压　　B. 过电压　　C. 欠电流　　D. 过电流

43. 变频器显示功能是通过(B，C，D)来实现的。

A. 交流电压表　　B. 液晶显示屏　　C. 数字显示屏　　D. 发光二极管

44. 变频器对功能码的编制主要有(A，C)编码法。

A. 分区　　B. 间接　　C. 自然数　　D. 小数

45. 在设计变频调速拖动系统时，应该选择好(A，B，C)。

A. 电动机的容量　　B. 变频器的容量

C. 变频器的类型　　D. 电动机的型号

46. 齿轮减速电动机变频调速时，如果采用润滑油润滑，则(A，B)。

A. 转速不宜过低　　B. 下限工作频率应高一些

C. 转速越低越好　　D. 下限工作频率应低一些

47. 直流制动功能的实现，需要设置(A，B，D)参数。

A. 直流制动电压　　B. 直流制动时间

C. 直流制动电阻　　D. 直流制动起始频率

48. ETS 的(A，B，C，D)必须采用独立的单元控制器。

A. 电源系统　　B. 处理器　　C. 输入输出卡件　　D. 继电器

49. ETS 的电源冗余设计中，可以采用(A，B，C)。

A. 一路交流 220V，一路直流 220V　　B. 两路交流 220V

C. 两路直流 220V 或 24V　　D. 两路直流 220V 或 36V

50. 正常运行时汽包的水位一般应在 0 ± 50mm，当水位偏低时，不易发生的事故是(A，C，D)。

A. 蒸汽带水　　B. 水冷壁超温　　C. 蒸汽含盐量增加　　D. 气温下降

51. 锅炉汽包水位设计中，应至少配置彼此独立的(A)和(B)。

A. 两只就地汽包水位计　　B. 两只远传汽包水位计

C. 一只就地汽包水位计　　D. 一只远传汽包水位计

52. 单元制机组发生(A，B，C)情况时，应有停止机组运行的保护

A. 锅炉事故停炉

B. 汽轮机事故停机

C. 单元机组未设置快速减负荷功能时，无论何种原因引起的发电机解列

D. 单元机组设置了快速减负荷功能时，无论何种原因引起的发电机解列

53. 对重要保护信号，进行(C，D)处理可以提高保户的可靠性、防止保护误动，并尽量杜绝保护拒动。

A. 二取一　　B. 三取一　　C. 三取二　　D. 四取三

54. 联锁系统设计中，冗余技术的原理是并联系统，冗余设计的原则是(A，C)。

A. 保证重点部位　　B. 保证全局

C. 减少不必要的冗余　　D. 能冗余的要尽量多的冗余

55. 提高火焰检测器的可靠性要从(A，B，C，D)几个情况进行考虑。

A. 安装位置要得当

B. 保持探头清洁

C. 光纤可靠且保护冷却风通畅

D. 采用火焰亮度和闪烁频率双信号判定火焰信号

56. 影响锅炉灭火保护功能失常的因素有(A，B，C，D)。

A. 火焰检测器方面的影响

B. 实际燃烧工况的变化对火焰检测器的影响

C. 逻辑设计方面的原因

D. 控制装置本身的原因

57. 目前，300MW 及以上机组 FSSS 逻辑功能基本上采用(C，D)来实现。

A. 电磁式继电器　　B. 小规模集成电路为主的电子元件

C. 分散控制系统　　D. 多回路微处理器

58. 对于使用 epro 公司 TSI 系统的用户，在模件基本参数菜单(Basis)中包含多个选项，(A，B)两项的默认值为经验值，建议用户在调试时不要修改。

A. 模块温度报警值　　B. 模块温度危险值

C. 报警倍增功能　　D. 报警抑制功能

59. RB 控制策略主要由(A，B，C)系统共同实现。

A. MCS　　B. FSSS　　C. DEH　　D. DCS

60. Windows2000 注册表文件主要由(A，C)组成。

A. SYSTEM. DAT　　B. SYSTEM. INI　　C. USER. DAT　　D. USER. INI

61. 注册表由(A，B，C，D)组成。

A. 根键　　B. 主键　　C. 子键　　D. 值项

62. 在 Excel 中数据筛选是展示记录的一种方式，筛选的方式有(A，B)。

A. 自动筛选　　B. 高级筛选　　C. 中级筛选　　D. 人工筛选

63. 可插入到 PowerPoint 中的对象可以是(A，B，C，D)。
A. 文字 B. 表格 C. 图表 D. 影片

64. 像素的色彩组成色是(A，C，D)。
A. 红 B. 黄 C. 绿 D. 兰

65. 在绘图区域，使图形缩放至绘图范围可以(A，D)。
A. 在绘图区域双击鼠标的小轮 B. 在绘图区域单击鼠标的小轮
C. 在绘图区域单击鼠标的右键 D. 用 ZOOM 命令的 E 选项

66. 表面模型的特点是(A，B，C，D)。
A. 创建后编辑、修改不方便 B. 没有体的信息
C. 可以进行消隐、着色等操作 D. 不仅定义三维对象的边，而且定义面

67. 在 IP 地址中，属于 C 类地址的是(B，C)。
A. 10. 2. 3. 4 B. 202. 38. 214. 2 C. 192. 38. 214. 2 D. 224. 38. 214. 2

68. 以拨号方式接入 Internet 时，需要的硬件设备有(A，C，D)。
A. PC 机 B. 网卡 C. Modem D. 电话线

69. 计算机病毒特征是(A，B，C)。
A. 潜伏性 B. 传染性 C. 激发性 D. 免疫性

70. 典型流程图的结构有三种，即(A，B，D)。
A. 顺序程序 B. 条件分支程序 C. 无条件转移程序 D. 循环程序

71. 从通信双方信息交互方式上，数据通信可分为(A，B，C)。
A. 单工通信 B. 半双工通信 C. 全双工通信 D. 混合通信

72. PLC 系统设计的步骤内容是(A，B，C，D)。
A. 评估控制任务 B. PLC 选型 C. 系统设计 D. 系统调试

73. 热电厂主汽凝结水流量的测量，使用的节流件，一般不采用(B，C，D)。
A. 标准孔板 B. 标准喷嘴 C. 文丘利管 D. 弯管

74. 对标准孔板的检查，要求检查(A，C)。
A. 孔板开孔上游侧直角入口边缘 B. 孔板开孔上游侧表面平面度
C. 孔板开孔圆形下游侧出口边缘 D. 孔板开孔下游侧表面平面度

75. 喷嘴的(A，C)须用样板检验，样板与被检验各表面应无明显漏光。
A. 入口收缩曲面 B. 圆筒形部分直径 d
C. 半径 D. 所有部分

76. 角接取压装置可以采用(A，B)取得节流件前后的差压。
A. 环室 B. 夹紧环 C. 法兰 D. 估算

77. 标准节流装置的安装要求(A，B，D)。
A. 夹紧节流件的密封垫片，在夹紧后不应突入管道内壁
B. 新装的管路系统必须在管道冲洗后再进行节流件的安装
C. 节流件与管道材料的热膨胀系数必须相同
D. 节流装置的各管段和管件的连接处不应有任何管径突变

78. 流量公式中的流量系数与(A，B，C，D)有关。
A. 节流件的形式 B. 取压方式 C. 流动雷诺数 D. 管壁粗糙度

79. ICS 系列电子皮带秤可以测量皮带宽度为(B，C)的皮带。

A. 200mm　　B. 400mm　　C. 1500mm　　D. 2500mm

80. 在需要的情况下，HART 协议可以访问(A，B，C，D)。

A. 测量、过程参数　　B. 设备组态

C. 校准信息　　D. 诊断信息

81. 冬季仪表管路的伴热方式主要有(A，B)。

A. 电伴热　　B. 蒸汽伴热　　C. 油伴热　　D. 水伴热

82. 压力表后面有一个小圆孔，其作用是(A，D)。

A. 在弹簧管渗漏时小圆孔起泄压作用　　B. 使仪表更为美观

C. 作为检查时的检查孔　　D. 防止弹簧管漏泄损坏前面的玻璃伤人

83. DCS 系统的体系机构中，主要包括(B，C，D)。

A. 网络通讯级　　B. 过程控制级　　C. 过程管理级　　D. 经营管理级

84. 在 DEH 控制系统中，DPU 冗余配置的范围包括(A，B，D)。

A. 共享存储器　　B. I/O 接口　　C. 一次元件　　D. 电源

85. 前馈—反馈复合控制系统中的(A，C，D)。

A. 前馈控制及时

B. 反馈控制及时

C. 反馈控制对扰动因素有抑制作用

D. 前馈调节器是实现对干扰完全补偿的关键

86. 常见的比值控制系统有(A，C，D)。

A. 单闭环比值　　B. 选择性　　C. 串级　　D. 双闭环比值

87. 当校验气动单元组合仪表 PID 调节器的比例度时，应将(A，C)。

A. 积分针型阀全关　　B. 微分针型阀全关

C. 微分针型阀全开　　D. 积分针型阀全开

88. 现场安装的压力表，泄压后指针不回零的原因是(A，B，D)

A. 游丝力矩不够　　B. 传动齿轮有摩擦

C. 传动比失调　　D. 指针松动

89. 热电偶与补偿导线不配套，造成仪表显示的现象是(A，B)。

A. 偏大　　B. 偏小　　C. 不变　　D. 忽高忽低

90. 在热电偶常见故障中，(A，C，D)的原因可能造成热电势误差大。

A. 热电偶电极变质　　B. 热电偶接线柱与热电极接触不良

C. 热电偶安装位置不当　　D. 保护管表面有灰

91. 在热电阻的常见故障中，保护管内有金属屑、灰尘、接线柱间脏污及热电阻短路可导致产生(A，D)的现象。

A. 仪表示值偏低　　B. 指示负值　　C. 仪表示值偏高　　D. 示值不稳

92. 在热电阻的常见故障中，(A，B，C，D)的原因可导致显示仪表指示值比实际值低或示值不稳。

A. 保护管内有金属屑　　B. 保护管内有灰尘

C. 接线柱间脏污　　D. 热电阻短路

93. 气动执行机构操作不动，是因为(A，B，C，D)造成的。

A. 断气源　B. 断电源　C. 断信号　D. 气缸严重漏气

94. ICS 系列电子皮带秤的零点漂移一般原因是(A，B，D)。

A. 秤重桥架上积尘积料　B. 输送机皮带粘料

C. 测速传感器滚筒增大或滑动　D. 皮带张力起了变化

95. 差压流量变送器指示偏低的可能原因为(A，B)。

A. 平衡门关闭不严　B. 正压侧阀门泄漏

C. 电源电压低于 24V　D. 负压侧管路泄漏

96. 差压水位变送器指示偏低的可能原因为(A，B，C)。

A. 平衡门关闭不严　B. 正压侧阀门泄漏

C. 正压侧管路内有气柱　D. 负压侧管路泄漏

97. 对于一次元件常闭接点不能有效(A，B，D)，会使保护系统产生拒动。

A. 断开　B. 接通　C. 绝缘　D. 动作

98. DCS 系统中，如果总线模件发生故障会导致(C，D)。

A. 报警画面无法正常弹出　B. 所有操作员终端死机

C. 所有操作块无法操作　D. 所有数据无法正常显示

99. DCS 系统某操作员站突然黑屏，是(A，D)造成的。

A. 显卡损坏　B. 鼠标损坏　C. 总线故障　D. 硬件故障

100. 如果 DEH 控制系统的(A，B，C)，将导致调速汽门开至某一中间位置，而无法全开。

A. 线性位移差动变送器(LVDT)调整不当

B. 伺服阀堵塞

C. 调速汽门卡涩

D. 输出指令接线开路

101. DEH 系统操作员站无法对设备进行操作，是(B，C，D)造成的。

A. 单侧 DPU 故障　B. 双侧 DPU 故障

C. 操作权限不够　D. 系统通讯故障

102. DKJ 系列电动执行器(配角位移式位置发送器)已操作至全开，但是阀位显示只有 70%，其原因有(A，B)。

A. 阀位调整不当　B. 限位调整不当

C. 阀门卡涩　D. 抱闸调整不当

103. 采用(C，D)法，可以消除变频器对仪器侧的干扰。

A. 继电器隔离　B. 变频屏蔽

C. 信号隔离　D. 电源隔离

104. 变频器过载跳闸的原因有(A，B，C)。

A. 变频器容量过小　B. 负载过大

C. 变频内部的故障　D. 电子热继电器保护设定值太大

105. 富士通用变频器中，表示过电流故障代码有(A，D)。

A. OC1　B. OA1　C. OC2　D. OA2

106. 造成 pH 计指示波动的主要原因有(A, B, C, D)。
A. 被测溶液压力和流速变化太快　　B. 玻璃电极没有充分浸泡
C. 玻璃电极被污染　　D. 盐桥被阻塞

107. 仪表指示忽高忽低的故障原因可能是(A, B)。
A. 量程选择开关接触不良　　B. 电导池内有气泡存在
C. 放大器放大能力降低　　D. 检测器电极端子间受潮

108. 在 K 型热电偶测温系统中, (A, C, D)可能造成热电势误差大, 要重新安装、接线或更换热电偶。
A. 热电偶电极变质　　B. 热电偶接线柱与热电极接触不良
C. 热电偶安装位置不当　　D. 保护管表面有灰

109. 机组运行中, 如果要处理某一调速汽门的 LVDT 装置故障, 应该(B, C, D)。
A. 将调速汽门强制开至最大　　B. 将调速汽门强制开至最小
C. 将顺序阀控制切至单阀控制　　D. 将协调系统切除自动

110. 如果 SIPOS 系列电动执行器出现"remote fault"故障, 应该检查是否(A, B, D)造成的。
A. 信号线开路　　B. 反馈线开路
C. 端位调整不当　　D. 控制信号超量程

111. DCS 系统监视画面上的某水位数据突然异常, 应检查(A, B, C)。
A. 变送器是否故障　　B. 线路有无开路或短路
C. 卡件通道是否故障　　D. 总线装置是否故障

112. 在变频器的启动设定中涉及的设定有(A, B, C, D)。
A. 起动频率　　B. 暂停升速　　C. 起动联锁　　D. 暂停频率

113. 变频器的(A, C, D), 都将造成变频器过电流保护功能动作。
A. 遇有冲击负载　　B. 环境温度过高
C. 变频自身故障　　D. 输出侧短路

114. 在变频器的承载特性中, (A, B)。
A. 对于电源电压的上限, 不能超过额定电压的 10%
B. 专用型比普通型的承载设置要低一些
C. 专用型比普通型的承载设置要高一些
D. 对于电源电压的上限, 不能超过额定电压的 5%

115. 自动调节回路如果由自动突然跳至手动, 应该检查处理(A, B, C, D)。
A. 是否主信号测量变送器故障
B. 是否调节器输出与执行机构反馈偏差大
C. 是否调节器的参数设置不当
D. 是否调节卡件发生故障

116. 当锅炉正常运行时, 氧量无指示的原因是(A, B, C, D)。
A. 氧化锆元件老化或损坏　　B. 加热炉丝断
C. 热电偶断　　D. 电极引线断

117. 对于关不严的焊接门，在机组大修中可以(B，C)处理。

A. 不做处理　　B. 进行研门

C. 联系焊工更换新的焊接门　　D. 联系焊工将门焊死

118. 攻丝时的注意事项中，(A，B，C，D)。

A. 攻丝时用力要均匀

B. 应正确的选择铰杠的长度

C. 应正确的选择冷却润滑液

D. 攻丝不通时，应不断推出丝锥，倒出切屑

119. 攻丝过程中，每次旋进后应反转(A，B)圈行程。

A. 1/4　　B. 1/2　　C. 1　　D. 2

120. 从丝锥使用的特点上可分(A，B，C)三种。

A. 手用丝锥　　B. 机用丝锥　　C. 管螺纹丝锥　　D. 普通丝锥

121. 锥面密封面的研具分为(A，C)。

A. 金属锥面研具　　B. 橡胶锥面研具

C. 砂布锥面研具　　D. 树脂锥面研具

122. 阀门常用的研磨材料有(A，B，D)。

A. 研磨砂　　B. 研磨膏　　C. 金刚石　　D. 砂布

123. 对孔的精度要求较高但对表面粗糙度要求较小时，不应选用起(B，C，D)作用的切削液。

A. 润滑　　B. 冷却　　C. 冲洗　　D. 防腐

124. 钻头的后角太大容易产生(A，B)。

A. 钻孔呈多角形　　B. 孔壁粗糙

C. 钻孔位置偏移　　D. 钻孔位置歪斜

125. 下列中，属于碳素钢的是(A，B，D)。

A. 20 号钢　　B. 45 号钢　　C. 2Cr1MoV　　D. A3 钢

126. Q195b 的含义是(A，C)。

A. 屈服强度 195MPa　　B. 抗拉强度 195MPa

C. 半镇静钢　　D. 镇静钢

127. 编写培训教案的基本技巧是(A，B，C，D)。

A. 确立培训的主题　　B. 构思培训提纲

C. 搜集素材　　D. 整理素材

128. 培训项目即将实施之前需做好的准备工作包括(A，B，C，D)。

A. 通知学员　　B. 后勤准备

C. 确认时间　　D. 准备教材

129. 培训评估的作用主要有(B，D)等几个方面。

A. 提高员工的绩效和有利于实现组织的目标

B. 保证培训活动按照计划进行

C. 有利于提高员工的专业技能

D. 培训执行情况的反馈和培训计划的调整。

130. 在建立质量管理体系时，编写的质量手册至少应含有(A，C，D)的内容。

A. 质量管理体系所覆盖的范围

B. 组织机构图和职能分配表

C. 按GB/T 19001标准编制的程序文件的主要内容或对其的引用

D. 各过程之间相互作用的表述

131. 下列哪些标准应用了以过程为基础的质量管理体系模式的结构(B，C)。

A. ISO 9000：2000《质量管理体系基础和术语》

B. ISO 9001：2000《质量管理体系要求》

C. ISO 9004：2000《质量管理体系业绩改进指南》

D. ISO 19011：2000《质量和环境管理体系审核指南》

132. 班组加强定额管理工作中的劳动定额是指(A，B)。

A. 工时定额　　B. 产量定额

C. 质量定额　　D. 成品定额

133. 节约额核算法适用于(A，B，C)比较完备的班组。

A. 工序定额　　B. 工序价格

C. 计量手段　　D. 计量价格

134. 企业在安排产品生产进度计划时，对市场需求量大，而且比较稳定的产品，其全年任务可采取(A，B)。

A. 平均分配的方式　　B. 分期递增方法

C. 抛物线形递增方式　　D. 集中轮番方式

135. 根据(B，D)中所规定的生产能力叫设计能力。

A. 查定能力　　B. 设计任务书

C. 计划能力　　D. 技术设计文件

136. 狭义的现场管理，多是指对劳动者的(A，B，C，D)等方面为主的生产现场管理。

A. 精神状态　　B. 生产组织

C. 劳动对象　　D. 劳动手段

137. 设备的二级维护保养的主要内容是(C，D)。

A. 检查、清扫、调整电气(控制)部位

B. 彻底清洗、擦拭外表

C. 局部解体检查和调整

D. 更换或修复磨损的部件

138. 发电厂主要设备的大修项目分(C，D)。

A. 非标准项目　　B. 一般项目

C. 标准项目　　D. 特殊项目

139. 设备检修准备工作包括(A，B，C，D)。

A. 做好劳动力的安排及特种工艺的培训和班组间协作

B. 研究确定检修中的技改项目和先进工艺

C. 作好技术措施和安全措施

D. 编制检修施工计划

140. 技术论文标题拟订的基本要求是(B，C，D)。

A. 标新立异　　B. 简短精练

C. 准确得体　　D. 醒目

141. 技术改造的过程中竣工验收的依据是(A，B，C，D)。

A. 批准的项目建议书

B. 可行性研究报告

C. 基础设计(初步设计)和有关修改文件

D. 专业验收确认的文件

简答题

1. 变压器反馈式 LC 自激振荡器中，产生自激振荡的条件有哪些?

答：①电路条件：电路中含有选频网络；②相位条件：电路中含有正反馈网络；③幅度条件：反馈电压大于等于被取代的输入电压有效值。

2. 集成运算放大器工作在线性区时，信号运算电路的特点是什么?

答：①其中的集成运放工作在放大状态；②将集成运放理想化后，具有“虚短”和“虚断”特性；③即 $U_A = U_B$，$I_A = I_B = 0$。

3. 集成运算放大器工作在线性区时，可实现哪些信号运算电路?

答：①可实现比例远算电路；②可实现加法运算电路；③可实现减法运算电路；④可实现积分运算电路；⑤可实现微分运算电路。

4. 集成运放工作在非线性区时，可用于构成哪些电路?

答：①集成运放工作在非线性区时可用于构成电压比较器和方波发生器等；②电压比较器就是可以对一个模拟电压信号和一个参考电压进行比较的电路；③方波发生器是脉冲和数字系统常用的一种信号源，它能直接产生方波信号。

5. 晶闸管导通后，其输出电流的大小取决于哪些因素?

答：①取决于控制角的大小；②即触发脉冲加入时间越迟，控制角就越大，导通角就越小，相应的输出电流也就越小；③反之，输出电流就大，电压就高；④只要改变控制角即触发脉冲相位(称移相)就可以改变导通后输出的电流大小。

6. 普通晶闸管导通的条件是什么，以及导通后如何才能使其重新关断?

答：①普通晶闸管导通的条件是：在阳极和阴极间加正向电压，同时在门极和阴极间加适当的正向触发脉冲信号电压；②要使导通的晶闸管重新关断，必须设法使阳极电流减小到低于其维持电流。

7. 晶闸管两端并接阻容吸收电路可起到哪些保护作用?

答：①吸收尖峰过电压；②限制加在晶闸管上的值；③晶闸管串联应用时起均压作用。

8. 为什么采用了较高电压、电流等级的晶闸管还要采用过电压、过电流保护?

答：因为电路发生短路故障时的短路电流一般很大，而且电路中各种过电压的峰值可达电源电压好几倍，所以电路中一定要设置过电压、过电流的保护环节。此外，从经济上讲大电流，高电压的晶闸管价格比较昂贵。

9. 调节系统的常用的工程整定法有哪几种?

答：①广义频率特性法，②临界比例带法，③衰减曲线法，④经验法，⑤动态参数法。

10. 临界比例带法的要点是什么？

答：①其要点是将调节器设置成纯比例作用，将系统投入自动运行；②将比例带由大到小改变，直到系统产生等幅振荡；③记下此状态下比例带值及振荡周期；④根据经验公式计算出调节器各个参数。

11. 变频器回避频率的设定方法有哪几种？

答：①设定回避频率和回避宽度；②只设定回避频率，回避宽度由变频器内定；③设定回避区的起始频率和终止频率。

12. 设定变频器载波频率的原因是什么？

答：①在电动机的电流中，具有较强的载波频率的谐波分量，将引起电机铁芯振动；②从改善电流波形的角度来说，载波频率越高，电流波形的平滑性越好。

13. 改善变频器功率因数的主要方法有哪些？

答：①直流电抗器串于整流桥和滤波电容之间，可使功率因数提高到0.95；②交流电抗器串接于三相的输入电路中；③选用电抗器时，电抗器上的电压降以不大于额定电压的3%为宜。

14. 提高灭火保护功能可靠性的途径有哪些？

答：①提高火焰检测器的可靠性；②风煤配比要合适；③加强入炉煤质管理；④提高逻辑系统的可靠性；⑤提高FSSS控制装置的可靠性。

15. 在火焰检测中，对火焰检测器本身而言哪些原因易引起“火焰丧失”？

答：①火焰检测器探头镜面易被烟灰污染；②火焰检测器传感器及接线因高温老化损伤；③火焰检测器装置静态整定值与实际运行动态值不符；④火焰检测器探头视角小，检测不到火焰的漂移。

16. 简述PLC系统调试的步骤。

答：①PLC系统调试分为两个阶段；②模拟调试：当PLC软件设计完成之后，应首先在实验室进行模拟调试，看是否符合工艺要求；③联机调试：当现场施工和软件设计都完成后，进行联机调试。

17. 简述PLC控制系统设计原则。

答：①PLC的选择除了应满足技术指标的要求之外，应尽量选择主流机型；②最大限度地满足被控对象或生产过程的控制要求；③在满足控制要求的前提下，力求使控制系统简单、经济、操作和维护方便；④保证控制系统的安全、可靠；⑤根据生产发展和工艺的改进，在选择PLC容量及I/O点数时，应适当留有裕量。

18. 如何降低热工信号系统的和热工保护系统的误动作率？

答：①合理使用闭锁条件；②使信号检测回路具有逻辑判断能力；③采用多重化的热工信号摄取方法；④可以减少检测回路自身的误动作率。

19. 什么是信号并联法？它有哪些优缺点？

答：①在保护系统中，为了减少装置的拒动作率，将几个检测元件输出信号并联起来，这种方法就叫信号并联法；②信号并联法使拒动作率大大下降；③使误动作率却提高了。

20. 针对于变频器侧的抗干扰措施有哪些？

答：①对于通过感应方式传播的干扰信号，主要通过正确地布线和采用屏蔽线来削弱；

②对于通过线路传播的干扰信号，主要通过增大线路在干扰频率下的阻抗来削弱；③对于通过辐射传播的干扰信号，主要通过吸收的方法来削弱。

21. 试分析变频器正常工作中突然过电流保护动作的原因。

答：①电动机遇到冲击负载，或传动机构出现“卡住”现象；②变频器的输出侧短路；③变频器自身故障。

22. 试分析变频器正常工作中突然过电压保护动作的原因。

答：①电源电压过高；②降速时间设定太短；③降速过程中再生制动的放电单元工作不理想或发生故障。

23. 工业 pH 计的玻璃电极和电路均完好，投运后测量误差大，甚至无法正常运行，试分析原因。

答：①原因之一是测量电极至高阻转换器间的屏蔽电缆、接线盒或接线端子绝缘阻抗降低；②原因之二是仪器安装环境附近有大的机电设备，过大的电流干扰仪器示值。

24. 引起 pH 值测量误差的原因有哪些？

答：①温度的影响；②pH 电极选择不当；③电极制造工艺不对称；④校准不正确；⑤绝缘不良；⑥被测溶液的压力不符合要求；⑦电极污染、参比电极填充液变化、盐桥阻塞、接地不良等。

25. 为什么电导率仪的电极引线不能太长？

答：①主要是为了减少分布电容的旁路作用，影响测量的准确性；②电缆总长度内的分布电容要小于2000pF。

26. 上海新华系列 DEH 系统在自检图像中，看不到 I/O 卡及 BC 卡，如何检查处理？

答：①检查 I/O 卡及 BC 卡是否损坏；②检查 I/O 卡及 BC 卡的跳线是否设置正确；③检查组态中是否定义了扫描此站的 I/O 测点。

27. DEH 系统中，如果主汽压力信号显示不正确，应如何检查处理？

答：①检查变送器工作是否正常；②检查线路是否存在短路或者断路情况；③检查 DEH 系统内部逻辑的量程是否设置正确。

计算题

1. 已知一个电容 $C=2\mu F$，其端电压为 $u_c(t)=200\sin 500t$V。试求电容电流 $i_c(t)$。

解：根据电容伏安特性公式 $i_c(t)=C\dfrac{du_c(t)}{dt}$得：

$$i_c(t)=2\times10^{-6}\times\frac{d(200\sin500t)}{dt}=2\times10^{-6}\times200\times500\times\frac{d\sin500t}{d500t}$$

$$=2\times10^{-6}\times200\times500\times(\cos500t)=0.2\cos500t(A)$$

答：电容电流为 $0.2\cos500t$ A。

2. 若一个 10mH 的电感，试求通过 $i=2+8t$A 电流时的电感电压。

解：根据电感伏安特性公式 $u_L(t)=L\dfrac{di_L(t)}{dt}$得：

$$u_L(t)=10\times10^{-3}\times\frac{d(2+8t)}{dt}=10\times10^{-3}\times8=80(mV)$$

答： 电感电压为 80mV。

3. 化简逻辑函数 $Y = \overline{A} + \overline{B} + AB$。

解： $Y = \overline{A} + \overline{B} + AB = \overline{A} + (\overline{B} + AB)$

$= \overline{A} + \overline{B} + A = 1 + \overline{B} = 1$

4. 化简逻辑函数 $Y = AB + \overline{AB} + \overline{A} \cdot \overline{B} + \overline{AB}$。

解： $Y = AB + \overline{AB} + \overline{A} \cdot \overline{B} + \overline{AB}$

$= A(B + \overline{B}) + \overline{B}(\overline{A} + A) = A + \overline{B}$

5. 单相半波可控整流电路，交流电压 $U_2 = 220\text{V}$，控制角 α 的可调范围是 30° ~180°，试求输出直流电压平均值的调节范围。

解： 由式 $U_0 = 0.45U_2(1 + \cos\alpha)/2$ 可知：

$\alpha = 30°$ 时，$U_0 = 0.45U_2(1 + \cos\alpha)/2$

$U_0 = 0.45 \times 220 \times (1 + \cos30°)/2$

$= 0.45 \times 220 \times (1 + 0.87)/2 \approx 93(\text{V})$

$\alpha = 180°$ 时，$U_0 = 0.45U_2(1 + \cos\alpha)/2$

$= 0.45 \times 220 \times (1 + \cos180°)/2 = 0(\text{V})$

答： 输出直流平均电压的调节范围为 0 ~93V。

6. 单相半波桥式电阻负载整流电路，输入交流电压 $U_2 = 220\text{V}$。如果希望输出电压平均值在 100 ~198V 范围内连续可调，试求晶闸管的导通角范围。

解： 由式 $U_0 = 0.9U_2(1 + \cos\alpha)/2$ 可得：

当 $U_0 = 100\text{V}$ 时，$\cos\alpha = [100 \times 2/(0.9 \times 220)] - 1 \approx 0$

$\alpha = 90°$，$\theta = 180° - 90° = 90°$

当 $U_0 = 198\text{V}$ 时，$\cos\alpha = [198 \times 2/(0.9 \times 220)] - 1 = 1$

$\alpha = 0$，$\theta = 180° - 0° = 180°$

答： 晶闸管的导通角范围是 90°到 180°。

7. 带阻性负载的三相半控桥式整流电路，已知 $U_2 = 100\text{V}$，$R_d = 5\Omega$，求 $\alpha = 60°$ 时输出的平均电压 U_L，负载的平均电流 I_L，流过晶闸管的平均电流 $I_{T(av)}$，有效值电流 I_T。

解： ① $U_d = 2.34U_2 \dfrac{\cos\alpha + 1}{2} = 2.34 \times 100 \times \dfrac{\cos60° + 1}{2} = 175.5(\text{V})$

② $I_d = U_d / R_d = 175.5/5 = 35.1(\text{A})$

③ $I_{T(av)} = \dfrac{1}{3}I_d = \dfrac{1}{3} \times 35.1 = 11.7(\text{A})$

④ $I_T = I_d \sqrt{\dfrac{1}{3}} = 35.1 \times \sqrt{\dfrac{1}{3}} = 20.3(\text{A})$

答： $\alpha = 45°$ 时输出的平均电压 U_d 为 200V、负载的平均电流 I_d 为 35.1A、流过晶闸管的平均电流 $I_{T(av)}$ 为 11.7A、有效值电流 I_T 为 20.3A。

8. 对三相半控桥式整流电路大电感负载，为了防止失控，并接了续流二极管。已知：$U_2 = 100\text{V}$，$R_L = 10\Omega$，求 $\alpha = 120°$时输出的平均电压 U_L，负载的平均电流 I_L 及流过晶闸管与续流二极管的电流平均值与有效值。

解：① $U_L = 2.34U_2\dfrac{\cos\alpha + 1}{2} = 2.34 \times 100 \times \dfrac{\cos120° + 1}{2} = 58.5(\text{V})$

② $I_L = U_L/R_L = 58.5/10 = 5.85(\text{A})$

③ $I_{T(av)} = \dfrac{\pi - \alpha}{2\pi}I_L = \dfrac{\pi - 2/3\pi}{2\pi} \times 5.85 = 0.97(\text{A})$

④ $I_T = I_L\sqrt{\dfrac{\pi - \alpha}{2\pi}} = \sqrt{\dfrac{\pi - 2/3\pi}{2\pi}} \times 5.85 = 2.4(\text{A})$

⑤ $I'_{T(AV)} = \dfrac{\alpha - 60}{120} \times I_L = \dfrac{(120 - 60)}{120} \times 5.85 = 2.93(\text{A})$

⑥ $I'_T = \sqrt{\dfrac{\alpha - 60}{120}} \times I_L = \sqrt{\dfrac{120 - 60}{120}} \times 5.85 = 4.1(\text{A})$

答：$\alpha = 120°$时输出的平均电压 U_L 为 58.5V，负载的平均电流 I_L 为 5.85A，流过晶闸管的电流为 0.97A，续流二极管的电流平均值为 2.4A，有效值为 2.93A、4.1A。

9. 试计算三位集成 A/D 转换器在模拟输入为 5V 时的数字输出值。（已知该 A/D 转换器的满度电压为 14V）

解：∵ 当 14V 时对应的数字量为 111，即 7

∴ 输入 5V 时，数字输出量 $= \left[\dfrac{(5+1)}{14}\right] \times 7 = 3$ 即为 011

答：模拟输入量为 5V，数字输出值为 011。

10. 试计算 8 位单极性 D/A 转换器在数字量为 7FH 时的模拟输出电压值？（已知该 D/A 转换器的满度电压为 10V）

解：已知 $U_{CC} = 10\text{V}$

$$7\text{FH}：U_O = U_{CC} \times (7 \times 16 + 15) \div 2^8 = 10 \times 0.496 = 4.96(\text{V})$$

答：输入量为 7FH 时，模拟输出电压值是 4.96V。

11. 用衰减曲线法整定 PID 调节器参数，已测得在衰减率为 4∶1 时，$\delta_S = 100\%$，$T_S = 150\text{s}$，求整定参数。

解：按 4∶1 衰减经验公式，可求得整定参数为：

$\delta = 0.8\delta_S = 0.8 \times 100\% = 80\%$

$T_i = 0.3T_S = 0.3 \times 150 = 45(\text{s})$

$T_d = 0.1T_s = 0.1 \times 150 = 15(\text{s})$

答：整定参数比例带为 80%，积分时间为 45s，微分时间为 15s。

12. 已知饱和蒸气最大流量为 25000kg/h，表压力为 0.961MPa，管道内径为 200mm，孔板径为 140mm，流量系数为 0.68，计算孔板前后的压差。

解：计算压差公式采用：$\Delta P_{max} = \dfrac{M^2_{max}}{[0.00399 \times \gamma \times d^2]^2\rho_1}$

式中 ΔP_{max}——最大差压，MPa；

M_{max}——最大质量流量，kg/h；

γ——流量系数；

β——节流件直径比，$\beta = d/D$；

d——孔板内径，mm；

D——管道内径，mm；

ρ——被测流体密度，kg/m^3。

已知条件：$M_{max} = 25000kg/h$，$\gamma = 0.68$，$D = 200mm$，$d = 140mm$

$\beta = d/D = 140/200 = 0.7$

ρ_1 取 $5kg/m^3$（饱和蒸汽表压：$\rho_1 = 0.961$（MPa）

代入公式：$\Delta P_{max} = \dfrac{25000^2}{[0.00399 \times 0.68 \times 140^2]^2 \times 5} = 44.201(kPa)$

答：孔板前后的压差为44.201kPa。

13. 一个比值调节系统，G_1 变送器量程为 $0 \sim 8000m^5/h$，G_2 变送器量程为 $0 \sim 10000 m^5/h$，流量经开方后再用气动比值器时，若保持 $\dfrac{G_2}{G_1} = k = 1.2$，问比值器的比值系数应设定在何值上？

解：因为流量经差压变送器后使用开方器，这时求取设定值的公式为：

$$K = k \cdot \frac{G_{1max}}{G_{2max}} = 1.2 \times \frac{8000}{10000} = 0.96$$

答：比值器上比值系数应为0.96。

14. 一台正作用气动调节器，控制点调整在60kPa，现将积分阀关死，其比例度放在50%处，当测量值变化时，输出也变化，今实测一组数据如下：给定 $P_1 = 60kPa$，测量 $P_2 = 50kPa$，输出 $P_3 = 35kPa$，求其比例度误差。

解：由公式可得：

$$\delta = \frac{1}{kp} \times 100\% = \frac{\Delta P_{入}}{\Delta P_{出}} \times 100\% = \frac{50 - 60}{35 - 60} \times 100\% = 40\%$$

于是：$\delta = 50\% - 40\% = 10\%$

答：其比例度误差 δ 为10%。

15. 今有气动调节器一台，初始时，$P_{测} = P_{给} = P_{出} = 60kPa$，当 $P_{测}$ 升到80kPa时，$P_{出}$ 升到100kPa，则调节器的比例度为多少？

解：比例度为：$\dfrac{80 - 60}{100 - 60} \times 100\% = 50\%$

答：调节器的比例为50%。

16. 用一支S型热电偶测量温度，热电偶冷端处在20℃的室温下，测出热电偶输出的热电势为7.341mV，求被测温度 t 是多少？［已知分度表，$E(20℃) = 0.113mV$，$E(810℃) = 7.454mV$］

解：根据室温 $t_0=20℃$ 查分度表得：$E(20℃，0℃)=0.113\text{mV}$

$$E_S(t，0℃)=E_S(t，t_0)+E(t_0，0℃)=7.341+0.113=7.454(\text{mV})$$

由已知分度表得被测温度 $t=810℃$

答：被测温度 t 为 810℃。

17. 现场某测点，采用分度号为 Cu50 的铜热电阻，已知测得电阻值 R 为 65Ω，试估算该处温度是多少？

解：已知：$R_0=50\Omega$，$R_{100}=71.4\Omega$

$$K=(R_{100}-R_0)/100=(71.4-50)/100=0.214(\Omega/℃)$$

$$T=(R-R_0)/K=(65-50)/0.214=70(℃)$$

答：估算该处温度是 70℃。

18. 一只 CU50 热电阻温度系数为 $a=4.28\times10^{-5}$，求在 120℃时的电阻值。

解：$R_t=R_0[1+a(t-t_0)]$

$$=50\times[1+4.28\times10^{-5}(120-0)]=75.68(\Omega)$$

答：电阻值为 75.68Ω。

19. 有一台电动差压变送器，表量程为 25000Pa，对应的最大流量为 50t/h，工艺要求 40t/h 时报警。问：①不带开放器时，报警值设定在多少？②带开放器时报警信号设定在多少？

解：① 不带开放器时对应 40t/h 流量的差压

$$\Delta P_1=25000\times\left(\frac{40}{50}\right)^2=16000(\text{Pa})$$

对应 40t/h 流量的输出

$$P_{出1}=\left(\frac{16000}{25000}\right)\times16+4=12.24(\text{mA})$$

∴ 报警值 $S=12.24(\text{mA})$

② 带开放器时

∵ $\Delta Q=K\Delta P$

对应于 40t/h 的差压

$$\Delta P_2=25000\times\frac{40}{50}=20000(\text{Pa})$$

对应于 40t/h 的输出值

$$P_{出1}=\frac{20000}{25000}\times16+4=16.8(\text{mA})$$

∴ 报警值 $S=16.8\text{mA}$

答：报警值分别为 12.24mA 和 16.8mA。

20. 用镍铬－镍硅热电偶测量主汽温度时，测得的热电势为 20.930mV，已知热电偶参考端温度 $t_0=30℃$，查该热电偶分度表得：$E(30，0)=1.202\text{mV}$，$E(535，0)=22.132\text{mV}$，求主蒸汽实际温度。

解：当热电偶参考端温度不为 0℃，由公式

$$E(t,\ 0)=E(t,\ t_0)+E(t_0,\ 0)$$

得：$E(t,\ 0)=E(t,\ 30)+E(30,\ 0)$

$=20.930+1.202=22.132(\text{mV})$

从K型热电偶分度表查得：

$E(t,\ 0)=22.132\text{mV}$ 所对应的温度为535℃。

答：主蒸汽实际温度为535℃。

五、技能操作鉴定要素细目表（技师）

<table>
<tr><th colspan="6">鉴定范围</th><th colspan="2">鉴定点</th></tr>
<tr><th colspan="2">一级</th><th colspan="2">二级</th><th colspan="2">三级</th><th rowspan="2">代码</th><th rowspan="2">名称</th></tr>
<tr><th>代码</th><th>名称</th><th>代码</th><th>名称</th><th>代码</th><th>名称</th></tr>
<tr><td rowspan="24">A</td><td rowspan="24">技能要求</td><td rowspan="2">A</td><td rowspan="2">测量与绘识</td><td rowspan="2">A</td><td rowspan="2">绘识图</td><td>001</td><td>汽包水位自动控制系统逻辑图的绘制</td></tr>
<tr><td>002</td><td>主汽温度自动控制系统逻辑图的绘制</td></tr>
<tr><td rowspan="3">B</td><td rowspan="3">校验调整</td><td rowspan="3">A</td><td rowspan="3">调整设备</td><td>001</td><td>变频器参数的调整</td></tr>
<tr><td>002</td><td>TSI模件参数的调整</td></tr>
<tr><td>003</td><td>氧量变送器本底电势的调整</td></tr>
<tr><td rowspan="4">C</td><td rowspan="4">维护更换安装</td><td rowspan="4">A</td><td rowspan="4">维护设备</td><td>001</td><td>DKJ电动执行器操作不动且无反馈的检查</td></tr>
<tr><td>002</td><td>PLC系统参数的检查</td></tr>
<tr><td>003</td><td>汽机TSI保护系统的检查</td></tr>
<tr><td>004</td><td>pH电极的清洗</td></tr>
<tr><td rowspan="7">D</td><td rowspan="7">分析处理</td><td rowspan="3">A</td><td rowspan="3">分析故障</td><td>001</td><td>DCS系统给水自动失灵原因的分析</td></tr>
<tr><td>002</td><td>热电组显示仪表指示无穷大故障原因的分析</td></tr>
<tr><td>003</td><td>平衡容器测量汽包水位产生的原因的分析</td></tr>
<tr><td rowspan="4">B</td><td rowspan="4">处理故障</td><td>001</td><td>DCS系统中的热电偶、热电阻故障的处理</td></tr>
<tr><td>002</td><td>DCS系统中的主汽流量指示不准故障的处理</td></tr>
<tr><td>003</td><td>处理pH计故障</td></tr>
<tr><td>004</td><td>DEH系统中LVDT反馈装置故障的处理</td></tr>
<tr><td rowspan="2">E</td><td rowspan="2">钳工技术</td><td rowspan="2">A</td><td rowspan="2">钳工操作</td><td>001</td><td>板牙套丝扣</td></tr>
<tr><td>002</td><td>钻设备安装螺孔</td></tr>
<tr><td>F</td><td>培训</td><td>A</td><td>培训指导</td><td>001</td><td>培训教案的编写</td></tr>
<tr><td rowspan="2">G</td><td rowspan="2">综合管理</td><td>A</td><td>质量管理</td><td>001</td><td>技术改造的编写</td></tr>
<tr><td>B</td><td>生产管理</td><td>001</td><td>大修总结报告的编写</td></tr>
</table>

六、技能操作试题（技师）

试题1：汽包水位自动控制系统逻辑图的绘制（技能笔试）

（考核时间：20min）

序号	考核内容	考核要点	配分	评分标准	检测结果	扣分	得分	备注
1	准备工作	准备工具	2	未准备扣2分，少一件扣1分				
2	绘制主调节器逻辑图	绘制给定值的百分数转换过程	10	少画一个功能块扣2分				
		绘制汽包水位信号	6	未绘制或绘制错误扣6分				
		绘制给定与测量的比较	6	少画一个功能块扣2分				
		绘制水位偏差大跳手动逻辑	10	未画或画错扣10分				
		绘制主PID调节器	6	未画或画错扣6分				
		绘制主PID调节器跟踪量	3	未画或画错扣3分				
		绘制主PID调节器跟踪开关	2	未画或画错扣2分				
		绘制主汽流量前馈信号	5	未画或画错扣5分				
		绘制主汽流量叠加	5	未画或画错扣5分				
		绘制给水流量跟踪叠加	5	未画或画错扣5分				
		绘制主调输出到副调	5	未画或画错扣5分				
3	绘制副调节器逻辑图	绘制给水流量信号	6	未画或画错扣6分				
		绘制副调输入偏差计算	5	少画一个功能块扣2分				
		绘制副PID调节器	6	未画或画错扣6分				
		绘制副PID调节器跟踪量	3	未画或画错扣3分				
		绘制副PID调节器跟踪开关	2	未画或画错扣2分				
		绘制执行器反馈与副调输出偏差大跳手动逻辑	8	未画或画错扣8分				
		绘制副调输出到执行器	5	未绘制或绘制错误扣5分				
4	绘制整洁度	绘制的线条清晰		线条不清晰总分中扣2分			—	
		绘制的画面整洁		画面不整洁总分中扣2分			—	
5	其他	在规定时间内完成		超时停止笔试			—	
		合　　计	100					

试题2：主汽温度自动控制系统逻辑图的绘制（技能笔试）

（考核时间：20min）

序号	考核内容	考核要点	配分	评分标准	检测结果	扣分	得分	备注
1	准备工作	准备工具	2	未准备扣2分，少一件扣1分				
2	绘制主调节器逻辑图	绘制给定功能块	6	未画或画错扣6分				
		绘制给定值的百分数转换过程	10	少画一个功能块扣5分				
		绘制主汽温度	6	未画或画错扣6分				
		绘制给定与测量的比较	6	少画一个功能块扣3分				
		绘制温度偏差大跳手动逻辑	8	未画或画错扣8分				
		绘制主PID调节器	5	未画或画错扣5分				
		绘制主PID调节器跟踪量	5	未画或画错扣5分				
		绘制主PID调节器跟踪开关	4	未画或画错扣4分				
		绘制负荷前馈信号	5	未画或画错扣5分				
		绘制负荷前馈信号叠加	5	未画或画错扣5分				
		绘制主调输出到副调	5	未画或画错扣5分				
3	绘制副调节器逻辑图	绘制二级减温水温度信号	6	未画或画错扣6分				
		绘制副调输入偏差计算	5	少画一个功能块扣2分				
		绘制副PID调节器	5	未画或画错扣5分				
		绘制副PID调节器跟踪量	5	未画或画错扣5分				
		绘制副PID调节器跟踪开关	2	未画或画错扣2分				
		绘制执行器反馈与副调输出偏差大跳手动逻辑	5	未画或画错扣5分				
		绘制副调输出到执行器	5	未画或画错扣5分				
4	绘制整洁度	绘制的线条清晰		线条不清晰总分中扣2分			—	
		绘制的画面整洁		画面不整洁总分中扣2分			—	
5	其他	在规定时间内完成操作		超时停止笔试			—	
		合　计	100					

试题3：变频器参数的整定(模拟操作)

(考核时间：30min)

序号	考核内容	考核要点	配分	评分标准	检测结果	扣分	得分	备注
1	准备工作	穿戴劳保用品规范	3	穿戴不规范扣3分				
		准备工具、用具	2	未准备扣2分，少一件扣1分				
2	设置参数	切断变频器电源	5	未切断变频电源扣5分				
		插上变频控制面板	5	未插控制面板扣5分				
		固定变频控制面板	5	未固定控制面板扣5分				
		变频器送电	5	未送电扣5分				
		进入参数设定模式	5	模式错误扣5分				
		设定参数修改权限	5	未修改权限扣5分				
		设定上限频率为50Hz	10	未设定上限频率扣10分				
		设定下限频率为10Hz	10	未设定下限频率扣10分				
		设定控制方式为外回路远方控制	10	未设定控制方式或设置错误扣10分				
		设定控制信号类型为电流4~20mA	10	未设置信号类型或设置错误扣10分				
		设定电机转向为正转	5	未设定电机转向扣5分				
3	检查性能	检查电机转向	5	转向错误扣5分				
		检查变频最小输出频率	5	输出频率错误扣5分				
		检查变频最大输出频率	5	输出频率错误扣5分				
		恢复参数修改权限为默认值	5	未恢复扣5分				
4	清理现场	使用工具		工具使用不正确一次从总分中扣2分				—
		清理现场		未清理现场总分中扣5分				—
5	安全及其他	按国家或企业有关安全规定执行操作		违规一次从总分中扣5分；严重违规停止操作				—
		在规定时间内完成		超时停止操作				—
		合　计	100					

试题4：TSI模件参数的调整(模拟操作)

(考核时间：30min)

序号	考核内容	考核要点	配分	评分标准	检测结果	扣分	得分	备注
1	准备工作	穿戴劳保用品规范	3	穿戴不规范扣3分				
		准备工具、用具	1	未准备扣1分				

续表

序号	考核内容	考核要点	配分	评分标准	检测结果	扣分	得分	备注
2	建立通讯	用数据线将上位机与TSI进行连接通讯	6	TSI未停电扣3分，不按规定操作扣3分				
		启动上位机	9	未启动扣9分				
		启动组态软件	10	未启动扣10分				
		输入口令，进入组态软件	8	未进入组态扣8分				
		检查软件通讯设置	8	未检查扣8分				
		在程序中点击连接按钮和TSI模件建立连接	10	连接失败扣10分				
3	调整参数	读取组态参数	8	未读取扣8分				
		修改当前组态参数	8	未修改扣8分				
		保存已修改的组态	8	未保存扣8分				
		下载已修改的组态	5	未下载扣5分				
		填写修改记录	4	未填写扣4分，填写错误一处扣1分				
4	中断通讯	中断软件通讯	4	未中断扣4分				
		TSI停电	4	未停电扣4分				
		断开数据线	4	未中断扣4分				
5	清理现场	使用工具		工具使用不正确一次从总分中扣2分			—	
		清理现场		未清理现场从总分中扣5分			—	
6	安全及其他	按国家或企业有关安全规定执行操作		违规一次从总分中扣5分；严重违规停止操作			—	
		在规定时间内完成		超时停止操作			—	
		合　计	100					

试题5：氧量变送器本底电势的调整(模拟操作)

(考核时间：30min)

序号	考核内容	考核要点	配分	评分标准	检测结果	扣分	得分	备注
1	准备工作	穿戴劳保用品规范	3	穿戴不规范扣3分				
		准备工具、用具	4	未准备扣4分，少一件扣1分				
		检查标准仪器	8	未检查扣8分，少一项扣2分				

续表

序号	考核内容	考核要点	配分	评分标准	检测结果	扣分	得分	备注
2	调整	电源接线	8	接线错误扣8分				
		信号接线	8	接线错误扣8分				
		通电前检查线路	6	未检查扣6分，接线松动出现一次扣1分				
		预热	7	预热时间少于15min扣7分				
		设定温度	10	未设定或设定错误扣10分				
		设置空气校验点	10	未设置或设置错误扣10分				
		设置标气校验点	10	未设置或设置错误扣10分				
		空气校验	10	未校验扣10分				
		调整本底	10	调整错误扣10分				
3	整理数据	填写校验记录	6	未填写扣6分，填写错误一项扣1分				
4	清理现场	使用工具		工具使用不正确一次从总分中扣2分			—	
		清理现场		未清理现场总分中扣5分			—	
5	安全及其他	按国家或企业有关安全规定执行操作		违规一次从总分中扣5分；严重违规停止操作			—	
		在规定时间内完成		超时停止操作			—	
	合　计		100					

试题6：DKJ电动执行器操作不动且无反馈的修理(模拟操作)

（考核时间：30min）

序号	考核内容	考核要点	配分	评分标准	检测结果	扣分	得分	备注
1	准备工作	穿戴劳保用品规范	3	穿戴不规范扣3分				
		准备工具、用具	7	未准备扣7分，少一件扣1分				
2	检查反馈装置	检查电源回路是否断线	6	未检查此项扣6分				
		电源断电	6	未断电即开工扣6分				
		拆除反馈盒盖	6	不拆除反馈盒盖扣6分				
		检查反馈回路是否断路	5	未检查此项扣5分				
		检查电位器是否损坏	5	未检查此项扣5分				
		检查电位器是否调整不当	5	未检查此项扣5分				
		检查反馈零点是否调整不当	5	未检查此项扣5分				
		检查反馈量程是否调整不当	5	未检查此项扣5分				
		检查反馈板是否损坏	5	未检查反馈板扣5分				

续表

序号	考核内容	考核要点	配分	评分标准	检测结果	扣分	得分	备注
3	检查操作回路	检查电气限位是否位置准确	7	未检查此项扣7分				
		检查机械限位是否位置准确	5	未检查此项扣5分				
		检查操作回路接线是否松动	5	未检查此项扣5分				
		检查电机是否损坏	5	未检查此项扣5分				
		检查分相电容是否损坏	5	未检查此项扣5分				
		检查抱闸是否过紧	5	未检查此项扣5分				
4	检查性能	检查反馈数据应平稳无波动	5	未检查此项扣5分				
		检查操作过程应稳定无噪音	5	未检查此项扣5分				
5	清理现场	使用工具		工具使用不正确一次从总分中扣2分				—
		清理现场		未清理现场从总分中扣5分				—
6	安全及其他	按国家或企业有关安全规定执行操作		违规一次从总分中扣5分；严重违规停止操作				—
		在规定时间内完成操作		超时停止操作				—
		合　计	100					

试题7：PLC系统参数的检查（模拟操作）

（考核时间：30min）

序号	考核内容	考核要点	配分	评分标准	检测结果	扣分	得分	备注
1	准备工作	穿戴劳保用品规范	3	穿戴不规范扣3分				
		准备工具、用具	3	未准备扣3分，少一件扣1分				
2	检查装置	检查PLC供电电源	5	未检查扣5分				
		检查PLC装置状态指示	5	未检查扣5分				
3	建立连接	检查PLC运行模式	5	未检查扣5分				
		用编程电缆将PLC与上位机连接	5	连接失败扣5分				

续表

序号	考核内容	考核要点	配分	评分标准	检测结果	扣分	得分	备注
4	检查参数	启动组态软件	10	启动失败扣10分				
		设置通讯参数	10	设置错误扣10分				
		检查通讯是否正常	5	未检查此项扣5分				
		上传PLC程序至上位机	10	未操作此项扣10分				
		参数检查	10	未检查扣10分				
		保存程序并进行编译	10	未保存或未编译扣10分				
		下载至PLC	10	未操作此项扣10分				
		填写记录	4	未填写扣4分，填写错误一处扣2分				
5	中断连接	关闭程序，拔下编程电缆接头	5	未操作此项扣5分				
6	清理现场	使用工具		工具使用不正确一次从总分中扣2分			—	
		清理现场		未清理现场总分中扣5分			—	
7	安全及其他	按国家或企业有关安全规定执行操作		违规一次从总分中扣5分；严重违规停止操作			—	
		在规定时间内完成		超时停止操作			—	
		合　计	100					

试题8：汽机TSI保护系统的检查(模拟操作)

（考核时间：30min）

序号	考核内容	考核要点	配分	评分标准	检测结果	扣分	得分	备注
1	准备工作	穿戴劳保用品规范	3	穿戴不规范扣3分				
		准备工具、用具	2	未准备扣2分，少一件扣1分				
		开工作票	4	未开工作票扣4分				
		解除保护	4	未解除扣4分				
2	检查电源回路	检查电源模件状态指示灯	4	未检查扣4分				
		检查24V电源模件	6	未检查扣6分				
3	检查输入回路	检查一次元件	10	未检查扣10分				
		检查TSI模件输入回路状态指示灯	5	未检查扣5分				
		检查TSI模拟量输入信号	10	未检查扣10分				

续表

序号	考核内容	考核要点	配分	评分标准	检测结果	扣分	得分	备注
4	检查TSI模件	检查TSI保护模件	10	未检查扣10分				
		检查TSI通讯模件	10	未检查扣10分				
5	检查输出回路	检查TSI模拟量输出信号	10	未检查扣10分				
		检查输出继电器	10	未检查扣10分				
6	工作结束	填写检查记录	4	未填写扣4分，填写错误一处扣2分				
		投入保护	4	未检查扣4分				
		封工作票	4	未检查扣4分				
7	清理现场	使用工具		工具使用不正确一次从总分中扣2分			—	
		清理现场		未清理现场总分中扣5分			—	
8	安全及其他	按国家或企业有关安全规定执行操作		违规一次从总分中扣5分；严重违规停止操作			—	
		在规定时间内完成		超时停止操作			—	
		合　计	100					

试题9：pH计电极的清洗（模拟操作）

（考核时间：15min）

序号	考核内容	考核要点	配分	评分标准	检测结果	扣分	得分	备注
1	准备工作	穿戴劳保用品规范	3	穿戴不规范扣3分				
		准备工具、用具	3	未准备扣3分，少一件扣1分				
2	清洗电极	停仪表电源	5	未操作此项扣5分				
		关闭仪表取样门	5	未操作此项扣5分				
		检查清洗pH电极	8	触摸敏感玻璃球扣8分				
		对电极杯进行清洗	5	未操作此项扣5分				
		安装电极	8	操作错误扣8分				
3	投运仪表	开启水样门	5	未操作此项扣5分				
		检查管路无泄漏	5	未检查此项扣5分				
		检查取样门无泄漏	5	未检查此项扣5分				
		检查进出水管接头无泄漏	6	未检查一处接头扣2分				
		调整水样流速	6	未检查此项扣6分				
		检查设备标识清晰、线号正确	6	未操作此项扣6分				

续表

序号	考核内容	考核要点	配分	评分标准	检测结果	扣分	得分	备注
		仪表送电	6	未操作此项扣6分				
		线路电压测试(24DCV)	6	未操作此项扣6分				
		调整仪表进入测量状态	6	未操作此项扣6分				
		检查仪表指示	6	未操作此项扣6分				
		输出电流测试(4~20mA)	6	未操作此项扣6分				
4	清理现场	使用工具		工具使用不正确一次从总分中扣2分				
		清理现场		未清理现场总分中扣5分				
5	安全及其他	按国家或企业有关安全规定执行操作		违规一次从总分中扣5分；严重违规停止操作				
		在规定时间内完成		超时停止操作				
	合　计		100					

试题10：DCS系统给水自动失灵故障原因的分析(技能笔试)

（考核时间：20min）

序号	考核内容	考核要点	配分	评分标准	检测结果	扣分	得分	备注
1	准备工作	将系统有关自动切至手动	7	未答此项扣7分				
2	检查信号	是否系统波动太大	6	未作此项分析扣6分				
		检查汽包水位信号	6	未作此项分析扣6分				
		检查给水流量信号	6	未作此项分析扣6分				
		检查主汽流量信号	5	未作此项分析扣5分				
		检查补偿信号	5	未作此项分析扣5分				
		检查信号回路	5	未作此项分析扣5分				
		检查信号屏蔽	5	未作此项分析扣5分				
3	检查变送器	检查变送器电源	5	未作此项分析扣5分				
		检查变送器接线	5	未作此项分析扣5分				
		检查变送器管路是否有汽	5	未作此项分析扣5分				
		检查变送器是否泄漏	5	未作此项分析扣5分				
		检查电缆绝缘	5	未作此项分析扣5分				
4	检查参数	检查是否补偿系数调整不当	5	未作此项分析扣5分				
		检查调节器比例系数设置	5	未作此项分析扣5分				
		检查调节器积分时间设置	5	未作此项分析扣5分				
		检查调节器微分时间设置	5	未作此项分析扣5分				

续表

序号	考核内容	考核要点	配分	评分标准	检测结果	扣分	得分	备注
5	检查性能	系统投入自动应平稳波动小	5	未答此项扣5分				
		扰动试验应能快速消差	5	未答此项扣5分				
6	其他	在规定时间内完成		超时停止笔试				—
	合　计		100					

试题11：热电阻显示仪表指示无穷大故障原因的分析（模拟操作）

（考核时间：20min）

序号	考核内容	考核要点	配分	评分标准	检测结果	扣分	得分	备注
1	准备工作	穿戴劳保用品规范	3	穿戴不规范扣3分				
		准备工具、用具	5	未准备扣5分，少一件扣1分				
2	检查显示仪表	仪表断电	10	未断电扣10分				
		检查显示仪表电源	7	未检查电源扣7分				
		检查显示仪表电源保险管	10	未检查保险管扣10分				
		检查仪表接线是否正确	10	未检查扣10分				
3	检查线路	拆下热电阻接线	10	未拆下接线测线路扣10分				
		用万用表电阻挡测量热电阻连接导线，电阻无穷大，证明回路开路	10	未判断回路开路扣10分				
		检查热电阻接线端子盒引出接线是否脱落或松动	10	未检查此项扣10分				
4	检查热电阻	检查热电阻阻丝与接线柱是否虚接或断开	10	未检查此项扣10分				
		检查热电阻体是否断开	10	未检查此项扣10分				
5	恢复仪表	仪表送电	5	未送电扣5分				
6	清理现场	清理现场		未清理现场从总分中扣5分				—
7	安全及其他	按国家或企业有关安全规定执行操作		违规一次从总分中扣5分；严重违规停止操作				—
		在规定时间内完成		超时停止操作				—
	合　计		100					

试题12：平衡容器测量汽包水位产生故障原因的分析(技能笔试)

(考核时间：20min)

序号	考核内容	考核要点	配分	评分标准	检测结果	扣分	得分	备注
1	准备工作	将系统有关自动切至手动	8	未答此项扣8分				
2	检查变送器	差压变送器零点漂移	5	未作此项分析扣5分				
		水位补偿信号汽包压力	5	未作此项分析扣5分				
		水位补偿信号汽包壁温	5	未作此项分析扣5分				
3	检查差压信号管路	正、负压侧管路及阀门泄漏	5	未作此项分析扣5分				
		正、负压侧管路内有气柱	5	未作此项分析扣5分				
		管路受热源影响或单管受热	4	未作此项分析扣4分				
		冬季管路保温防冻	4	未作此项分析扣4分				
4	分析运行状况	未将平衡容器灌满	5	未作此项分析扣5分				
		管路内凝结水量不够	5	未作此项分析扣5分				
		在蒸汽流量阶跃增大扰动下，汽包水位产生虚假水位	4	未作此项分析扣4分				
		炉受热不均使安装不同位置的平衡容器水位仪表指示不同	5	未作此项分析扣5分				
5	检查程序	信号零点设置错误	5	未作此项分析扣5分				
		信号量程设置错误	5	未作此项分析扣5分				
		信号连接通道错误	5	未作此项分析扣5分				
		检查逻辑错误	5	未作此项分析扣5分				
6	检查模件	模件状态异常	5	未作此项分析扣5分				
		模件通道故障	5	未作此项分析扣5分				
7	检查画面	画面链接块选错	5	未作此项分析扣5分				
		画面链接通道错误	5	未作此项分析扣5分				
8	其他	在规定时间内完成		超时停止笔试				—
		合　计	100					

试题13：DCS系统中的热电偶、热电阻故障的处理(技能笔试)

(考核时间：15min)

序号	考核内容	考核要点	配分	评分标准	检测结果	扣分	得分	备注
1	准备工作	开工作票	5	未答此项扣5分				

续表

序号	考核内容	考核要点	配分	评分标准	检测结果	扣分	得分	备注
2	检查线路	拆线	5	未答此项扣5分				
		检查绝缘（包括热电偶、线路）	8	未答此项扣8分				
		检查各接线端子	8	未答此项扣8分				
3	热电偶故障处理	检查热电偶电势值是否正常	8	未答此项扣8分				
4	检查模件	检查模件通道	8	未答此项扣8分				
		检查程序内量程设置	8	未答此项扣8分				
5	检查线路	拆线	5	未答此项扣8分				
		检查绝缘（包括热电阻、线路）	8	未答此项扣5分				
		检查各接线端子	8	未答此项扣8分				
6	热电阻故障处理	检查热电阻阻值是否正常	8	未答此项扣8分				
7	检查模件	检查模件通道	8	未答此项扣8分				
		检查程序内量程设置	8	未答此项扣8分				
8	结束工作	封工作票	5	未答此项扣5分				
9	安全及其他	按国家或企业有关安全规定执行操作		违规一次从总分中扣5分；严重违规停止操作			—	
		在规定时间内完成		超时停止操作			—	
		合计	100					

试题14：DCS系统中主汽流量指示不准故障的处理（技能笔试）

（考核时间：15min）

序号	考核内容	考核要点	配分	评分标准	检测结果	扣分	得分	备注
1	准备工作	开工作票	5	未开工作票扣5分				
2	检查变送器	将系统有关自动切至手动	5	未答此项扣5分				
		检查变送器电源	5	未答此项扣5分				
		检查变送器输出信号	5	未答此项扣5分				
		停表	5	未答此项扣5分				
		泄压	5	未答此项扣5分				
		测量变送器零点	5	未答此项扣5分				
		检查变送器管路及阀门泄漏	5	未答此项扣5分				
		管路排污	5	未答此项扣5分				

续表

序号	考核内容	考核要点	配分	评分标准	检测结果	扣分	得分	备注
3	检查补偿信号	检查流量补偿信号	5	未答此项扣5分				
4	检查程序	信号零点设置错误	6	未答此项扣6分				
		信号量程设置错误	7	未答此项扣7分				
		信号连接通道错误	7	未答此项扣7分				
		检查逻辑错误	5	未答此项扣5分				
5	检查模件	模件状态异常	5	未答此项扣5分				
		模件通道故障	5	未答此项扣5分				
6	检查画面	画面链接块选错	5	未答此项扣5分				
		画面链接通道错误	5	未答此项扣5分				
7	结束工作	封工作票	5	未封工作票扣5分				
8	其他	按国家或企业有关安全规定执行操作		违规一次从总分中扣5分；严重违规停止操作			—	
		在规定时间内完成		超时停止操作			—	
	合　计		100					

试题15：pH计故障的处理（模拟操作）

（考核时间：25min）

序号	考核内容	考核要点	配分	评分标准	检测结果	扣分	得分	备注
1	准备工作	穿戴劳保用品规范	3	穿戴不规范扣3分				
		准备工具、用具	3	未准备扣3分，少一件扣1分				
2	检查仪表	线路电压测试(24DCV)	5	未测试扣5分				
		检查电极输入信号是否正确	5	未检查扣5分				
		检查温补信号是否正确	5	未检查扣5分				
		检查仪表指示	5	未检查扣5分				
		输出电流测试(4～20mA)	5	未测试扣5分				
		判断故障原因	5	判断错误扣5分				
		表头仪表故障处理方法	5	处理方法错误扣5分				
3	检查电极	检查清洗pH电极	5	未检查扣5分				
		对电极杯进行清洗	5	未清洗或清洗错误扣5分				
		判断电极是否失效	4	判断错误扣4分				
		对未失效电极进行重新标定	5	未标定或标定错误扣5分				
		对失效电极进行更换	5	未更换扣5分				

续表

序号	考核内容	考核要点	配分	评分标准	检测结果	扣分	得分	备注
4	检查管路	检查管路无泄漏	5	未检查扣5分				
		检查取样门无泄漏	4	未检查扣4分				
		检查进出水管接头无泄漏	6	未检查扣6分，一处泄漏扣2分				
		检查水样流速	5	未检查扣5分				
5	检查DCS系统	检查程序是否正常	5	未检查扣5分				
		检查模件是否正常	5	未检查扣5分				
		检查DCS画面是否正常	5	未检查扣5分				
6	清理现场	使用工具		工具使用不正确一次从总分中扣2分			—	
		清理现场		未清理现场总分中扣5分			—	
7	安全及其他	按国家或企业有关安全规定执行操作		违规一次从总分中扣5分；严重违规停止操作			—	
		在规定时间内完成		超时停止操作			—	
	合　计		100					

试题16：DEH控制系统LVDT反馈装置故障的处理（技能笔试）

（考核时间：20min）

序号	考核内容	考核要点	配分	评分标准	检测结果	扣分	得分	备注
1	准备工作	开工作票	5	未答此项扣5分				
2	检查LVDT	检查LVDT反馈值	7	未答此项扣7分				
		检查LVDT线路	7	未答此项扣7分				
		判断LVDT已损坏	6	未答此项扣6分				
3	拆卸坏LVDT装置	切单阀控制	7	未答此项扣7分				
		扫描切除坏点	8	未答此项扣8分				
		关闭调门	10	未答此项扣10分				
		拆卸有关连接接线	5	未答此项扣5分				
		拆卸LVDT装置	5	未答此项扣5分				
4	更换新LVDT装置	安装	5	未答此项扣5分				
		调试零点	5	未答此项扣5分				
		零点量程	5	未答此项扣5分				
		恢复扫描切除	5	未答此项扣5分				

续表

序号	考核内容	考核要点	配分	评分标准	检测结果	扣分	得分	备注
5	检查性能	检查曲线平稳度	5	未答此项扣5分				
		检查数据正确性	5	未检查显扣5分				
		检查与调门实际位置对应性	5	未答此项扣5分				
6	结束工作	封工作票	5	未答此项扣5分				
7	其他	按国家或企业有关安全规定执行操作		违规一次从总分中扣5分；严重违规停止操作			—	
		在规定时间内完成		超时停止笔试			—	
		合　计	100					

试题17：板牙套丝扣（实际操作）

（考核时间：40min）

序号	考核内容	考核要点	配分	评分标准	检测结果	扣分	得分	备注
1	准备工作	穿戴劳保用品规范	3	穿戴不规范扣3分				
		准备工具、用具	1	未准备扣1分				
		检查手锯	5	未检查扣5分				
		检查台虎钳	5	未检查扣5分				
		检查卡尺	5	未检查扣5分				
		清理管子	5	未检查扣5分				
2	锯管下料	固定管子	10	未用台虎钳固定扣10分，固定不牢固一次扣5分				
		锯割管	10	管口面与管中心线垂直，不垂直扣10分				
		手锯操作	10	手锯操作错误扣5分，锯条断一次扣5分				
		锉平锯口	10	未操作此项扣5分，管口不平齐扣5分				
3	板丝套扣	选择板牙	5	选择错误扣5分				
		丝扣完整	5	丝扣损坏扣5分				
		丝扣光滑	5	丝扣有毛刺扣5分				
		确定螺丝长度	8	螺丝长度超差扣8分				
		卡尺测量	5	未测或测量错误扣5分				
		扳丝操作	8	操作错误扣8分				

续表

序号	考核内容	考核要点	配分	评分标准	检测结果	扣分	得分	备注
4	清理现场	清理废料		未清理现场总分扣5分			—	
		使用工具		工具使用不正确一次从总分中扣2分			—	
5	安全及其他	按国家或企业有关安全规定执行操作		违规一次从总分中扣5分；严重违规停止操作			—	
		在规定时间内完成操作		超时停止操作			—	
		合　计	100					

试题18：设备安装钻螺孔（实际操作）

（考核时间：40min）

序号	考核内容	考核要点	配分	评分标准	检测结果	扣分	得分	备注
1	准备工作	穿戴劳保用品规范	3	穿戴不规范扣3分				
		准备工具、用具	2	未准备扣2分，少一件扣1分				
		检查电钻	3	未检查扣3分				
		检查台虎钳	3	未检查扣3分				
		检查尺子	3	未检查扣3分				
		清理铁板	3	未清理扣3分				
2	划线定位	按要求划线、确认定位孔	10	划线方法错误扣5分，定位不合理一处扣5分				
		打样冲眼	12	未打样冲眼扣12分；样冲眼与设备固定孔不配套错一处扣4分				
		固定铁板	8	未固定或不牢固扣8分				
3	钻孔	选择钻头	5	选择错误扣5分				
		安装钻头	5	安装错误或不牢固扣5分				
		钻孔操作	10	操作错误扣5分，损坏钻头一个扣5分				
		检查钻孔	18	孔径错误一个扣3分；孔距错误一个扣3分				
		修正钻孔毛刺	15	未修正钻孔扣10分，修正后不光滑有毛刺一个扣5分				
4	清理现场	使用工具		工具使用不正确一次从总分中扣2分			—	
		现场清理干净		未清理现场从总分扣5分			—	

续表

序号	考核内容	考核要点	配分	评分标准	检测结果	扣分	得分	备注
5	安全及其他	按国家或企业有关安全规定执行操作		违规一次从总分中扣5分；严重违规停止操作				—
		在规定时间内完成操作		超时停止操作				—
	合　计		100					

试题19：培训教案的编写(技能笔试)

(考核时间：20min)

序号	考核内容	考核要点	配分	评分标准	检测结果	扣分	得分	备注
1	确定教案要素	确定授课教师	6	未答此项扣6分				
		确定授课时间	6	未答此项扣6分				
		确定授课地点	6	未答此项扣6分				
		确定授课人数	7	未答此项扣7分				
		确定授课题目	10	未答此项扣10分				
2	编写教案内容	确定授课目的	10	未答此项扣10分				
		讲述原理	5	未答此项扣5分				
		讲述结构	5	未答此项扣5分				
		讲述定理、规律	10	未答此项扣10分				
		讲述故障现象	5	未答此项扣5分				
		讲述故障处理方法	10	未答此项扣10分				
3	讨论难点	全员讨论难点	10	未答此项扣10分				
4	总结	课后留思考题	10	未答此项扣10分				
5	其他	在规定时间内完成操作		超时停止笔试				—
	合　计		100					

试题20：技术改造方案的编写(技能笔试)

(考核时间：20min)

序号	考核内容	考核要点	配分	评分标准	检测结果	扣分	得分	备注
1	确定改造名称	确定技术改造名称	8	未答此项扣8分				
2	确定施工单位	确定施工单位	8	未答此项扣8分				
		确定项目经理	8	未答此项扣8分				

续表

序号	考核内容	考核要点	配分	评分标准	检测结果	扣分	得分	备注
3	企业审核	安全质量环保部审核	6	未答此项扣6分				
		生产技术部批准	8	未答此项扣8分				
		主管领导批准	8	未答此项扣8分				
4	编写方案	讲述工程概况	5	未答此项扣5分				
		计划开、竣工日期	10	未答此项扣10分				
		确定施工组织机构	9	未答此项扣9分				
		确定施工方案	10	未答此项扣10分				
		确定安全措施	10	未答此项扣10分				
		确定施工进度	10	未答此项扣10分				
5	其他	在规定时间内完成		超时停止笔试				
合计			100					

试题21：大修总结报告的编写（技能笔试）

（考核时间：20min）

序号	考核内容	考核要点	配分	评分标准	检测结果	扣分	得分	备注
1	确定报告名称	确定大修总结报告名称	8	未答此项扣8分				
2	编写报告封皮	分厂专工签字	8	未答此项扣8分				
		分厂主任签字	7	未答此项扣7分				
		生产技术部专工签字	5	未答此项扣5分				
		生产技术部副主任签字	5	未答此项扣5分				
		副总工程师签字	5	未答此项扣5分				
		总工程师签字	5	未答此项扣5分				
3	编写报告内容	设备停用时间	5	未答此项扣5分				
		工时	5	未答此项扣5分				
		检修费用	9	未答此项扣9分				
		检修前后效果对比	9	未答此项扣9分				
		检修中发现的重大缺陷及采取的措施	9	未答此项扣9分				
4	总结	重大技改内容及效果	5	未答此项扣5分				
		人工费用的简要分析	5	未答此项扣5分				
		实验结果简要分析	5	未答此项扣5分				
		A检后存在的主要问题和准备采取的对策	5	未答此项扣5分				
5	其他	在规定时间内完成		超时停止笔试			—	
合计			100					

七、技能操作鉴定要素细目表(高级技师)

鉴定范围						鉴定点	
一级		二级		三级		代码	名称
代码	名称	代码	名称	代码	名称		
A	技能要求	A	测量与绘识	A	绘识图	001	机组主保护逻辑图的绘制
		B	校验调整	A	调整设备	001	主机保护串轴试验的调试
						002	DCS 系统参数的修改
		C	维护更换安装	A	维护设备	001	锅炉灭火保护系统的检查
						002	变频器的检查
						003	用 PLC 控制电动机实现星形—三角形降压启动
		D	分析处理	A	分析故障	001	汽轮机轴振大故障的分析
						002	变频器故障的分析
						003	DCS 系统轴封压力显示故障原因的分析
						004	DEH 系统调门摆动原因的分析
				B	处理故障	001	PLC 故障的处理
						002	DKJ 执行器操作不动故障的处理
						003	变频器所带电机操作不动故障的处理
						004	DEH 控制系统 VCC 卡故障的处理
						005	机组超速保护系统故障的处理
		E	钳工技术	A	钳工操作	001	压力表管缓冲弯的制作
						002	开仪表盘孔
				B	材料识别	001	钢材的识别
		F	培训	A	培训指导	001	培训教案的编写
		G	管理	A	质量管理	001	QC 方案的编写
				B	生产管理	001	事故分析报告的编写

八、技能操作试题(高级技师)

试题 1:汽机主保护逻辑图的绘制(技能笔试)

(考核时间:30min)

序号	考核内容	考核要点	配分	评分标准	检测结果	扣分	得分	备注
1	准备工作	准备工具、用具	3	未准备扣 3 分,少一件扣 1 分				
2	绘制润滑油压保护逻辑	绘制出润滑油压低联动交流油泵逻辑	10	未绘制压控接点扣 3 分				
				未绘制联锁开关扣 3 分				
				逻辑关系错误扣 4 分				

续表

序号	考核内容	考核要点	配分	评分标准	检测结果	扣分	得分	备注
		绘制出润滑油压低联动直流油泵逻辑	10	未绘制压控接点扣3分				
				未绘制联锁开关扣3分				
				逻辑关系错误扣4分				
		绘制出润滑油压低停机逻辑	10	未绘制压控接点扣3分				
				未绘制联锁开关扣3分				
				逻辑关系错误扣4分				
		绘制出润滑油压低联动盘车逻辑	10	未绘制压控接点扣3分				
				未绘制联锁开关扣3分				
				逻辑关系错误扣4分				
3	绘制瓦振保护逻辑	绘制出#1－7瓦输入接点之间的逻辑	10	未绘制瓦振接点扣3分				
				少一个功能过程扣2分				
				逻辑关系错误扣5分				
		绘制出#1－7瓦的保护输出逻辑	10	未绘制保护开关扣3分				
				少一个功能过程扣2分				
				逻辑关系错误扣5分				
				未绘制或绘制错误扣10分				
4	绘制发电机断水保护逻辑	绘制发电机断水保护低I值逻辑	10	未绘制压力接点扣3分				
				未绘制流量接点扣3分				
				逻辑关系错误扣4分				
		绘制发电机断水保护低II值逻辑	10	未绘制压力接点扣2分				
				未绘制流量接点扣2分				
				未绘制保护开关扣2分				
				逻辑关系错误扣4分				
5	绘图标准	使用国标符号	10	错误一处扣1分				
		填写图纸标题栏	7	标题栏未填写扣7分				
6	清理	清理现场		未清理现场从总分中扣5分			—	
7	其他	图面整洁		图面不整洁从总分中扣2分			—	
		在规定时间内完成		超时停止答卷			—	
		合　计	100					

试题2：主机保护串轴试验的调试（模拟操作）

（考核时间：30min）

序号	考核内容	考核要点	配分	评分标准	检测结果	扣分	得分	备注
1	准备工作	穿戴劳保用品规范	3	穿戴不规范扣3分				
		工具、用具准备	3	未准备扣3分，少一件扣1分				
2	检查设备	检查万用表	4	未检查扣4分				
		检查磁力表座及百分表	4	未检查扣4分				
		检查前置器	4	未检查扣4分				
		检查模件工作状态	4	未检查扣4分				
		检查系统电源	4	未检查扣4分				
3	安装	安装传感器	4	未安装扣4分				
		安装磁力表座及百分表	5	未安装扣5分				
		连接万用表	5	未连接扣5分				
4	调试	校验静态工作点	5	未做此项扣5分				
		正向调试	5	未调试扣5分				
		负向调试	5	未调试扣5分				
		调试报警值	10	未调试报警值扣10分，少一项扣5分				
		调试动作值	10	未调试动作值扣10分，少一项扣5分				
		调试报警值回差	10	未调试报警值回差扣10分，少一项扣5分				
		调试动作值回差	5	未调试动作值回差扣10分，少一项扣5分				
		紧固支架	5	未紧固扣5分				
5	整理记录	填写整理调试记录	5	未做此项扣5分				
6	清理现场	清理现场		未清理现场扣总分中扣5分			—	
7	安全及其他	按国家或企业有关安全规定执行操作		违规一次从总分中扣5分；严重违规停止操作			—	
		在规定时间内完成		超时停止操作			—	
	合计		100					

试题3：DCS系统参数的修改（模拟操作）

（考核时间：20min）

序号	考核内容	考核要点	配分	评分标准	检测结果	扣分	得分	备注
1	转换给定值	穿戴劳保用品规范	3	穿戴不规范扣3分				
		打开逻辑画面	5	未打开相应逻辑扣5分				
		将加法块的赋值进行更改	5	未更改或更改错误扣5分				
		将除法块的赋值进行更改	5	未更改或更改错误扣5分				
2	修改参数	修改信号零点为0	9	未修改或修改错误扣9分				
		修改信号量程为100	9	未修改或修改错误扣9分				
		修改偏差死区为0.5	9	未修改或修改错误扣9分				
		修改比例系数为1	10	未修改或修改错误扣10分				
		修改积分时间为60s	10	未修改或修改错误扣10分				
		修改给定值上限值为50	5	未修改或修改错误扣5分				
		修改给定值下限值为30	5	未修改或修改错误扣5分				
		修改给定与测量偏差大于10%跳自动	5	未修改或修改错误扣5分				
		修改输出与反馈偏差大于10%跳自动	5	未修改或修改错误扣5分				
		修改调节器输出最小值为10%	5	未修改输出最小值扣5分				
		修改调节器输出最大值为90%	5	未修改输出最大值扣5分				
		保存程序	5	未保存程序扣5分				
3	安全及其他	按国家或企业有关安全规定执行操作		违规一次从总分中扣5分；严重违规停止操作			—	
		在规定时间内完成		超时停止操作			—	
		合　计	100					

试题4：锅炉灭火保护系统的检查（模拟操作）

（考核时间：30min）

序号	考核内容	考核要点	配分	评分标准	检测结果	扣分	得分	备注
1	准备工作	穿戴劳保用品规范	3	穿戴不规范扣3分				
		工具、用具的准备	4	未准备扣4分，少一件扣1分				
		开工作票，解列保护	8	未开工作票扣4分，未解列保护扣4分				
		验电	3	开工前未验电扣3分				

续表

序号	考核内容	考核要点	配分	评分标准	检测结果	扣分	得分	备注
2	检查输入回路	检查风压管路	8	未检查开关风压管路扣4分，未检查火焰检测器风压管路扣4分				
		检查开关	8	未检查接点状态扣4分，未检查接点阻值扣4分				
		检查传感器	8	未检查传感器对可见光的检测扣8分				
		检查线路	8	未做绝缘测试扣4分，未检查接线端子扣4分				
3	检查灭火保护装置	外观检查	3	未检查扣3分				
		检查散热风扇	3	未检查扣3分				
		检查内部模件	8	未检查紧固状态扣8分				
4	检查输出回路	检查继电器	10	未检查扣10分，未检查接点状态扣5分，未检查接点电阻扣5分				
		检查线路	10	未检查扣10分，未做绝缘测试扣5分，未检查接线端子扣5分				
5	系统试验	检查逻辑状态	10	未检查扣10分，少检查一个回路逻辑扣2分				
6	工作结束	投入保护	3	未投入扣3分				
		封工作票	3	未封工作票扣3分				
7	清理现场	清理现场		未清理现场从总分中扣5分			—	
8	安全与其他	按国家或企业颁发有关安全规定执行操作		每违反一项规定从总分中扣5分；严重违规停止操作			—	
		在规定时间内完成		超时停止操作			—	
	合　计		100					

试题5：变频器的检查(模拟操作)

(考核时间：30min)

序号	考核内容	考核要点	配分	评分标准	检测结果	扣分	得分	备注
1	准备工作	穿戴劳保用品规范	3	穿戴不规范扣3分				
		工具、用具准备	4	未准备扣4分，少一件扣1分				

续表

序号	考核内容	考核要点	配分	评分标准	检测结果	扣分	得分	备注
2	设备检查	检查环境温度	5	未检查扣5分				
		切断变频器电源	8	未切断电源扣8分				
		拆除变频器前盖	5	未拆除前盖扣5分				
		检查信号接线是否松动	5	未检查接线扣5分				
		检查信号极性是否正确	5	未检查极性扣5分				
		检查信号跳线	5	未检查信号跳线扣5分				
		各元件外观检查	5	未检查元件扣5分				
		检查冷却风扇是否卡涩	5	未检查冷却风扇扣5分				
		拆除输出电缆接线	10	未拆除扣10分				
		电缆绝缘测试	5	未做绝缘测试扣5分				
		接上输出电缆	5	未接输出电缆扣5分				
		装上变频器前盖	5	未安装前盖扣5分				
		电机接线检查	5	未检查电机接线扣5分				
		电机卡涩情况检查	5	未检查电机卡涩扣5分				
		变频器送电试转	5	未送电试转扣5分				
		检查LED显示有无断点	5	未检查显示屏扣5分				
		检查电机运行状态	5	未检查电机状态扣5分				
3	清理现场	使用工具		工具使用不正确一次从总分中扣5分			—	
		清理现场		未清理现场总分中扣5分			—	
4	安全及其他	按国家或企业有关安全规定执行操作		违规一次从总分中扣5分；严重违规停止操作			—	
		在规定时间内完成		超时停止操作			—	
	合　计		100					

试题6：用PLC控制电动机实现星形—三角形降压启动(模拟操作)

（考核时间：30min）

序号	考核内容	考核要点	配分	评分标准	检测结果	扣分	得分	备注
1	准备工作	穿戴劳保用品	3	穿戴不规范扣3分				
		工具、用具准备	4	未准备扣4分，少一件扣1分				
2	PLC接线	绘制PLC接线图	5	未绘制扣5分				
		I/O外部实际接线	12	接线错误或端子松动一处扣2分，布线工艺不符合标准一处扣2分				

续表

序号	考核内容	考核要点	配分	评分标准	检测结果	扣分	得分	备注
3	设备连接	PLC启动	5	未启动扣5分				
		编程器与PLC连接	10	未连接扣10分				
4	程序设计	I/O配置	10	未配置扣10分，错一处或少一点扣2分				
		梯形图设计	15	未实现控制要求扣20分，错一处扣5分				
		程序编写	10	未符合编写规则扣5分，输入错误扣5分				
5	调试与运行	调试程序	5	未调试扣5分				
		故障排除	10	未排除故障扣10分				
		运行	5	不符合控制要求扣5分				
6	填写报告	描述清晰、准确	6	描述混乱扣6分				
7	清理现场	清理现场		未清理现场从总分中扣5分			—	
8	安全与其他	按国家或企业颁发有关安全规定执行操作		每违反一项规定从总分中扣5分；严重违规停止操作			—	
		在规定时间内完成		超时停止操作			—	
	合计		100					

试题7：汽轮机轴振大故障的分析(技能笔试)

（考核时间：30min）

序号	考核内容	考核要点	配分	评分标准	检测结果	扣分	得分	备注
1	分析振动测量传感器	检查传感器的外观	5	未答此项扣5分				
		检查传感器紧固	5	未答此项扣5分				
		检查接线端子	5	未答此项扣5分				
		检查前置放大器供电电压	7	未答此项扣7分				
		检查前置放大器输出电压的直流分量	7	未答此项扣7分				
		检查前置放大器输出端子接线	6	未答此项扣6分				
2	分析测量回路电缆	检查现场电缆温度	5	未答此项扣5分				
		检查现场电缆屏蔽	10	未答此项扣10分				
		检查现场电缆绝缘	10	未答此项扣10分				

续表

序号	考核内容	考核要点	配分	评分标准	检测结果	扣分	得分	备注
3	分析信号处理系统	检查轴振模件有无故障指示灯	10	未答此项扣10分				
		检查测量系统组态参数是否存在错误	10	未答此项扣10分				
		检查装置输出电缆绝缘	10	未答此项扣10分				
4	确认振动大真实性	采用其他振动仪器对故障点进行测量比较	10	未答此项扣10分				
5	考核时限	在规定时间内完成		超时停止答卷			—	
		合　计	100					

试题8：变频器故障的分析（技能笔试）

（考核时间：20min）

序号	考核内容	考核要点	配分	评分标准	检测结果	扣分	得分	备注
1	准备工作	断掉变频器电源	5	未答此项扣5分				
2	分析过电流故障	负载侧短路	7	未答此项扣7分				
		负载侧机械卡住	8	未答此项扣8分				
		变频器逆变管损坏	6	未答此项扣6分				
		电动机起动转矩过小	9	未答此项扣9分				
		升速时间设定太短	5	未答此项扣5分				
		降速时间设定太短	5	未答此项扣5分				
		转矩补偿（U/f）设定较大	5	未答此项扣5分				
		电子热继电器动作电流设得太小，造成误动	5	未答此项扣5分				
3	分析过电压故障	电源电压太高	10	未答此项扣10分				
		降速时间设定太短	5	未答此项扣5分				
		变频器本身故障	5	未答此项扣5分				
4	分析欠电压故障	电源电压过低	5	未答此项扣5分				
		电源断相	5	未答此项扣5分				
		变频器整流桥故障	5	未答此项扣5分				
5	分析超温故障	变频器冷却风扇坏	5	未答此项扣5分				
		变频器周围环境温度过高	5	未答此项扣5分				

续表

序号	考核内容	考核要点	配分	评分标准	检测结果	扣分	得分	备注
6	分析步序	分析条理清晰		条理不清晰总分扣5分			—	
		步序		步序混乱从总分中扣5分			—	
7	考核时限	在规定时间内完成		超时停止答卷			—	
	合　计		100					

试题9：DCS控制系统轴封压力显示故障原因的分析（技能笔试）

（考核时间：20min）

序号	考核内容	考核要点	配分	评分标准	检测结果	扣分	得分	备注
1	准备工作	将系统有关自动切至手动	4	未答此项扣4分				
2	检查变送器	变送器电源消失	5	未答此项扣5分				
		变送器接线松动	5	未答此项扣5分				
		变送器管路无冷凝液	5	未答此项扣5分				
		变送器泄漏	5	未答此项扣5分				
3	检查线路	转接柜接线松动	5	未答此项扣5分				
		隔离器接线松动	5	未答此项扣5分				
		SAE接线松动	5	未答此项扣5分				
		模件接线松动	5	未答此项扣5分				
		整个线路绝缘下降	6	未答此项扣6分				
		信号回路屏蔽不好	6	未答此项扣6分				
4	检查程序	信号零点设置错误	5	未答此项扣5分				
		信号量程设置错误	5	未答此项扣5分				
		信号链接通道错误	5	未答此项扣5分				
5	检查模件	模件状态异常	5	未答此项扣5分				
		模件通道故障	5	未答此项扣5分				
6	检查画面	画面链接块选错	5	未答此项扣5分				
		画面链接通道错误	5	未答此项扣5分				
7	分析步序	分析条理清晰	5	条理不清晰一处扣1分				
		步序	4	步序混乱扣4分				
8	考核时限	在规定时间内完成		超时停止答卷			—	
	合　计		100					

试题10：DEH控制系统调门摆动原因的分析（技能笔试）

（考核时间：20min）

序号	考核内容	考核要点	配分	评分标准	检测结果	扣分	得分	备注
1	准备工作	将协调系统先切至手动控制	4	未答此项扣4分				
2	分析升速时摆动原因	测速部分信号干扰	5	未答此项扣5分				
		伺服阀卡涩	5	未答此项扣5分				
		TV控制时进入大阀区	5	未答此项扣5分				
3	分析带负荷运行时摆动原因	调节参数不当	5	未答此项扣5分				
		阀门重叠度未调好	5	未答此项扣5分				
		两支LVDT调整不当，频差接近	5	未答此项扣5分				
		调速汽门卡涩	5	未答此项扣5分				
		油动机与阀门连接螺母有松动	5	未答此项扣5分				
		功率信号摆动	5	未答此项扣5分				
		系统燃烧状况不好，负荷摆动	5	未答此项扣5分				
		LVDT装置故障	5	未答此项扣5分				
		LVDT装置接线松动	5	未答此项扣5分				
		LVDT装置未紧固	5	未答此项扣5分				
		EH油压不稳	5	未答此项扣5分				
		伺服阀接线松动	5	未答此项扣5分				
		电缆绝缘下降	5	未答此项扣5分				
		输出频蔽线未接	6	未答此项扣6分				
4	分析步序	分析条理清晰	5	条理不清晰一处扣1分				
		步序	5	步序混乱扣5分				
5	考核时限	在规定时间内完成		超时停止答卷			—	
		合　计	100					

试题11：PLC故障的处理（模拟操作）

（考核时间：30min）

序号	考核内容	考核要点	配分	评分标准	检测结果	扣分	得分	备注
1	准备工作	穿戴劳保用品规范	3	穿戴不规范扣3分				
		工具、用具准备	4	未准备扣4分，少选一件1分				
		开工作票	5	未开工作票扣5分				

续表

序号	考核内容	考核要点	配分	评分标准	检测结果	扣分	得分	备注
2	检查确认	检查PLC控制系统是否可以进行停电	10	未检查扣10分				
		确认停电后不会影响系统正常运行	10	未检查扣10分				
3	解除保护联锁	解除控制系统保护开关	10	未解除保护扣10分				
		解除系统联锁	10	未解除联锁扣10分				
4	检查PLC相关项目	检查PLC供电电源	5	未检查扣5分				
		检查PLC输出电源	5	未检查扣5分				
		判断PLC故障点为内部故障还是外部回路故障	9	未判断或判断错误扣9分				
		检查PLC故障点电缆是否有接地及短路现象	9	未检查或检查方法错误扣9分				
		检查PLC故障点所在模件工作是否正常	5	未检查扣5分				
		检查PLC安装背板接地情况	5	未检查扣5分				
		检查PLC通讯是否正常	5	未检查扣5分				
		检查PLC模件接线端子紧固情况	5	未检查扣5分				
5	清理现场	清理现场		未清理现场从总分中扣5分			—	
6	安全与其他	按国家或企业颁发有关安全规定执行操作		每违反一项规定从总分中扣5分；严重违规停止操作			—	
		在规定时间内完成		超时停止操作			—	
		合　计	100					

试题12：DKJ电动执行器操作不动故障的处理（模拟操作）

（考核时间：30min）

序号	考核内容	考核要点	配分	评分标准	检测结果	扣分	得分	备注
1	准备工作	穿戴劳保用品规范	3	穿戴不规范扣3分				
		工具、用具准备	5	未准备扣5分，少一件扣1分				
2	检查处理	检查电源回路有无电源	5	未检查回路电源扣5分				
		切断执行器电源	9	未切除电源扣9分				
		检查机械限位是否位置不对	5	未检查此项扣5分				

续表

序号	考核内容	考核要点	配分	评分标准	检测结果	扣分	得分	备注
		拆除反馈盒盖	5	不拆除反馈盒盖扣5分				
		检查电气限位是否位置不对	9	未检查此项扣9分				
		检查操作线路是否断线	9	未检查此项扣9分				
		将执行机构切至手动	5	未切至手动扣5分				
		拔出手轮摇动，检查执行机构内部是否卡涩	5	未检查此项扣5分				
		检查电机是否损坏	10	未检查此项扣10分				
		检查分相电容是否损坏	5	未检查此项扣5分				
		将执行机构切至电动	5	未切至电动扣5分				
		检查抱闸是否过紧	5	未检查此项扣5分				
		执行器送电试验	5	未送电试验扣5分				
3	检查性能	检查反馈数据应平稳无波动	5	未检查反馈值扣5分				
		检查操作过程应稳定无噪声	5	未检查操作过程扣5分				
4	清理现场	使用工具		工具使用不正确一次从总分中扣5分			—	
		清理现场		未清理现场总分扣5分			—	
5	安全及其他	按国家或企业有关安全规定执行操作		违规一次从总分中扣5分；严重违规停止操作			—	
		在规定时间内完成		超时停止操作			—	
		合　计	100					

试题13：变频器所带电机操作不动故障的处理(模拟操作)

(考核时间：30min)

序号	考核内容	考核要点	配分	评分标准	检测结果	扣分	得分	备注
1	准备工作	穿戴劳保用品规范	3	穿戴不规范扣3分				
		工具、用具准备	4	未准备扣4分，少一件扣1分				
2	检查电源	检查电源是否缺相	5	未检查电源此项扣5分				
		检查电压值是否符合额定值	5	未检查电压值扣5分				
		检查是否保护动作	5	未检查此项扣5分				

续表

序号	考核内容	考核要点	配分	评分标准	检测结果	扣分	得分	备注
3	检查输入	切断变频器电源	10	未切断变频电源扣10分				
		变频器断电拆前盖	5	未拆变频前盖扣5分				
		检查信号接线是否松动	5	未检查信号接线扣5分				
		检查信号回路	5	未检查信号回路扣5分				
		检查信号极性是否错误	5	未检查信号极性扣5分				
		检查信号跳线是否错误	8	未检查信号跳线扣8分				
4	检查输出	检查变频器输出接线是否松动	5	未检查输出接线扣5分				
		检查变频器输出回路是否断路	5	未检查输出回路扣5分				
		安装变频器前盖	5	未安装变频前盖扣5分				
		检查电机接线是否松动	5	未检查电机接线扣5分				
		检查电机是否卡涩	5	未检查电机扣5分				
5	检查性能	变频器送电试转	5	未送电试转扣5分				
		检查变频器状态	5	未做此项检查扣5分				
		检查电机状态	5	未做此项检查扣5分				
6	清理现场	使用工具		工具使用不正确一次从总分中扣5分			—	
		清理现场		未清理现场总分中扣5分			—	
7	安全及其他	按国家或企业有关安全规定执行操作		违规一次从总分中扣5分；严重违规停止操作			—	
		在规定时间内完成		超时停止操作			—	
		合　计	100					

试题14：DEH控制系统VCC卡故障的处理(模拟操作)

(考核时间：20min)

序号	考核内容	考核要点	配分	评分标准	检测结果	扣分	得分	备注
1	判断故障	检查VCC卡是否停止运行	6	未答此项扣6分				
		检查其与BC卡是否通讯中断	6	未答此项扣6分				
		检查LVDT反馈是否与现场相符	6	未答此项扣6分				
		检查调门是否无故全开或全关	6	未答此项扣6分				
		检查VCC卡是否插件松动	6	未答此项扣6分				
		判断出VCC卡故障后进行更换	5	未答此项扣5分				

续表

序号	考核内容	考核要点	配分	评分标准	检测结果	扣分	得分	备注
2	更换卡件	切至单阀运行	5	未答此项扣5分				
		强制调门缓慢全关	5	未答此项扣5分				
		拔下损坏的VCC卡	5	未答此项扣5分				
		检查新卡型号及跳线	5	未答此项扣5分				
		插上新卡	5	未答此项扣5分				
3	调整反馈	开环状态下调整LVDT零位	5	未答此项扣5分				
		闭环状态下强制调门缓慢全开	5	未答此项扣5分				
		开环状态下调整LVDT量程	5	未答此项扣5分				
		使VCC卡闭环	5	未答此项扣5分				
		强制调门在中间位置	5	未答此项扣5分				
		调整OFFSET，使$A-P=0.05V$	5	未答此项扣5分				
		强制调门开关到指令要求位置	5	未答此项扣5分				
		解除强制信号	5	未答此项扣5分				
4	考核时限	在规定时间内完成		超时停止答卷			—	
		合　计	100					

试题15：机组超速保护系统故障的处理（模拟操作）

（考核时间：30min）

序号	考核内容	考核要点	配分	评分标准	检测结果	扣分	得分	备注
1	准备工作	穿戴劳保用品规范	3	穿戴不规范扣3分				
		工具、用具准备	5	未准备扣5分，少一件扣1分				
2	检查测量装置	检查传感器间隙	8	未检查或检查错误扣8分				
		检查传感器阻值	8	未检查扣8分				
		检查传感器供电电压	8	未检查扣8分				
		检查传感器接线	8	未检查扣8分				
		检查传感器连接电缆绝缘情况	8	未检查扣8分				
3	检查超速保护系统模件	检查模件面板指示灯	8	未检查扣8分				
		检查模件供电电源	8	未检查扣8分				
		检查模件参数设置	8	未检查扣8分				

续表

序号	考核内容	考核要点	配分	评分标准	检测结果	扣分	得分	备注
4	检查超速保护系统输出	检查超速保护输出继电器线圈阻值	9	未检查扣9分				
		检查超速保护输出继电器接点	9	未检查扣9分				
		检查超速保护输出继电器所有接线	10	未检查扣10分				
5	清理现场	清理现场		未清理现场从总分中扣5分			—	
6	安全及其他	按国家或企业颁发有关安全规定执行操作		每违反一项规定从总分中扣5分；严重违规停止操作			—	
		在规定时间内完成		超时停止操作			—	
		合　计	100					

试题16：压力表管缓冲弯的制作（实际操作）

（考核时间：30min）

序号	考核内容	考核要点	配分	评分标准	检测结果	扣分	得分	备注
1	准备工作	穿戴劳保用品规范	3	穿戴不规范扣3分				
		工具、用具准备	2	少选一件扣1分				
		安装锯条	3	安装错误扣3分				
2	制作缓冲弯	表管校直、清理	5	未校直扣3分				
				未清理扣2分				
		估算需要管路长度	5	估算误差≤5cm，估算错误扣5分				
		锯表管	15	锯条折断扣5分				
				使用工具不当扣5分				
				锯口歪斜扣5分				
		固定表管	8	表管未固定扣8分				
		煨弯	12	未煨弯扣12分				
		锯除多余废料	8	未锯除扣8分				
		接口打磨	10	未打磨扣10分				
3	确认尺寸	缓冲弯圆度	5	缓冲弯处圆度不够扣5分				
		管直度	5	上下直管段直度不够扣5				
		管总长误差	5	总长误差超差3mm扣5分				
		缓冲弯结果	14	缓冲弯无法使用扣14分				

续表

序号	考核内容	考核要点	配分	评分标准	检测结果	扣分	得分	备注
4	清理现场	清理现场		未清理从总分中扣5分			—	
5	安全及其他	按国家或企业有关安全规定执行操作		违规一次从总分中扣5分；严重违规停止操作			—	
		在规定时间内完成		超时停止操作			—	
	合　计		100					

试题17：仪表盘开孔(实际操作)

（考核时间：30min）

序号	考核内容	考核要点	配分	评分标准	检测结果	扣分	得分	备注
1	准备工作	穿戴劳保用品规范	3	穿戴不规范扣3分				
		准备工具、用具	2	未准备扣2分，少一件扣1分				
		连接电缆盘并通电	4	未操作扣4分				
		安装钻头	4	安装错误扣4分				
		安装曲线锯锯条	4	安装错误扣4分				
2	测量尺寸	测量仪表尺寸	8	误差≤1mm，超差扣8分				
		确认开孔尺寸	8	误差≤1mm，超差扣8分				
		确认开孔位置，按要求划线	8	误差≤1mm，超差扣8分				
3	开孔	确定打孔位置并进行冲眼定位	10	未进行定位扣10分				
		用电钻各打5个小孔	15	少钻一孔扣3分 误差≤2mm，超差扣2分 对角线≤1mm超差扣2分				
		使用曲线锯开孔	12	未开孔扣12分				
		使用角向磨光机粗略打磨	8	未打磨扣8分				
		使用锉刀修正孔边，使边缘光滑无毛刺	6	未打磨扣6分				
		确认开孔尺寸，直至尺寸合适	8	开孔尺寸不合适扣8分				
4	清理现场	使用工具		工具使用不正确一次从总分中扣5分			—	
		清理现场		未清理现场从总分中扣5分			—	
5	安全及其他	按国家或企业有关安全规定执行操作		违规一次从总分中扣5分；严重违规停止操作			—	
		在规定时间内完成		超时停止操作			—	
	合　计		100					

试题18：钢材的识别(实际操作)

(考核时间：15min)

序号	考核内容	考核要点	配分	评分标准	检测结果	扣分	得分	备注
1	准备工作	穿戴劳保用品规范	3	穿戴不规范扣3分				
		工具、用具准备	1	未准备扣1分				
2	外观识别	锰钢	10	未识别扣10分				
		不锈钢	10	未识别扣10分				
		铬钢	10	未识别扣10分				
		低碳钢	10	未识别扣10分				
		高碳钢	10	未识别扣10分				
3	物理方法化学试剂识别	锰钢	8	未识别扣8分				
		不锈钢	8	未识别扣8分				
		铬钢	10	未识别扣10分				
		低碳钢	10	未识别扣10分				
		高碳钢	10	未识别扣10分				
4	清理现场	使用工具		工具使用不正确一次从总分中扣5分			—	
		清理现场		未清理现场从总分中扣5分			—	
5	安全及其他	按国家或企业颁发有关安全规定执行操作		违规一次从总分中扣5分；严重违规停止操作			—	
		在规定时间内完成		超时停止操作			—	
		合　计	100					

试题19：培训总结的编写(技能笔试)

(考核时间：20min)

序号	考核内容	考核要点	配分	评分标准	检测结果	扣分	得分	备注
1	确定名称	确定培训总结名称	7	未答此项扣7分				
2	编写封皮	编写人签字	7	未答此项扣7分				
		分厂专工签字	7	未答此项扣7分				
		分厂主任签字	7	未答此项扣7分				
3	编写总结内容	培训的方法	9	未答此项扣9分				
		培训的措施	9	未答此项扣9分				
		培训的效果评价	9	未答此项扣9分				
		分析取得成绩的原因	9	未答此项扣9分				
		检讨失误的教训	9	未答此项扣9分				

续表

序号	考核内容	考核要点	配分	评分标准	检测结果	扣分	得分	备注
		总结失误原因	9	未答此项扣9分				
		克服失误的措施	9	未答此项扣9分				
		规划和设想	9	未答此项扣9分				
4	其他	在规定时间内完成		超时停止笔试				—
		合　计	100					

试题20：QC方案的编写（技能笔试）

（考核时间：20min）

序号	考核内容	考核要点	配分	评分标准	检测结果	扣分	得分	备注
1	确定题目	确定QC题目	10	未答此项扣10分				
2	编写QC方案内容	成立QC小组	5	未答此项扣5分				
		现状调查	5	未答此项扣5分				
		选题理由	10	未答此项扣10分				
		活动目标	5	未答此项扣5分				
		活动计划	5	未答此项扣5分				
		原因分析	10	未答此项扣10分				
		要因确认	10	未答此项扣10分				
		制定对策	10	未答此项扣10分				
		对策实施	10	未答此项扣10分				
		效果检查	5	未答此项扣5分				
		社会效益和经济效益	5	未答此项扣5分				
		巩固措施	5	未答此项扣5分				
		持续改进	5	未答此项扣5分				
3	考核时限	在规定时间内完成		超时停止答卷				—
		合　计	100					

试题21：事故分析报告的编写（技能笔试）

（考核时间：20min）

序号	考核内容	考核要点	配分	评分标准	检测结果	扣分	得分	备注
1	确定事故名称	确定事故名称	6	未答此项扣6分				

续表

序号	考核内容	考核要点	配分	评分标准	检测结果	扣分	得分	备注
2	确定事故内容	事故发生时间	6	未答此项扣6分				
		性质分类	6	未答此项扣6分				
		事故原因	8	未答此项扣8分				
		事故经过	8	未答此项扣8分				
3	事故分析总结	事故分析	8	未答此项扣8分				
		事故结论	8	未答此项扣8分				
		事故处理	8	未答此项扣8分				
		整改措施及对策	8	未答此项扣8分				
		对策实施	8	未答此项扣8分				
		效果检查	8	未答此项扣8分				
		巩固措施	8	未答此项扣8分				
4	阐述步序	步序描述清晰	8	条理不清晰扣8分				
5	卷面整洁度	答题的卷面整洁	2	卷面不整洁扣2分				
6	考核时限	在规定时间内完成		超时停止答卷			—	
合　计			100					